面向虚拟现实技术能力提升新形态系列教材

XR应用开发实战

（基于Unity和GSXR）

主编
程明智
崔　芳
张佳宁

清華大学出版社
北　京

内 容 简 介

本书顺应现代教育特点，理论与实践相结合，以项目任务式的方式组织内容，围绕 GSXR 应用开发的人才需求与岗位能力要求进行内容设计，详细介绍了如何使用 Unity 3D 引擎进行 XR 项目开发。全书共分为 6 个项目，首先，概述了基于 Unity 和 GSXR 搭建 XR 应用框架的方法；其次，分别对实现 GSXR 项目中对象交互和手势交互进行了详细介绍；最后，通过 3 个综合实践项目——元宇宙视频播放器、虚拟化学实验室和火把节民俗 VR 体验之 Torch Festival，对本书知识点进行综合训练。本书循序渐进地介绍了 XR 项目开发方面的相关知识，难度逐渐递增，希望读者学习本书后能够具备独立开发 XR 项目的能力。

本书可作为高等院校、高等职业院校虚拟现实技术、数字媒体技术等相关专业及培训机构的教材，也可作为期望从事 XR 应用开发工作的从业人员或想要学习 Unity 3D 的虚拟现实爱好者的自学用书。

图书在版编目（CIP）数据

XR 应用开发实战：基于 Unity 和 GSXR / 程明智，崔芳，张佳宁主编. —北京：清华大学出版社，2024.3
面向虚拟现实技术能力提升新形态系列教材
ISBN 978-7-302-65254-0

Ⅰ. ① X… Ⅱ. ①程… ②崔… ③张… Ⅲ. ①虚拟现实－教材 Ⅳ. ① TP391.98

中国国家版本馆 CIP 数据核字（2024）第 034626 号

责任编辑：郭丽娜
封面设计：曹 来
责任校对：李 梅
责任印制：刘海龙

出版发行：清华大学出版社
网 址：https://www.tup.com.cn，https://www.wqxuetang.com
地 址：北京清华大学学研大厦 A 座 **邮 编**：100084
社 总 机：010-83470000 **邮 购**：010-62786544
投稿与读者服务：010-62776969, c-service@tup.tsinghua.edu.cn
质量反馈：010-62772015, zhiliang@tup.tsinghua.edu.cn
课件下载：https://www.tup.com.cn,010-83470410
印 装 者：三河市君旺印务有限公司
经 销：全国新华书店
开 本：185mm × 260mm **印 张**：13.25 **字 数**：314 千字
版 次：2024 年 4 月第 1 版 **印 次**：2024 年 4 月第 1 次印刷
定 价：58.00 元

产品编号：103797-01

丛书编写指导委员会

前　言

2021年“元宇宙”的概念迅速崛起，其中涉及的XR技术被人们广泛认识。2023年8月，工业和信息化部联合五部门共同印发了《元宇宙产业创新发展三年行动计划（2023—2025年）》，进一步推动XR技术的布局。XR（包括虚拟现实、增强现实、混合现实）技术是新一代信息技术的重要前沿方向，是数字经济的重大前瞻领域，将深刻改变人类的生产生活方式，行业发展势必需要大量的XR技术人才。人才是产业发展的先行力量，也是行业发展的关键。目前全国多所院校开设了虚拟现实技术应用专业，也陆续开设了XR技术相关课程，为社会输送相关的技术人才。

Unity 3D是当前业界领先的虚拟现实应用开发引擎，已经逐渐成为虚拟现实、游戏开发等相关专业的学生以及从事混合现实开发研究的技术人员必须掌握的技术之一，也成为XR技术应用专业优选的教学内容。本书围绕GSXR应用开发的人才需求与岗位能力要求，基于Unity 3D引擎，以理论知识与实践案例相结合的方式进行内容编写，旨在为广大学生、从业者等提供更为精炼、更有针对性的学习资料，借此培养一批合格的GSXR技术应用开发人才，较好地服务国家经济的发展。

1. 本书主要内容

全书共6个项目，在介绍理论知识的同时，以具体案例的形式，加深读者对知识点的理解，提高实际操作能力。

项目1主要对基于Unity和GSXR搭建XR应用框架的方法进行了概述。首先，阐述了GSXR的概念；其次，介绍了GSXR相关插件和环境配置；然后，描述了如何构建GSXR Samples场景；最后，针对XR应用编译打包进行了讲解。

项目2主要介绍了如何实现GSXR项目中对象交互。首先，从GSXR设备、控制器入手，讲解了XR应用开发硬件相关知识；然后，针对移动导航功能做了介绍；最后，逐步讲解GSXR项目中与对象交互的方法。

项目3主要讲述了GSXR手势交互，介绍了在XR设备上开启手势交互功能的方法，详细讲解了NoloVR Sonic 2设备中的手势交互方法，最后通过案例演示，探索了GSXR手势交互的实现。

项目4~6主要介绍了元宇宙视频播放器、虚拟化学实验室和火把节民俗VR体验之Torch Festival的开发，通过整合前面项目的知识点，以实际的案例进行综合训练。

2. 本书编写特点

本书以初学者的视角编写，强调理论知识和实践技能相结合，以职业能力为立足点，注重基本技能训练。这有利于读者了解完整的GSXR项目开发流程，掌握不同知识点之间的关系，激发读者的学习兴趣，使读者每学习一个项目都能获得成功的快乐，从而帮助其提高学习效率。

本书从应用实战出发，首先，实践项目的开发需求以内容策划的形式在项目之初展现出来；然后，对知识点进行整合设计；最后，通过项目实操的形式对知识点进行巩固训练，帮助读者在短时间内掌握更多有用的技术和方法，从而快速提高技术技能水平。

3. 本书定位

本书适用于虚拟现实技术、数字媒体技术、计算机科学与技术等相关专业的老师和学生，也适用于虚拟现实应用开发的从业者和爱好者。

本书由程明智、崔芳、张佳宁任主编，刘龙、倪茂、刘峰、王剑、路鹏、王晓阳、陶修论、李铁成、王海阳、李世龙、彭琴、赵丹萍、张添硕参与了部分项目的编写。在本书的编写过程中，李永琦、韩帅、鲍一鸣、焦钰婕等研究生也给予了大力协助和支持，在此向他们致以诚挚的谢意。另外，在本书的编写过程中，编者参阅了相关文献以及网络资源，在此向所有资源的作者表示衷心的感谢。感谢清华大学出版社的大力支持，他们认真细致的工作保证了本书的出版质量。

由于编者水平有限，经验不足，书中难免存在疏漏之处，恳请专家、同行及广大使用本书的老师和同学批评、指正。

编　者

2024年1月

本书工程文件及资源.rar

目　录

基于 Unity 和 GSXR 搭建 XR 应用框架

任务 1.1 GSXR 概 述

1. 概述

GSXR（General Standard for XR）标准通过提供统一的应用开发标准和设备对接规范，帮助开发者实现快速分发和多平台覆盖，更好地解决硬件终端平台耦合、标准差异化严重等问题，增强软件适配性。GSXR 互通标准具体包含互通规范、开发套件、测评系统三部分，其中互通规范涵盖应用层及设备层两大层面的接口定义，可以支持 3DOF 及 6DOF 设备，对于一体机及分体机均适用。

2. GSXR 互通接口规范

GSXR 互通接口规范提供了 XR 标准应用程序接口（Application Programming Interface，API）定义与功能描述，包括虚拟现实（Virtual Reality，VR）、增强现实（Augmented Reality，AR）和混合现实（Mixed Reality，MR）相关应用的标准接口。XR 应用开发者可以调用格式一致的 XR 功能函数开发 XR 应用，而无须再为不同 Runtime 接口进行适配，只需专注于 XR 内容开发，且开发出的 GSXR 应用可运行于各个支持 GSXR 标准的 XR 设备上。目前，此规范只适用于 Android 系统。

3. GSXR 接口适用范围

1）XR 设备插件

XR 设备厂家应根据设备所支持的功能，提供对应的 XR 函数实现，例如上报头显或手柄设备状态、设备跟踪及输入数据等。设备厂家必须依据自身设备的硬件、固件，以及算法设计实现 GSXR 设备接口，以提供 Runtime 需求的设备数据。

2）XR Runtime

XR Runtime 必须根据产品设计，正确完成 XR 设备插件的初始化，并依据 XR 应用的功能需求，在适当的时候，调用对应的 GSXR 设备接口获取设备数据。同时配合 XR Runtime 本身的架构及功能设计，提供 XR 应用程序即时的设备交互数据，确保 XR 应用在 XR 设备上正确运行。

4. 术语及缩略语

GSXR 接口规范适用的缩略语及全称如表 1-1 所示。

表 1-1　缩略语及全程

缩略语	全　　称
GSXR	General Standard for XR
规范	GSXR 互通接口规范
XR 应用	GSXR 应用程序
XR Runtime	GSXR Runtime
XR 设备	GSXR 设备
VR	Virtual Reality，虚拟现实
AR	Augmented Reality，增强现实
MR	Mixed Reality，混合现实
API（接口）	Application Programming Interface，应用程序接口
HMD（头显）	Head-Mounted Display，头戴式显示器
IPD	Inter Pupillary Distance，双眼瞳距
DoF	Degree of Freedom，空间自由度
V-Sync	Vertical Synchronization，垂直同步
CPU	Central Processing Unit，中央处理单元
GPU	Graphics Processing Unit，图形处理单元

5. GSXR 主流程

GSXR 应用程序对于互通接口的操作，从创建 Runtime 实例开始（该实例是 Runtime 的生成基础），所有 Runtime 之后的操作都将依据该实例进行。然后，Runtime 进行 XR 设备连线的接入，赋予设备正确的状态及组态，确认跟踪、输入 / 输出、图形及显示系统正常工作。接着创建渲染器实例及纹理队列并开始渲染循环。在渲染循环中，XR 应用程序等待 Runtime 返回正确的 V-Sync 信号，从而开始获取 Runtime 的事件、位姿（实时位置与姿态）、输入数据，并获取纹理队列中的图形缓冲进行视图渲染，提交渲染帧，Runtime 进行后续 XR 的图形算法处理并输出显示屏。GSXR 主流程详细示意图如图 1-1 所示。

6. GSXR 基本架构

如果把一个 XR 应用的软件实现简单分成三层，那么 GSXR 属于中间层部分，向上为应用开发者提供统一的 XR 应用开发接口，向下为平台厂商提供 GSXR 各功能的实现规范标准，如图 1-2 所示。

GSXR 提供给上层开发者完整的 GSXR 生命周期接口控制函数，包括 GSXR 的初始化和销毁，每帧追踪位姿的更新、渲染以及纹理的提交等接口。GSXR 还提供了专门针对当下比较流行的游戏引擎 Unity 3D/Unreal Engine 的插件封装，操作简单方便，同时提供更开放的原生接口，适用于使用其他引擎的开发者。

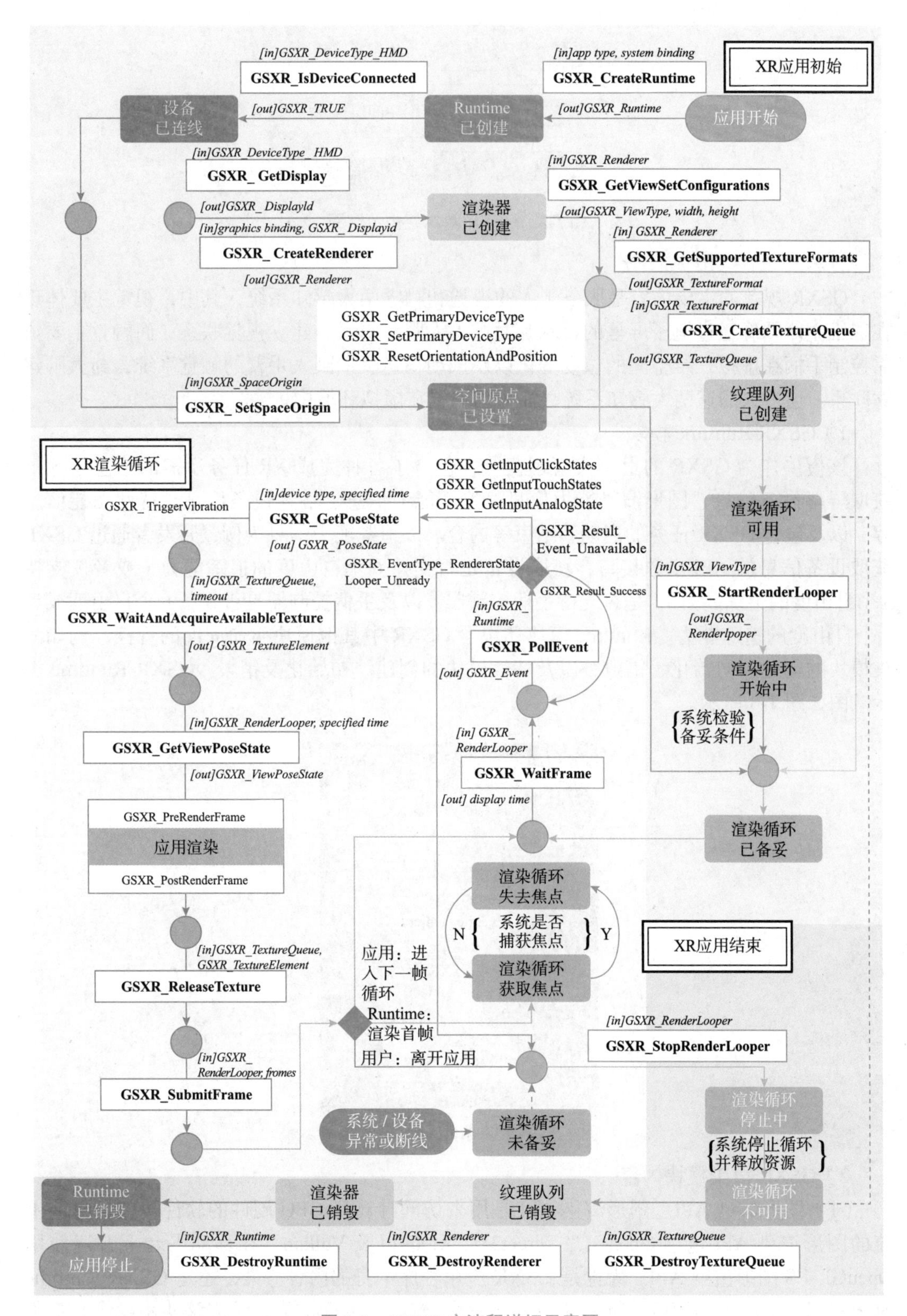

图 1-1　GSXR 主流程详细示意图

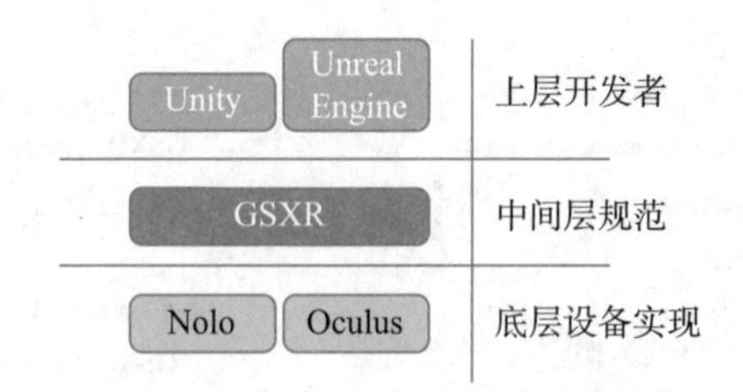

图 1-2　GSXR 基本架构示意图

7. GSXR 主要组成部分

GSXR 规范的主要内容是服务于人的视觉和触觉两大感知系统，其中，视觉主要体现在三维立体图像通过电子屏幕的显示画面进入人眼，与大脑建立视觉联系；而触觉主要依靠控制手柄在虚拟三维空间的位姿变化以及振动马达反馈到人手臂的触觉系统，与大脑建立联系。通过人的这两大感知系统，让大脑沉浸在虚拟环境中。

1）GSXR Runtime 模块

该模块作为 GSXR 的上下文管理模块，包含了各种完成 XR 任务所需的信息，包括获取屏幕设备信息、图形渲染能力信息、追踪能力信息、输入设备信息、特性功能信息等，以及包含 GSXR 任务的启动和结束等内容。以追踪能力信息为例，开发者通过 GSXR 获取设备信息的 API 函数接口，获取设备是否支持 6 个自由度的追踪能力（或者仅支持 3 个自由度的追踪能力），是否支持手柄控制器，以及手柄控制器是否具备 6 个自由度或者 3 个自由度的追踪能力。Runtime 模块还包含 GSXR 中其他模块生命周期的管控，例如渲染模块的创建、初始化、销毁，以及特性模块的创建、初始化及销毁。GSXR Runtime 类示意图如图 1-3 所示。

图 1-3　GSXR Runtime 类示意图

2）GSXR 渲染模块内容

（1）图形渲染 API。图形渲染 API 是用来访问计算机 GPU 硬件的软件接口，目前主流的图形渲染 API 包括 OpenGL、Direct3D、Meta 以及 Vulkan。在移动平台上普遍使用 OpenGL-ES 图形渲染 API。无论是 GSXR 应用程序本身的内容渲染，还是 GSXR Runtime 对于应用提交的内容帧所进行的 Timewarp 渲染管线后处理渲染，都应该使用操作系统所

支持的图形渲染 API 进行渲染。故应用程序在 XR 渲染器创建之初，必须将应用程序使用的图形渲染 API 特化信息提供给 Runtime，XR 渲染器才能正确地进行后续的 XR 后处理渲染。软件开发访问 GPU 硬件的过程示意图如图 1-4 所示。

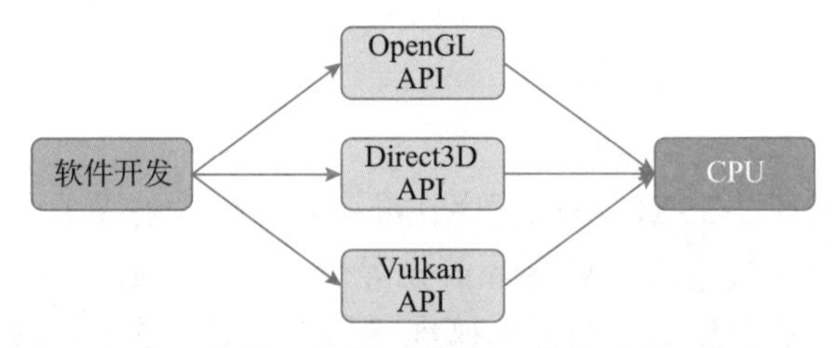

图 1-4　软件开发访问 GPU 硬件的过程示意图

（2）GSXR 视图集配置。一个标准的 GSXR 显示设备，既可能是穿戴于头上的头显，也可能是握持于手上的手持式设备，不同性质的显示设备所需求的渲染视图也可能不同。通常头显需要渲染左右两眼的双视图，而手持式设备则只需要渲染单视图。同样地，显示设备的规格差异将产生不同的视图配置，也将影响 GSXR Runtime 渲染器在建构渲染循环时的帧缓冲操作。视图集是视图的集合体，其中可能包含一个或多个视图，同一视图集中的各视图配置全部相同。一个视图集通常对应一组显示输出（可能为实体显示设备，如 VR 头显；也可能为虚拟显示设备，如无线投屏）。GSXR Runtime 经由视图集配置描述显示设备的组态及其对应的纹理结构，GSXR 应用程序则需要根据视图集配置，指定其图形渲染 API 相关参数进行渲染，才可以渲染出合适的图像并输出到对应此视图集配置的显示设备。显示设备有主屏、副屏之分，一般 GSXR 应用程序只以主屏为渲染对象（且多数情况也只存在主屏）。主屏对应创建渲染器时，输入的由显示设备获取的 DisplayId，而后用于渲染主屏视图的视图姿态就从这个显示设备类型的设备姿态转换而来。副屏通常为主屏的延伸屏幕，使用与主屏相同的设备姿态并根据副屏视图配置按照需求进行副屏渲染。在某些特定的应用情境下，同一渲染器可能同时存在主屏与副屏，GSXR 应用程序可根据应用本身的设计决定是否同时渲染主副屏，但至少会渲染主屏。头显左右眼双视图如图 1-5 所示。

图 1-5　头显左右眼双视图

（3）GSXR 纹理队列。GSXR 纹理队列也被称作纹理交换链（Swap Chain），是一组纹理缓冲器（Buffer）。GSXR 应用程序按照 GSXR Runtime 支持的纹理格式及参数，根据自身的渲染需求创建纹理队列，并于渲染循环中循序从队列中获取可用纹理进行内容渲染。纹理队列如图 1-6 所示。

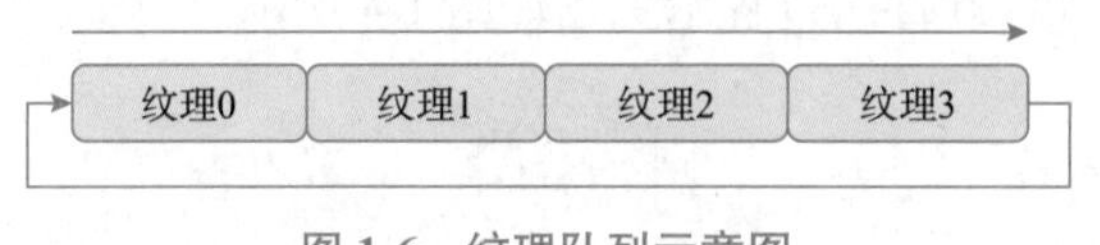

图 1-6　纹理队列示意图

（4）GSXR 渲染循环。GSXR 应用程序在准备好（也称备妥）所有渲染要素后，便可开始进行渲染循环。一个标准的渲染循环需先等待 Runtime 返回 V-Sync 信号，在轮询事件队列、获取输入及位姿数据后，便可从纹理队列中获取纹理进行内容渲染，然后将该纹理图像提交给 Runtime 进行后续的 XR 后处理渲染，如此反复循环便为渲染循环。GSXR 渲染循环如图 1-7 所示。

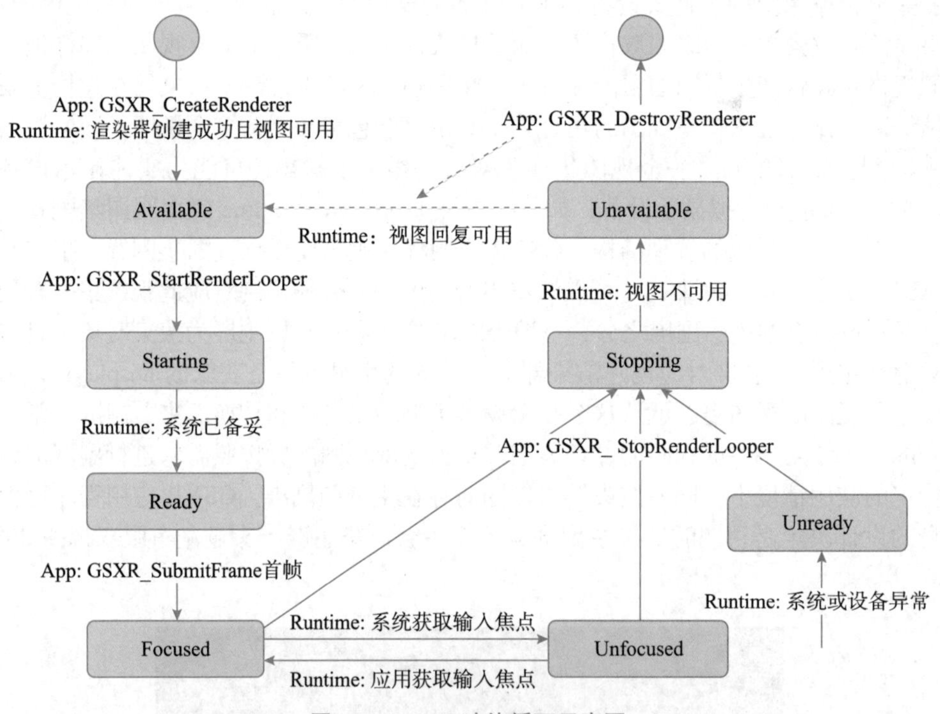

图 1-7　GSXR 渲染循环示意图

（5）GSXR 渲染器的生命周期。GSXR 应用程序必须先完成 GSXR 渲染器的实例创建及初始化后，才可以提供 GSXR 应用程序后续渲染循环所需要的功能。在 GSXR 应用程序不再使用此渲染器时，应用程序必须停止 GSXR 渲染器并销毁实例，将资源返回给系统，此流程就是 GSXR 渲染器的生命周期。

（6）GSXR 渲染循环状态。渲染循环状态各自代表着不同的运行情况，各状态也有各自的形成条件，GSXR Runtime 必须根据当前状态发送状态事件给应用程序，应用程序必须根据上报的状态事件进行适当的处置，才可确保渲染循环正确运行。本任务介绍 8 种渲染循环状态的定义、GSXR Runtime 及应用程序在不同状态所应采取的处理动作。

① Available 状态。当 XR 应用程序成功创建渲染器，且系统及显示设备所对应的视

图集状态正常，渲染循环即进入 Available 状态，代表此视图及其渲染循环已经处于可用状态。此时 GSXR Runtime 需发送 GSXR_EventType_RendererState_Looper_Available 事件给应用程序，当应用程序获取此事件时即可调用 GSXR_StartRenderLooper 开始渲染循环。

② Starting 状态。当 GSXR 应用程序成功调用 GSXR_StartRenderLooper 开始渲染循环，渲染循环即进入 Starting 状态，代表此渲染循环处于起始状态。此时 GSXR Runtime 需发送 GSXR_EventType_RendererState_Looper_Starting 事件给应用程序，并根据 GSXR Runtime 自身的设计检视进入下一 Ready 状态的必要条件，如 TextureQueue 是否已创建、空间原点是否已设置等。

③ Ready 状态。当 XR Runtime 备妥渲染循环的必要资源，也确认 XR 应用程序完成所有必要动作，渲染循环即进入 Ready 状态，代表此渲染循环处于已备妥状态。此时 Runtime 需发送 GSXR_EventType_RendererState_Looper_Ready 事件给应用程序，应用程序便可开始进行应用的帧循环渲染。

④ Focused 状态。当 GSXR 应用程序完成第一次帧渲染，并将渲染帧提交给 GSXR Runtime 之后，渲染循环即进入 Focused 状态，代表应用内容已经可见且当前输入焦点属于应用程序（在此状态，应用程序可以接收设备输入数据进行内容交互），此时 Runtime 需发送 GSXR_EventType_RendererState_Looper_Focused 事件给应用程序。

⑤ Unfocused 状态。当 GSXR Runtime 将系统渲染层（如系统选单）覆盖于应用程序合成层之上，并从应用程序中获取输入焦点后，渲染循环即进入 Unfocused 状态，代表应用内容虽可见但当前输入焦点不属于应用程序（在此状态下，应用程序无法接收设备输入数据进行内容交互），此时 GSXR Runtime 需发送 GSXR_EventType_RendererState_Looper_Unfocused 事件给应用程序。

⑥ Unready 状态。当 GSXR Runtime 检测到系统或设备发生异常或断线时，渲染循环即进入 Unready 状态，代表渲染循环已无法正常工作，处于未备妥状态，此时 GSXR Runtime 需发送 GSXR_EventType_RendererState_Looper_Unready 事件给应用程序，当应用程序获取此事件时必须调用 GSXR_StopRenderLooper 停止渲染循环。

⑦ Stopping 状态。当 GSXR 应用程序成功调用 GSXR_StopRenderLooper 结束渲染循环，渲染循环即进入 Stopping 状态，代表此渲染循环处于结束状态。此时 GSXR Runtime 需发送 GSXR_EventType_RendererState_Looper_Stopping 事件给应用程序，并释放此渲染循环的系统资源。

⑧ Unavailable 状态。当 GSXR Runtime 释放完渲染循环的必要资源，渲染循环即进入 Unavailable 状态，代表此渲染循环已经处于不可用状态，此时 GSXR Runtime 需发送 GSXR_EventType_RendererState_Looper_Unavailable 事件给应用程序。待 GSXR Runtime 确认系统及设备状态正常后再重新进入 Available 状态。

（7）GSXR 帧同步与视图姿态。为了确保 GSXR 应用程序的渲染帧与显示同步，GSXR 提供了 GSXR_WaitFrame 函数限制 GSXR 应用渲染循环，XR Runtime 根据实际显示设备的刷新节奏调节 GSXR 应用程序调用 GSXR_WaitFrame 后的返回时机，并在返回函数时输出下一渲染帧的预测显示时间。XR 应用程序必须以此预测时间调用 GSXR_GetPoseState 获取设备姿态，以及调用 GSXR_GetViewPoseState 获取视图姿态，以预测该帧显示时的姿态进行内容渲染，补偿渲染与显示之间的时间差所造成的延迟。GSXR 应用程序要正确渲染出适用 XR 显示设备的视图，必须先获取视图姿态以及投影参数。在开始渲染循环时所输入的视图形态（GSXR_ViewType）所对应的视图集配置（GSXR_ViewSetConfiguration），其成员视图数目（viewCount）便是 GSXR 应用程序调用 GSXR_GetViewPoseState 函数获取视图姿态的个数，GSXR 应用程序需根据各个视图的视图姿态及投影参数进行内容渲染，再将渲染帧提交给 GSXR Runtime。

（8）GSXR 帧提交与合成层。GSXR 应用程序在等待 GSXR_WaitFrame 返回并完成内容渲染后，必须调用渲染帧提交函数 GSXR_SubmitFrame，将渲染帧提交给 GSXR Runtime 渲染管线进行 GSXR 渲染后处理。GSXR 应用程序提交的渲染帧信息，可包含一个或多个合成层，再由 GSXR Runtime 进行合成，若输入的 GSXR_FrameSubmitInfo 的 layerCount 为 0，则 GSXR Runtime 必须清除当前的显示内容。GSXR 应用程序必须根据合成层的类型以及内容需求，选用相应的合成层结构体，备妥该合成层结构体所需的功能选项及参数，并指定此合成层所对应的渲染纹理子图像及视图姿态，将完整的合成层信息正确记录在 submitInfo 中，方可调用 GSXR_SubmitFrame 函数，提交渲染帧。合成层结构体将 GSXR_CompositionLayerHeader 结构作为结构标头，指定其合成层类型及合成层功能选项，合成层结构标头后的其余成员则根据该合成层类型分别制定，GSXR 应用程序必须输入正确的合成层信息，GSXR Runtime 方可正确输出最终的合成结果。

（9）预设置与后设置渲染。GSXR 提供延伸的渲染功能函数，供 GSXR 应用程序在内容渲染时启用 GSXR Runtime 支持的延伸渲染功能。渲染功能类型定义在 GSXR_RenderFunctionType 中。GSXR 应用程序使用的延伸渲染功能信息，需在 GSXR_FrameRenderInfo 中指定使用功能的所需参数，并在 GSXR_WaitFrame 之后及应用程序开始渲染帧内容之前，调用 GSXR_PreRenderFrame 预设置此内容帧所要使用的延伸渲染功能，下一帧循环也会持续沿用此设定，直至应用程序在 GSXR_PostRenderFrame 后设置停用此功能。GSXR_PreRenderFrame 及 GSXR_PostRenderFrame 并不是 GSXR 渲染循环的必须函数，GSXR 应用程序可根据自身内容的需要选择使用与否，使用时 GSXR_FrameRenderInfo 的 functionCount 不可为 0，且指定使用的延伸渲染功能必须是 GSXR Runtime 所支持的功能。

（10）注视点渲染。GPU 及其图形渲染 API 若支持注视点渲染功能，则 XR 应用程序便可使用此功能针对非注视点区域进行较低解析度的内容渲染，以节省资源及时间。注视点参数信息通过 GSXR_FoveatedParameters 加以描述，其（focalX,focalY）坐标以眼球中心为平面原点，并将两侧区间归一化成 -1~1 的数值，注视点（focalX,focalY）坐标便落于此区间中，再加上此注视点视场角的角度信息 foveaFov，以及非注视点区域的视觉品质 peripheralQuality，即形成完整的注视点参数信息。

任务 1.2　GSXR 插件下载及环境配置

GSXR 插件下载及环境配置.mp4

在正式开发 XR 应用前，开发者需要配置相关的开发环境，根据规范选择对应的插件工具，从而为后续 XR 应用功能开发打下基础。本任务主要介绍 XR Plugin Management 和 GSXR UnityXR Plugin 的下载、安装和配置。

1. 安装 XR Plugin Management

【步骤 1】在 Unity 菜单栏中，选择 Edit→Project Settings，如图 1-8 所示。

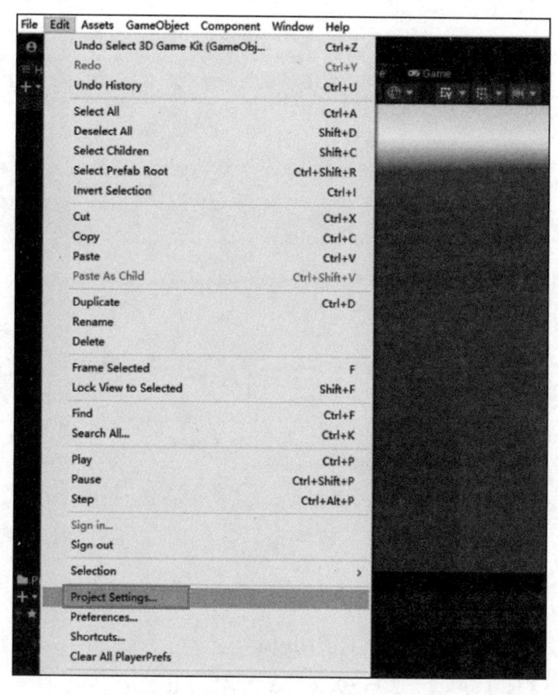

图 1-8　选择 Project Settings 选项

【步骤 2】在 XR Plugin Management 中单击 Install XR Plugin Management 进行安装，如图 1-9 所示。

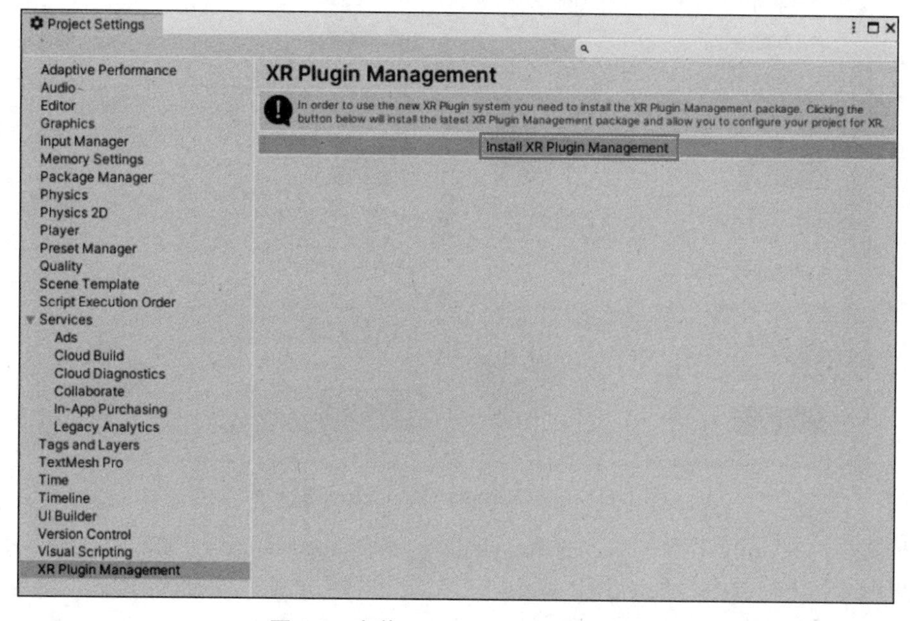

图 1-9　安装 XR Plugin Management

【步骤 3】安装成功，如图 1-10 所示。

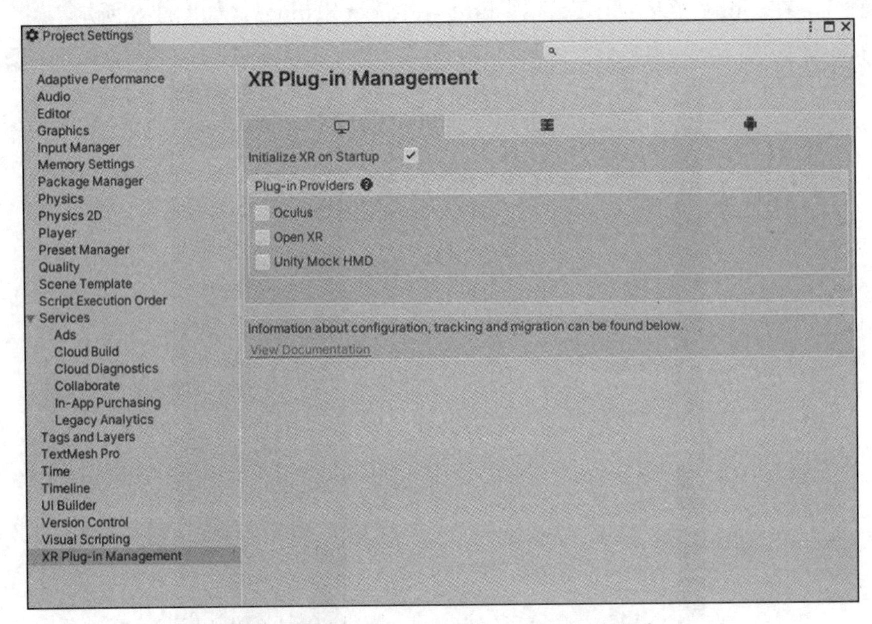

图 1-10　XR Plugin Management 安装成功

2. 在 Unity 中导入 GSXR UnityXR Plugin

【步骤 1】登录 GSXR 官网下载 GSXR UnityXR Plugin。

【步骤 2】单击 GSXR Unity SDK 下的“SDK 下载”，如图 1-11 所示。

图 1-11　GSXR UnityXR Plugin 下载界面

【步骤 3】在 Unity 菜单栏中，选择 Window→Package Manager，如图 1-12 所示。

【步骤 4】从磁盘中添加 GSXR UnityXR Plugin。单击“+”按钮打开下拉菜单，选择 Add package from disk，如图 1-13 所示。

【步骤 5】选择 GSXR UnityXR Plugin 的 package.json 进行导入，如图 1-14 所示。

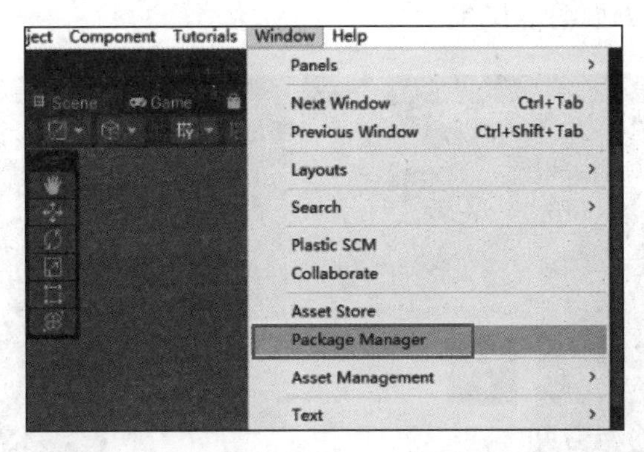

图 1-12　选择 Package Manager 选项

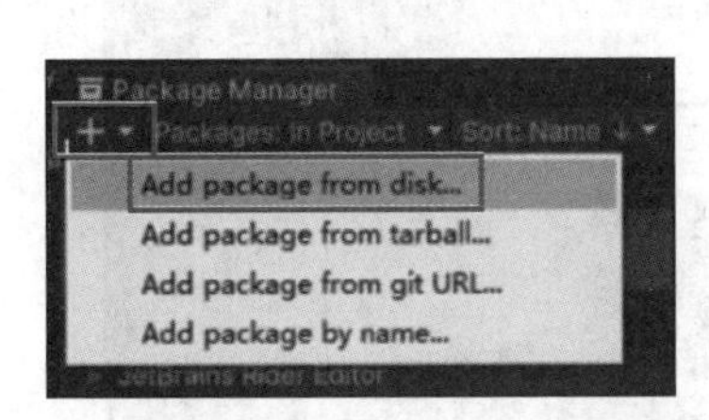

图 1-13　选择 Add package from disk 选项

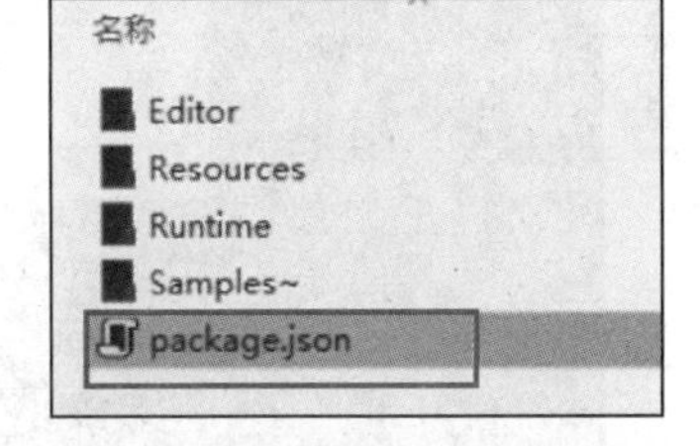

图 1-14　导入 GSXR UnityXR 插件

【步骤 6】当遇到导入过程警告时，在弹窗中单击 Yes 按钮，如图 1-15 所示。

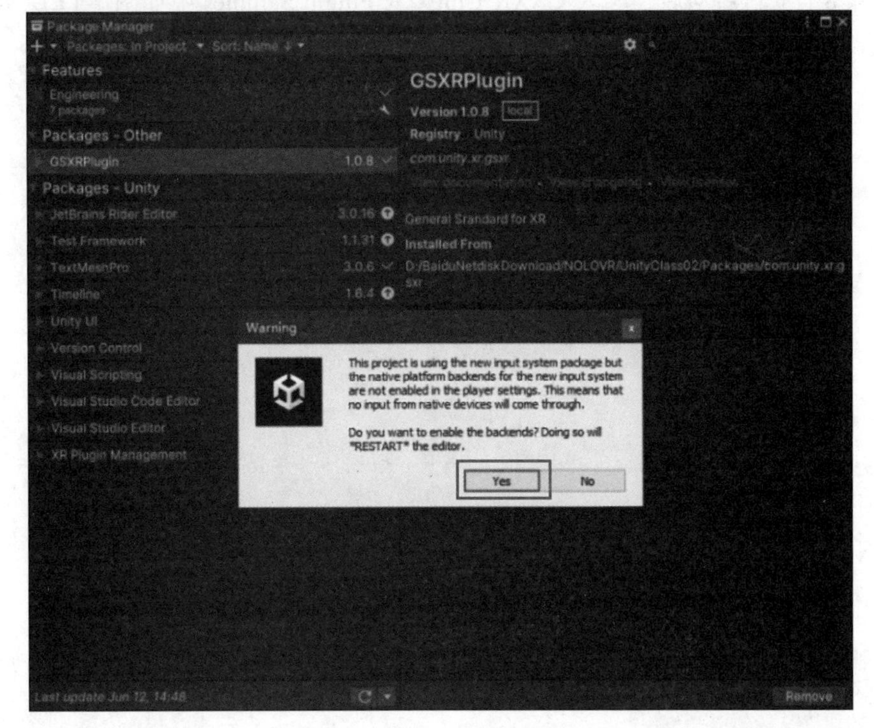

图 1-15　导入过程警告处理

【步骤 7】导入过程关联插件更新请求，单击“I Made a Backup，Go Ahead！”后，Unity 工程将重新启动，如图 1-16 所示。

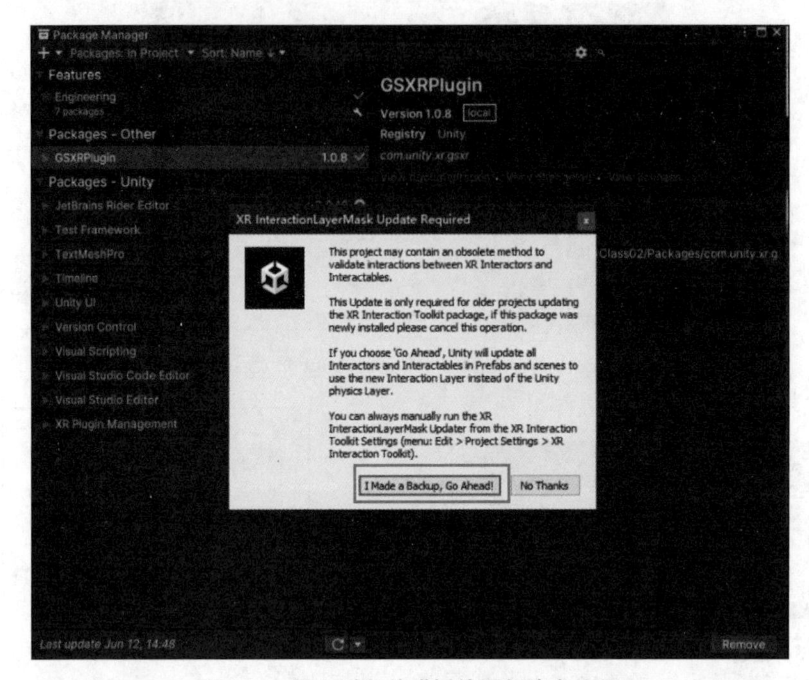

图 1-16　导入过程关联插件更新请求处理

【步骤 8】重新启动后，导入 GSXR UnityXR Plugin Samples 中如图 1-17 所示的两项内容。

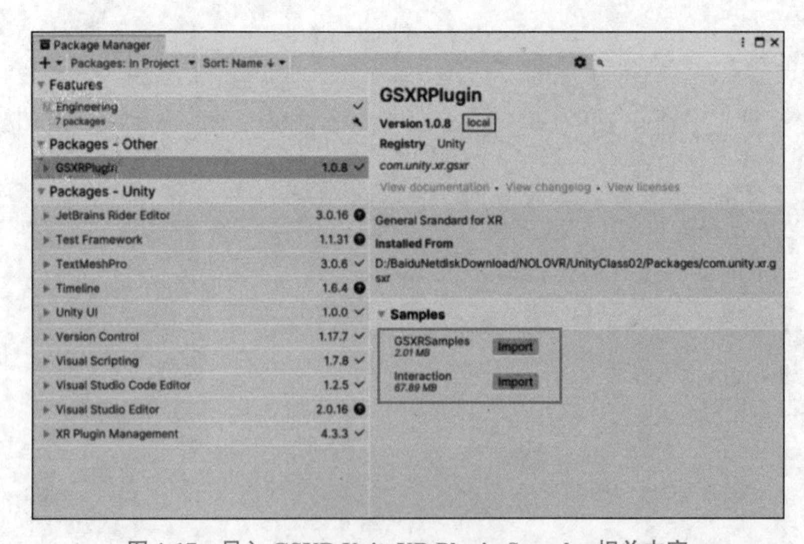

图 1-17　导入 GSXR UnityXR Plugin Samples 相关内容

【步骤 9】在 Project Settings 窗口中选择 XR Plug-in Management 选项卡，如图 1-18 所示。

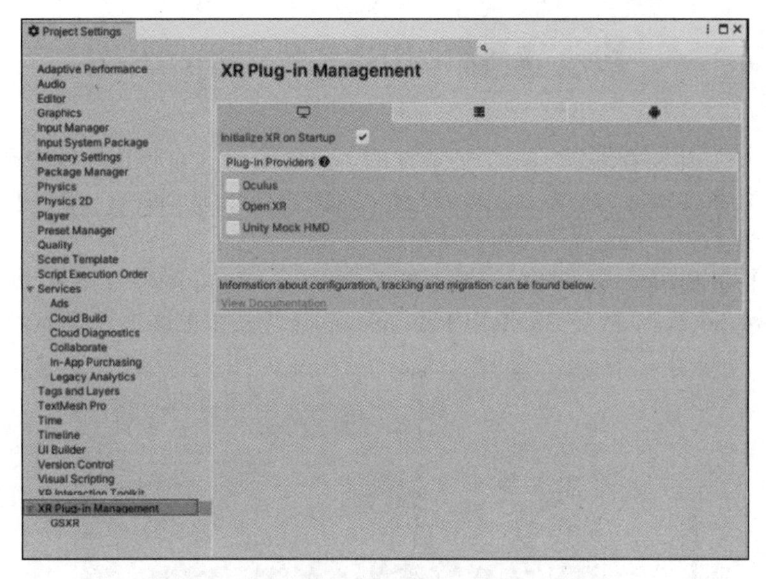

图 1-18　选择 XR Plug-in Management 选项卡

【步骤 10】选择右侧 Android 平台选项卡，如图 1-19 所示。

【步骤 11】在 Android 平台选项卡下，勾选 GSXR 选项，如图 1-20 所示。

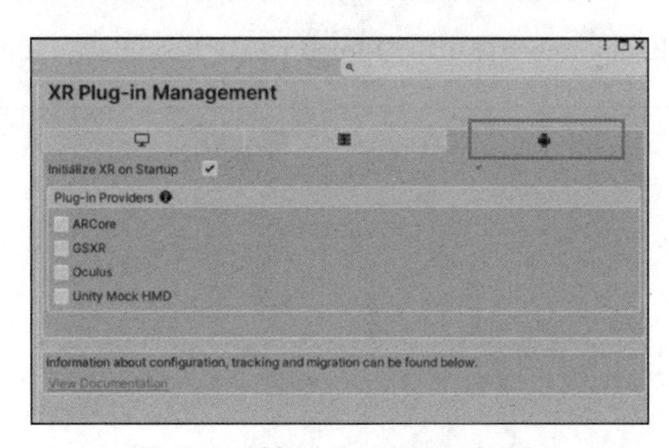

图 1-19　选择 Android 平台选项卡

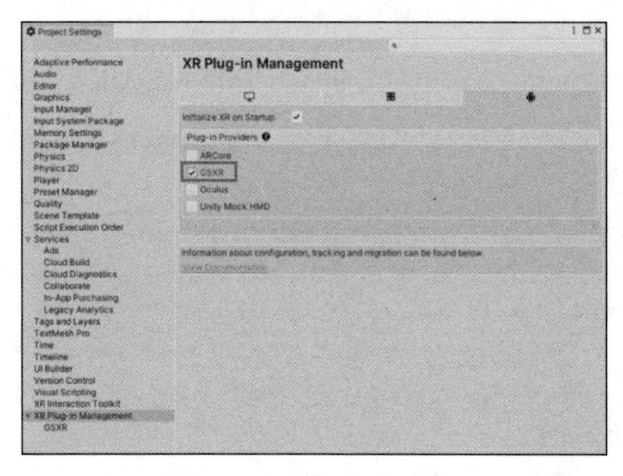

图 1-20　勾选 GSXR 选项

任务 1.3 GSXR Samples 构建

GSXR 插件为开发者提供了一个场景样例，包含了所有 GSXR 插件中开放的功能演示。在使用该场景样例前，开发者需要进行一些简单构建，从而在 Unity 中进行测试体验。本任务主要介绍 GSXR Samples 的相关设置。

【步骤 1】在 Project 视图中，依次选择 Assets→Samples→GSXRPlugin→1.0.8→GSXRSamples→Scenes，打开 GSXRXRPluginSamples 场景，如图 1-21 所示。

GSXR Samples 构建. mp4

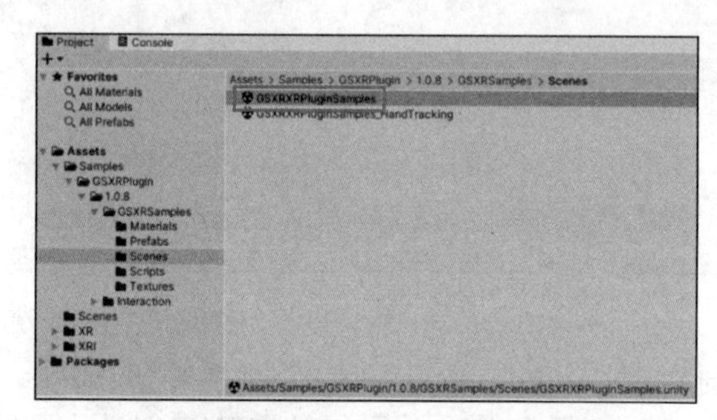

图 1-21 打开 GSXRXRPluginSamples 场景

【步骤 2】在 TMP Importer 弹窗中单击 Import TMP Essentials，如图 1-22 所示。

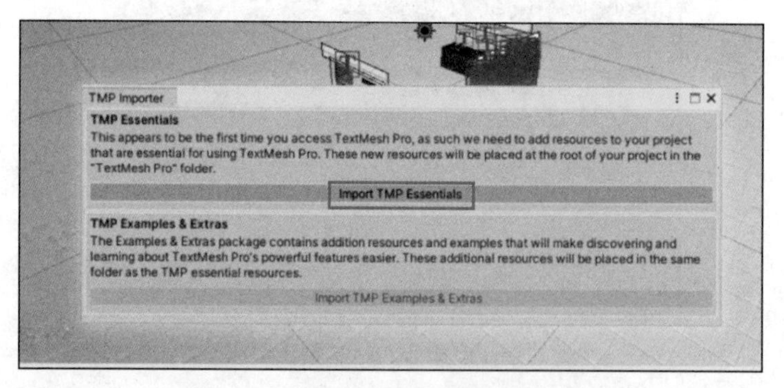

图 1-22 单击 Import TMP Essentials

【步骤 3】在 TMP Importer 弹窗中单击 Import TMP Examples & Extras，如图 1-23 所示。

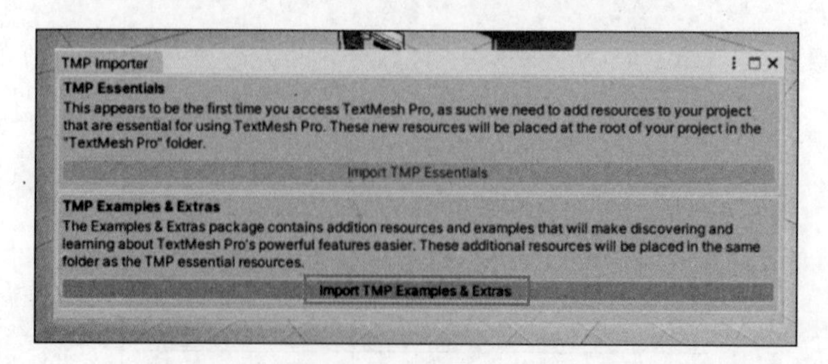

图 1-23 单击 Import TMP Essentials & Extras

【步骤 4】导入完毕后，重新打开 GSXRXRPluginSamples 场景，如图 1-24 所示。

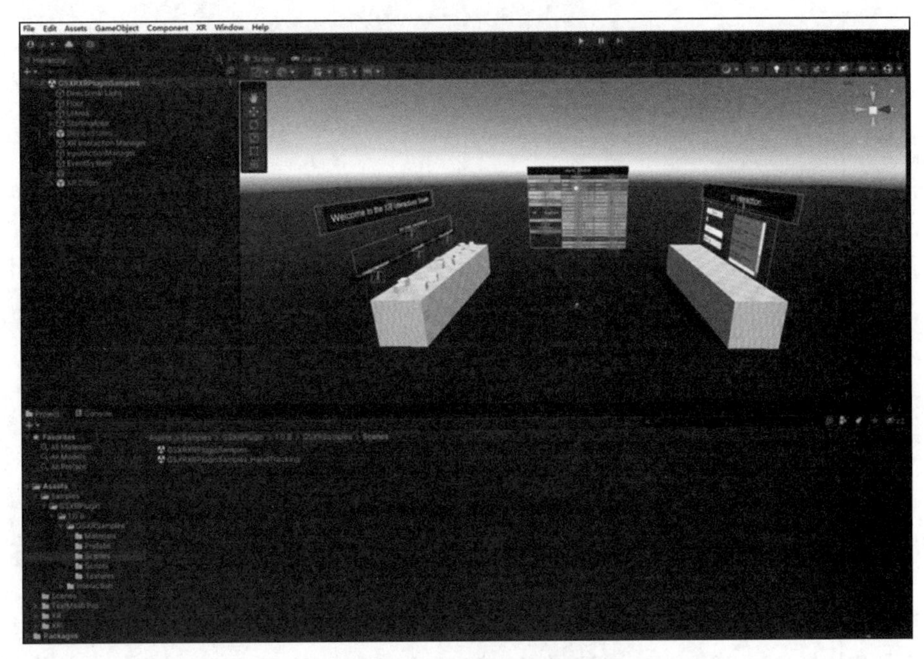

图 1-24　重新打开 GSXRXRPluginSamples 场景

【步骤 5】在 Unity 菜单栏中选择 Edit→Project Settings。
【步骤 6】选择 Player 选项，如图 1-25 所示。

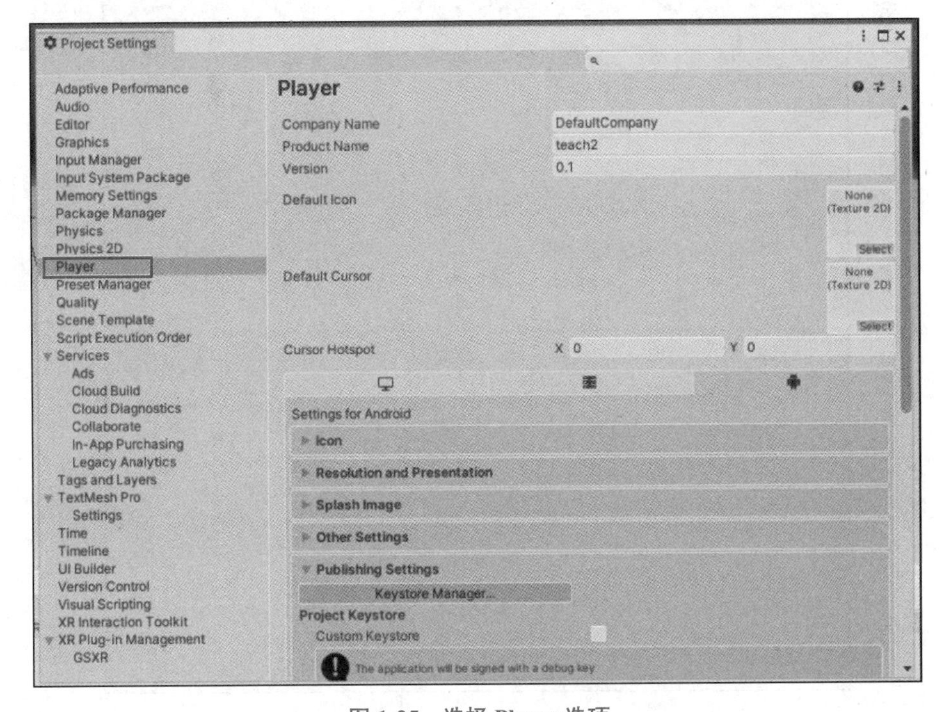

图 1-25　选择 Player 选项

【步骤 7】选择 Player 选项的 Other Settings，如图 1-26 所示。

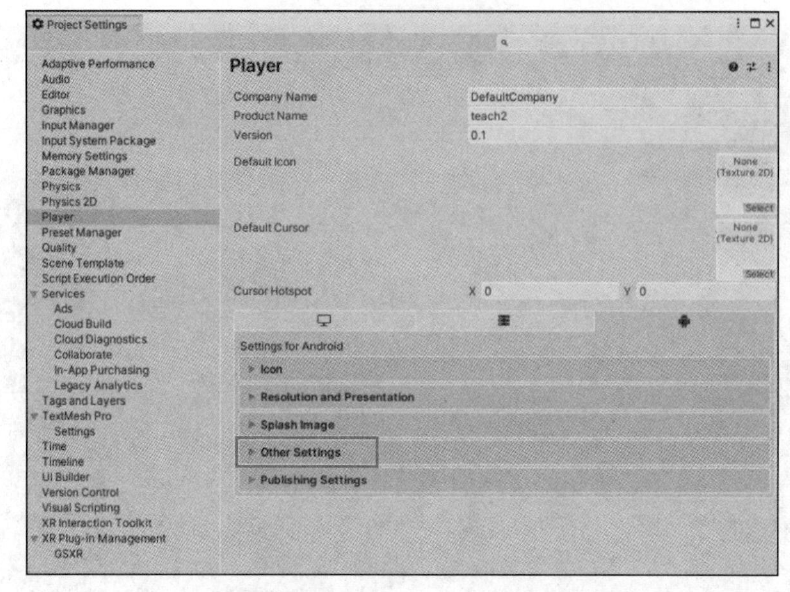

图 1-26　选择 Other Settings 选项

【步骤 8】在 Other Settings 中选择 Configuration→Active Input Handling，并将其属性改为 Both，如图 1-27 所示。

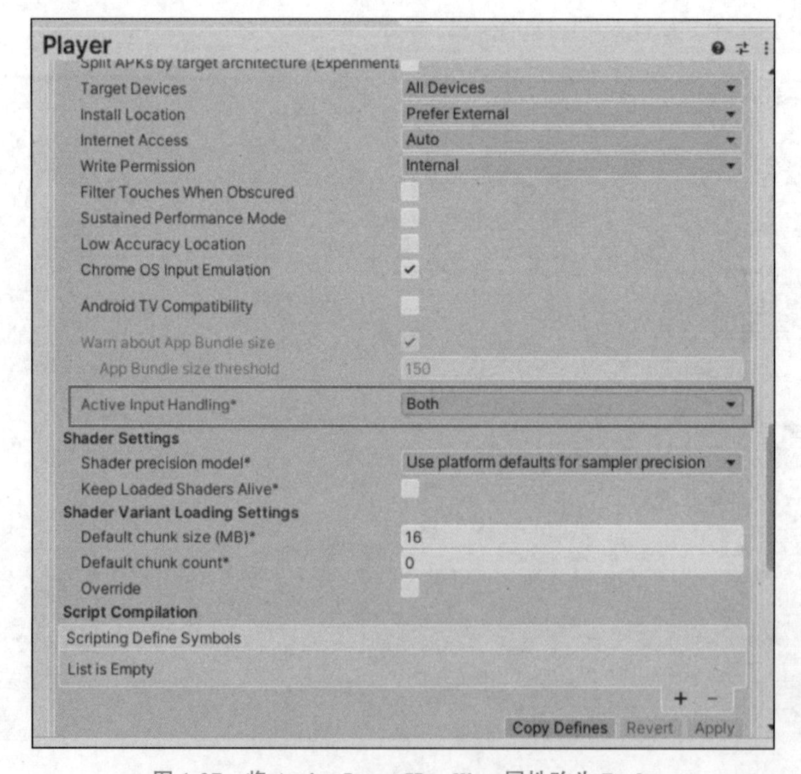

图 1-27　将 Active Input Handling 属性改为 Both

【步骤 9】单击运行，在编辑器中头瞄模式下运行调试场景，如图 1-28 所示。

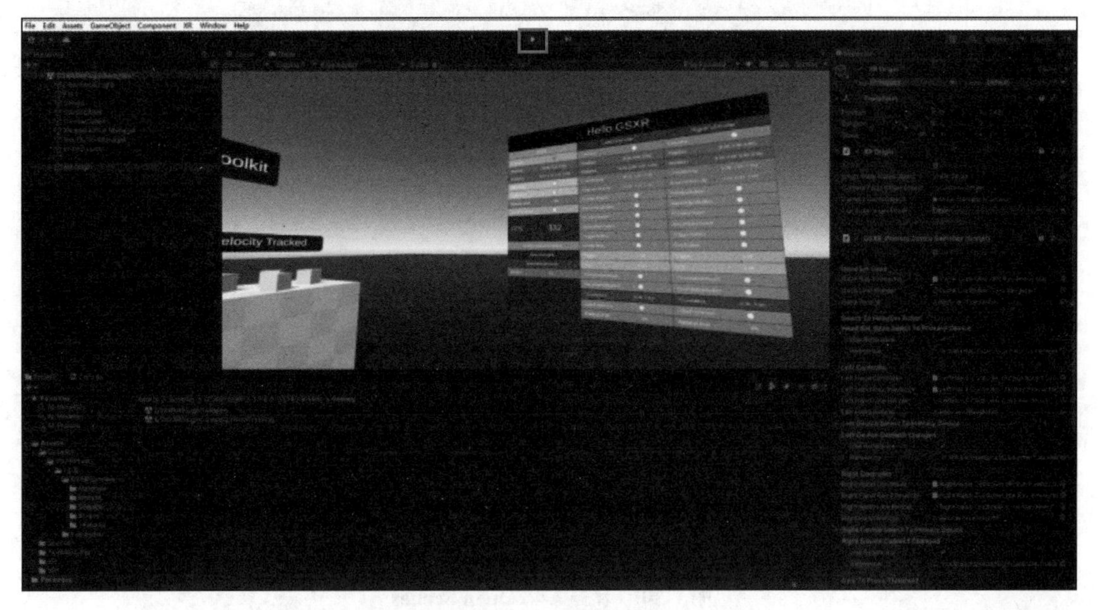

图 1-28　运行调试场景

XR 应用编译打包.mp4

任务 1.4　XR 应用编译打包

当完成 XR 应用开发后，需要导出应用程序进行测试和修改，且 GSXR 规范下的应用编译打包需要进行相关设置。本任务主要介绍 XR 应用的导出平台设置和相应属性参数的配置。

【步骤 1】在 Unity 菜单栏中选择 File→Build Settings，如图 1-29 所示。

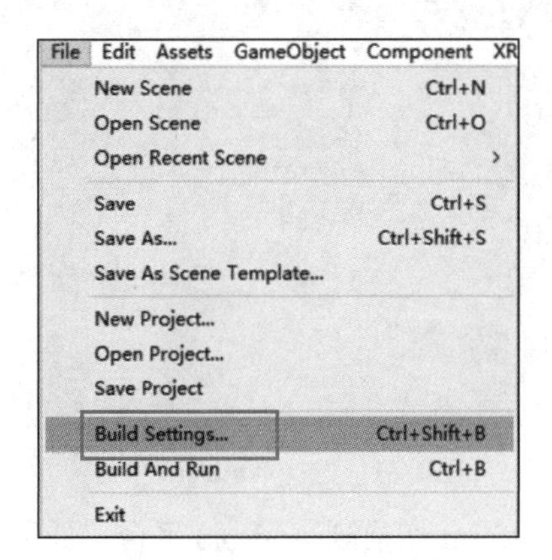

图 1-29　选择 Build Settings 选项

【步骤 2】在 Build Settings 窗口中单击 Add Open Scenes，添加当前场景，如图 1-30 所示。

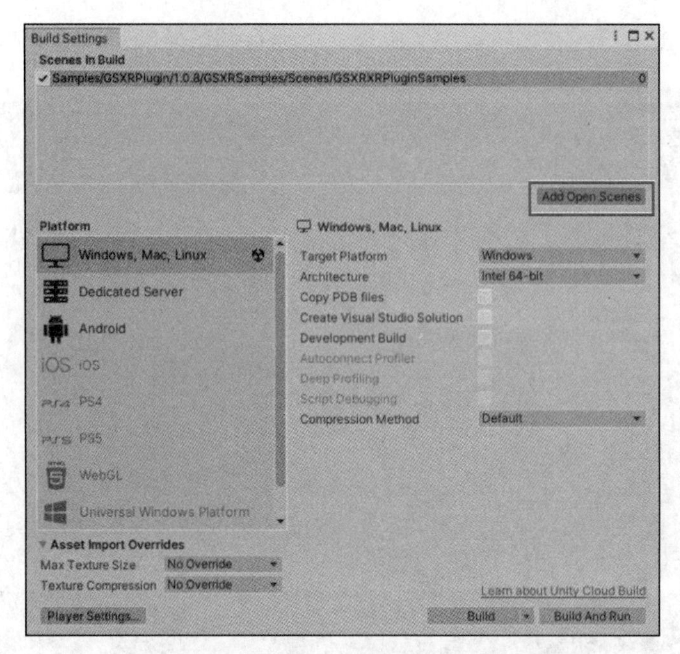

图 1-30　单击 Add Open Scenes

【步骤 3】选择 Platform 窗口中的 Android 平台，如图 1-31 所示。

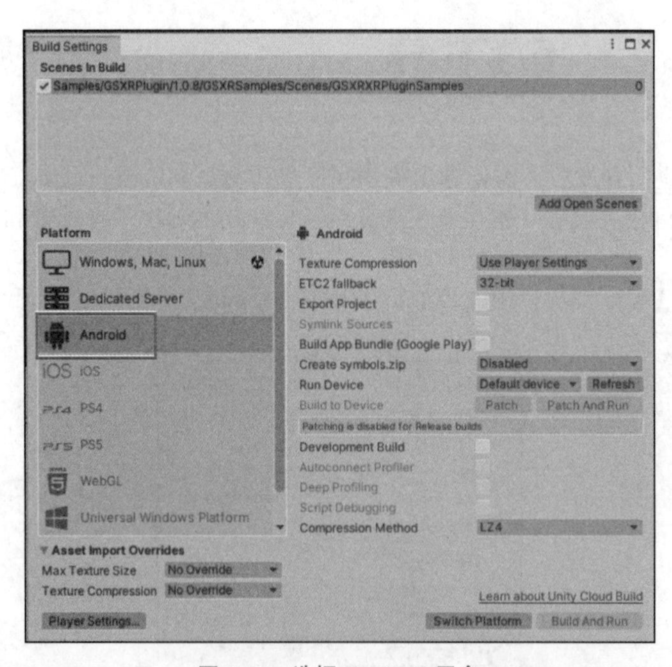

图 1-31　选择 Android 平台

【步骤 4】单击 Switch Platform 切换到 Android 平台，如图 1-32 所示。

【步骤 5】在 Unity 菜单栏中，依次选择 Edit→Project Settings→Player→Resolution and Presentation，如图 1-33 所示。

【步骤 6】将 Blit Type 属性改为 Never，如图 1-34 所示。

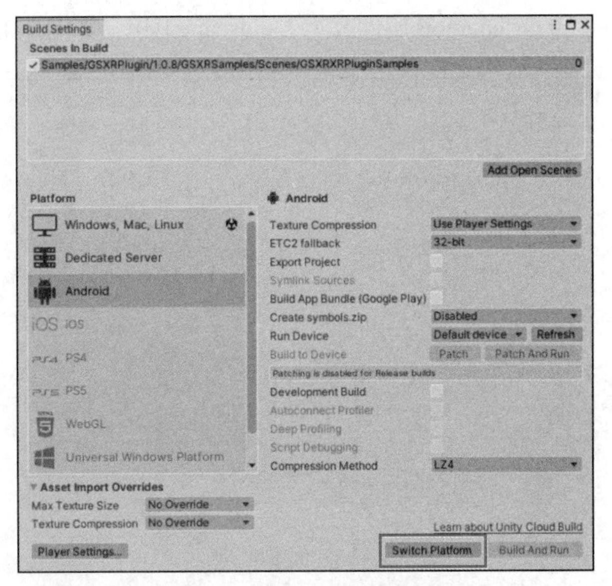

图 1-32　单击 Switch Platform

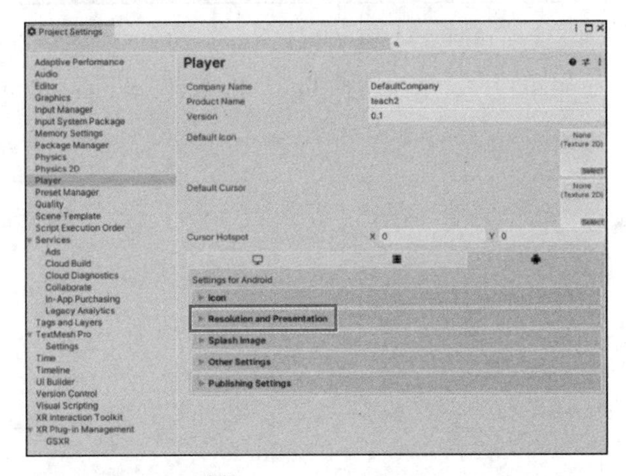

图 1-33　选择 Resolution and Presentation

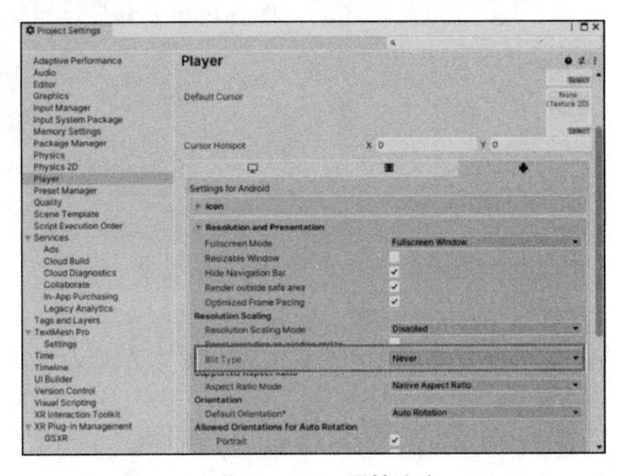

图 1-34　将 Blit Type 属性改为 Never

【步骤 7】将 Default Orientation 属性改为 Landscape Left，如图 1-35 所示。

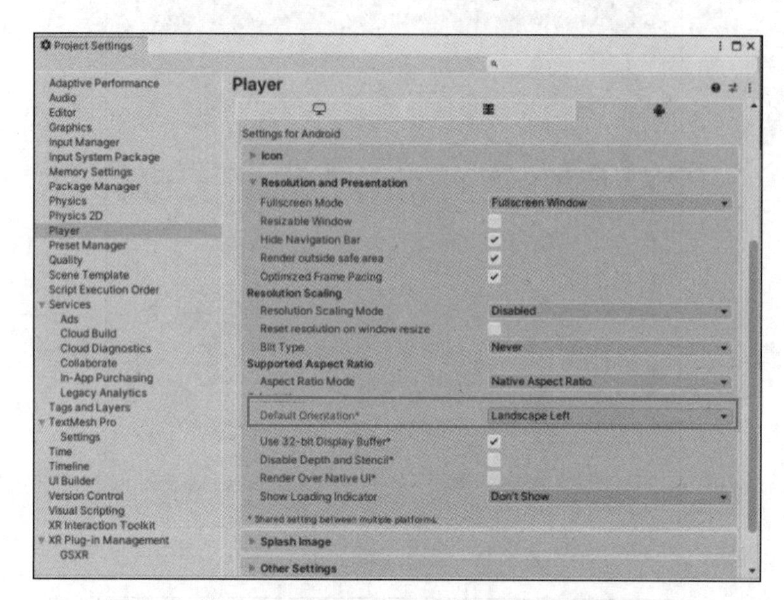

图 1-35　将 Default Orientation 属性改为 Landscape Left

【步骤 8】在 Unity 菜单栏中，依次选择 Edit→Project Settings→Player→Other Settings，如图 1-36 所示。

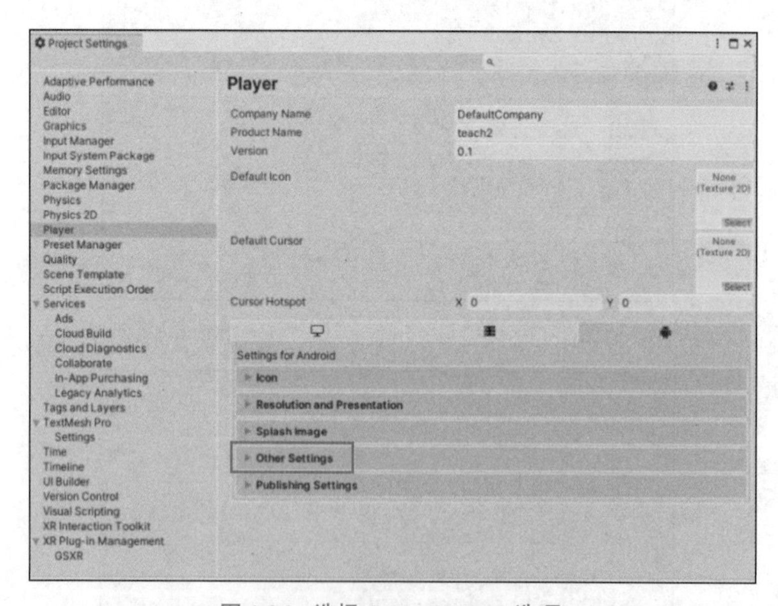

图 1-36　选择 Other Settings 选项

【步骤 9】取消勾选 Auto Graphics API，如图 1-37 所示。

【步骤 10】在 Graphics APIs 列表中选择 Vulkan 选项，单击右下角减号按钮将其删除，如图 1-38 所示。

【步骤 11】取消勾选多线程渲染（Multithreaded Rendering）选项，如图 1-39 所示。

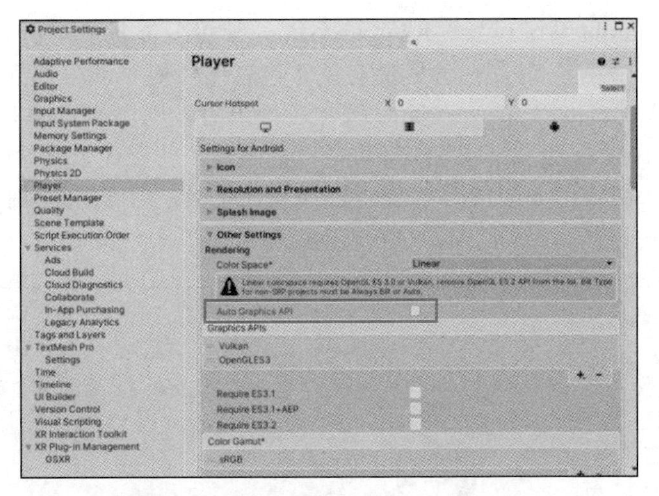

图 1-37　取消勾选 Auto Graphics API

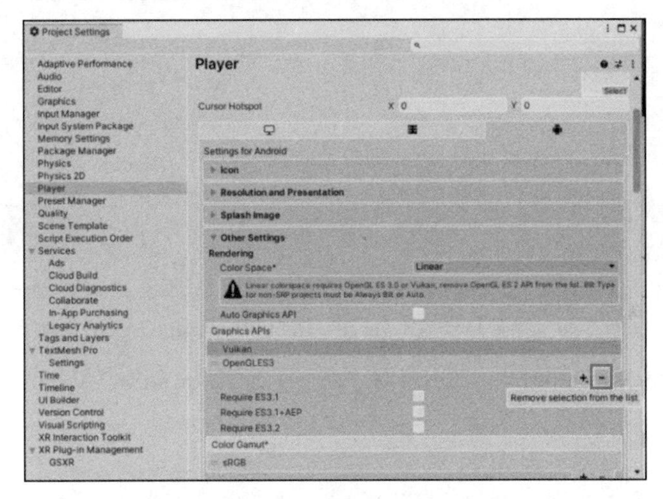

图 1-38　删除 Vulkan

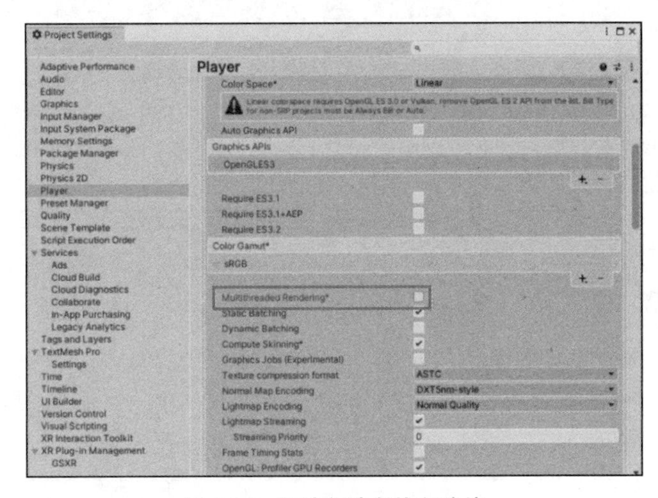

图 1-39　取消勾选多线程渲染

【步骤 12】Android 系统设置。Android 系统一般使用包名来识别应用，每个应用都拥有唯一的包名。一旦应用发布，尽量避免对包名作任何改动。找到 Identification，检查是否有 Override Default Package Name 选项，如果有，则可以选择是否勾选。如果不勾选此选项，Unity 会按照“com. 公司名称 . 产品名称”的方式生成默认包名。如果没有 Override Default Package Name 选项，或者选择勾选此项，则需要手动指定包名，一般推荐使用“com. 公司名称 . 产品名称”的方式指定包名，如图 1-40 所示。

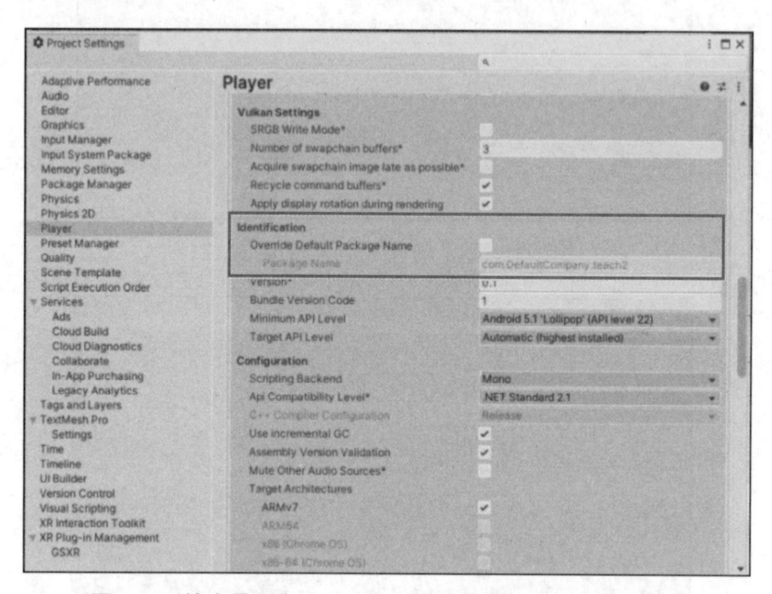

图 1-40　检查是否有 **Override Default Package Name** 选项

【步骤 13】将 Minimum API Level 属性设置为 Android 8.0 'Oreo' (API level 26)，如图 1-41 所示。

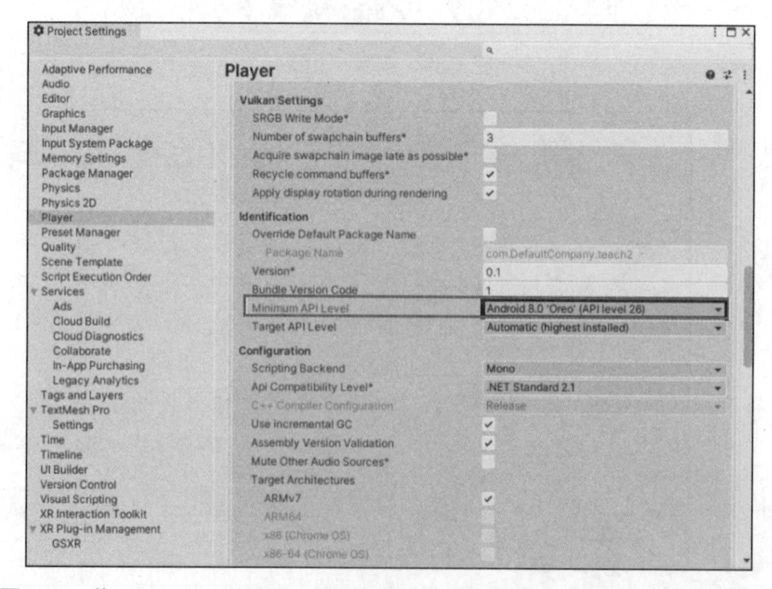

图 1-41　将 **Minimum API Level** 属性设置为 **Android 8.0 'Oreo' (API level 26)**

【步骤 14】将 Target API Level 属性设置为 Automatic (highest installed)，如图 1-42 所示。

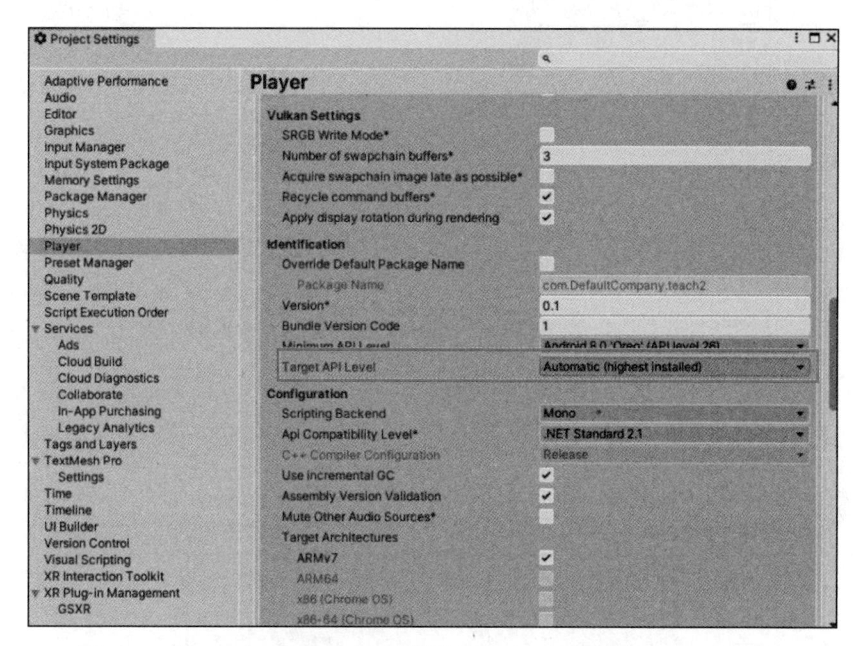

图 1-42　将 Target API Level 属性设置为 Automatic (highest installed)

【步骤 15】将 Scripting Backend 属性设置为 IL2CPP，如图 1-43 所示。

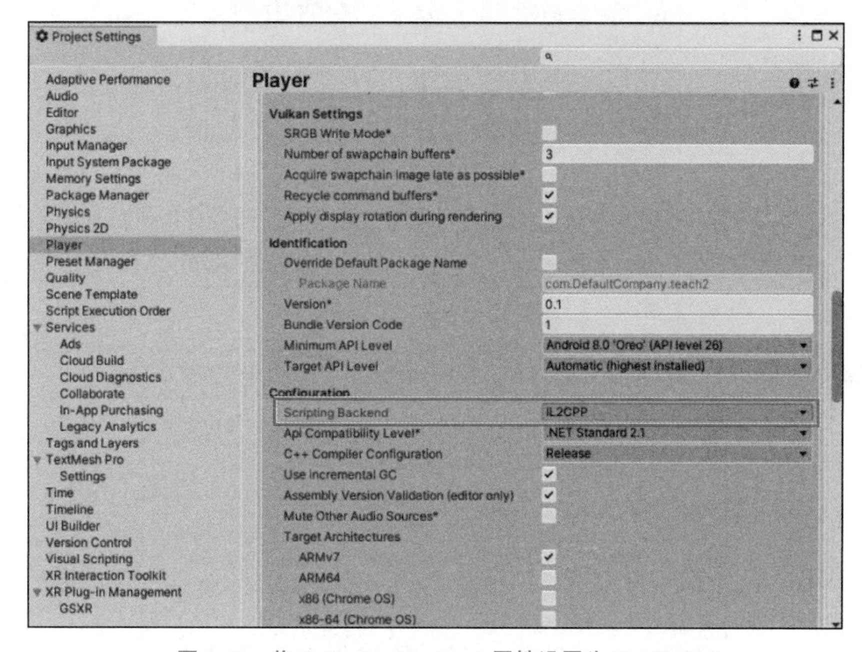

图 1-43　将 Scripting Backend 属性设置为 IL2CPP

【步骤 16】将 Target Architectures 设置为 ARM64，如图 1-44 所示。

【步骤 17】在 Unity 菜单栏中，选择 Edit→Build Settings 选项。

【步骤 18】单击 Build 按钮，如图 1-45 所示。

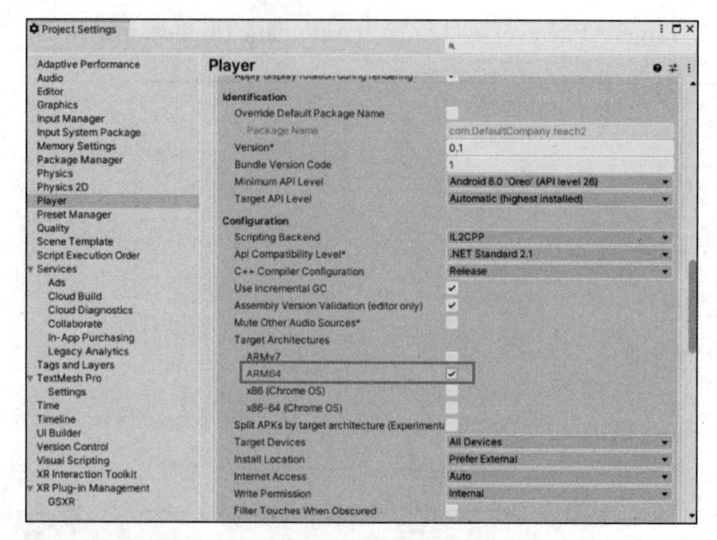

图 1-44　将 Target Architectures 设置为 ARM64

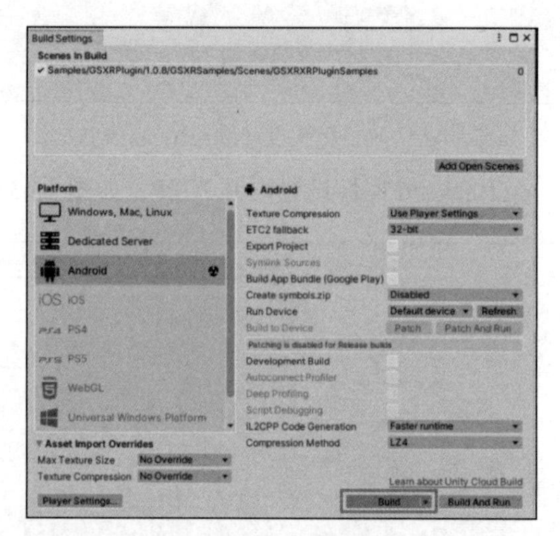

图 1-45　单击 Build 按钮

【步骤 19】配置构建文件路径，保存后即可导出，如图 1-46 所示。

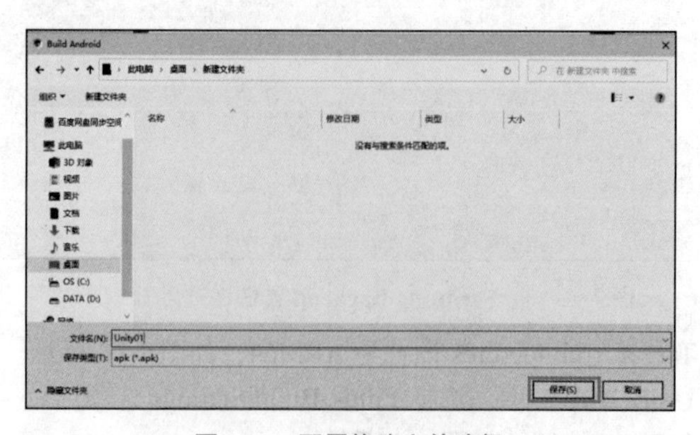

图 1-46　配置构建文件路径

【步骤 20】完成构建，如图 1-47 所示。

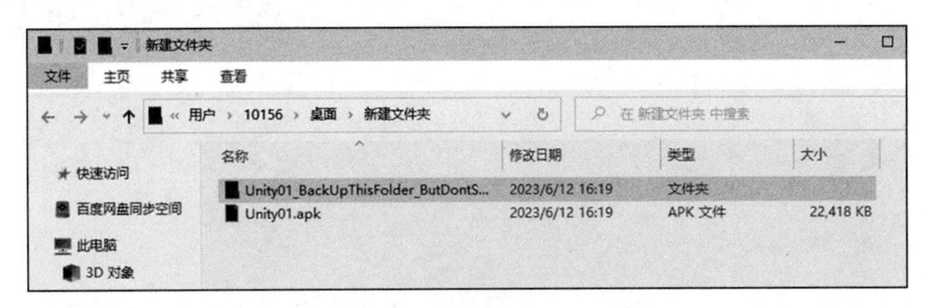

图 1-47　完成构建

【步骤 21】将 apk 文件移动到 GSXR 一体机中，安装后即可运行场景。

实现 GSXR 项目中对象交互

任务 2.1 了解 GSXR 设备

GSXR 内容应用必须搭配对应的 GSXR 设备硬件，才能将应用内容及用户交互行为反映在设备上进行交互体验，GSXR 设备类型如表 2-1 所示。因此，GSXR Runtime 必须确保 GSXR 设备正常运作，才能从设备端提供 GSXR 应用程序所需的输入事件、空间位姿、设备信息，以及手柄振动反馈。

表 2-1 GSXR 设备类型

名　　称	数值	描　　述
GSXR_DeviceType_HMD_AR	1	AR 头显
GSXR_DeviceType_HMD_VR	2	VR 头显
GSXR_DeviceType_Controller_Right	3	右手手柄控制器
GSXR_DeviceType_Controller_Left	4	左手手柄控制器
GSXR_DeviceType_BaseStation	5	定位基站模组
GSXR_DeviceType_LeftFoot	6	左脚跟踪模组
GSXR_DeviceType_RightFoot	7	右脚跟踪模组
GSXR_DeviceType_LeftShoulder	8	左肩跟踪模组
GSXR_DeviceType_RightShoulder	9	右肩跟踪模组
GSXR_DeviceType_Waist	10	腰部跟踪模组
GSXR_DeviceType_Chest	11	胸部跟踪模组
GSXR_DeviceType_Threadmil	12	threadmil 跟踪模组
GSXR_DeviceType_Gamepad	13	gamepad 控制器
GSXR_DeviceType_Tracker	64	独立跟踪模组

GSXR 设备根据主要交互行为区分设备类型，且设备根据自身的设计及特性，也可以接入数目及类型不等的输入部件。因此，GSXR Runtime 必须将当前连线设备的类型及其输入部件配置传递给 GSXR 应用进行相应的处理，增加应用对于设备差异的兼容性。

1. NOLO Sonic 2

NOLO Sonic 2 设备是 NOLO 公司旗下 VR 头显产品，如图 2-1 所示，该 VR 头显采用了双摄 + 超声波 6DOF 定位方案。并且 Sonic 2 升级为 4 摄 + IR 定位，除了 6DOF 手柄定位外，还支持五指追踪，可识别拖拉曳、放大缩小、捏合、扔、抓握、点击等动作。

2. 其他设备

1）Oculus 系列

（1）Oculus Rift 是一款为电子游戏设计的头显，如图 2-2 所示。它具有两个目镜，每个目镜的分辨率为 640 × 800，双眼的视觉合并之后就可拥有 1280 × 800 的分辨率，可以通过陀螺仪控制用户的视角，使游戏的沉浸感大幅提升。Oculus Rift 可以通过 DVI、HDMI、micro USB 接口连接计算机或游戏主机。

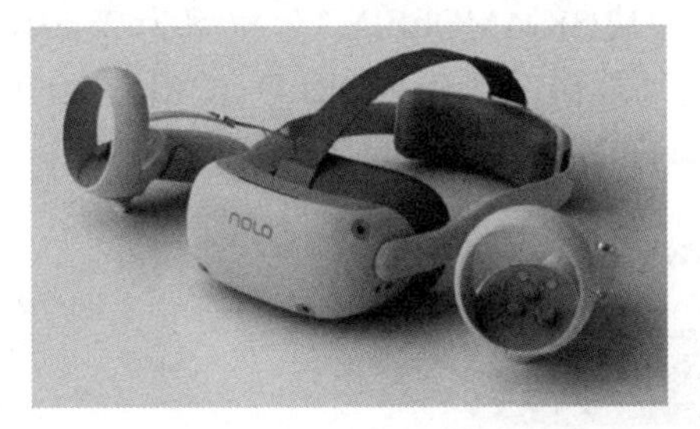

图 2-1　NOLO Sonic 2 设备

图 2-2　Oculus Rift

（2）Oculus Quest 是 Oculus 旗下首款能够完全独立运作的 6DOF 装置，它的两个屏幕分辨率都是 1600 × 1440，如图 2-3 所示。作为一款独立使用的 VR 装置，Quest 利用 Inside-Out 技术来追踪用户的移动，不需要外置的定位装置，能够支持 6DOF 追踪。Quest 内建有最少为 64GB 的储存空间，用户可以安装不同的 VR 内容。

（3）Oculus Quest 2 是一款一体式 VR 头显，于 2019 年推出，是 Oculus Quest 的更新版本，如图 2-4 所示。它保留了和 Quest 相同的一体式设计，改进了屏幕，减轻了重量。Quest 2 的控制手柄是白色的，但在设计上与前几代 Oculus Touch 几乎相同。

图 2-3　Oculus Quest

图 2-4　Oculus Quest 2

2）HTC VIVE 系列

（1）HTC VIVE 是由 HTC 与 Valve 联合开发的一款 VR 头显，于 2015 年 3 月在

MWC 2015 上发布，如图 2-5 所示。由于有 SteamVR 提供的技术支持，因此在 Steam 平台上已经可以体验到多种虚拟现实游戏。

（2）HTC VIVE Pro 采用 3K OLED 分辨率为 2880×1600 的显示屏，支持使用 SteamVR 2.0 定位系统，最多能同时使用 4 个基站，活动空间翻倍扩展至 10 平方米。它内建 3D 音频耳机，通过 WiGig 的 60 GHz 无线传输，能提供超低时延的无线 VR 体验，如图 2-6 所示。

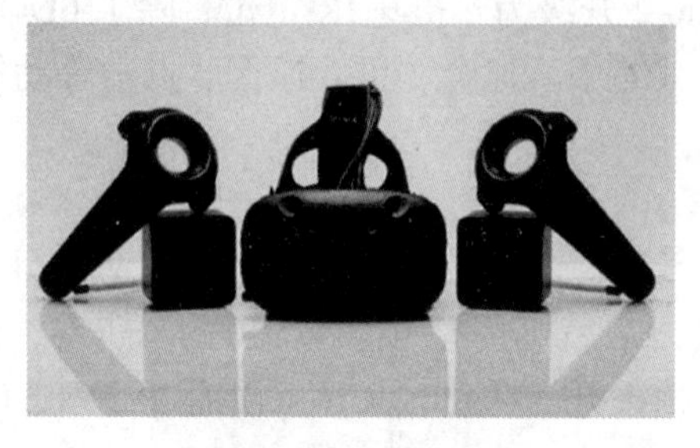

图 2-5　HTC VIVE

图 2-6　HTC VIVE Pro

（3）HTC VIVE Focus Plus VR 一体机采用一块 3K AMOLED、分辨率为 2880×1600、75 Hz 刷新频率的屏幕，使用高通骁龙 835 移动处理器，具有 WORLD-SCALE 6DOF 大空间追踪技术，高精度 9 轴传感器、距离传感器，如图 2-7 所示。

图 2-7　HTC VIVE Focus Plus VR

任务 2.2　了解 GSXR 控制器

输入部件是 GSXR 设备在硬件设计上提供用户输入的交互人机界面，GSXR 应用程序根据自身的设计需求使用相应的输入部件，供用户与内容进行交互。同样，GSXR 设备所具备的输入部件配置将会影响应用内容的操作行为。

1. 摇杆型控制器

摇杆型控制器的外形如图 2-8 所示，其中各按键的功能如下。

- 扳机键（Trigger）：可用食指进行扣动和按压。
- 抓握键（Grip）：可对控制器进行抓握。
- 摇杆（Thumbstick）：表示主 2D 轴被单击或者其他按压操作。
- Y 键与 B 键（Y & B）：可用于按压和触摸操作。

- X 键与 A 键（X & A）：可用于按压和触摸操作。
- 菜单键（Menu）：可用于按压操作。
- System 键（System）：可用于按压操作。

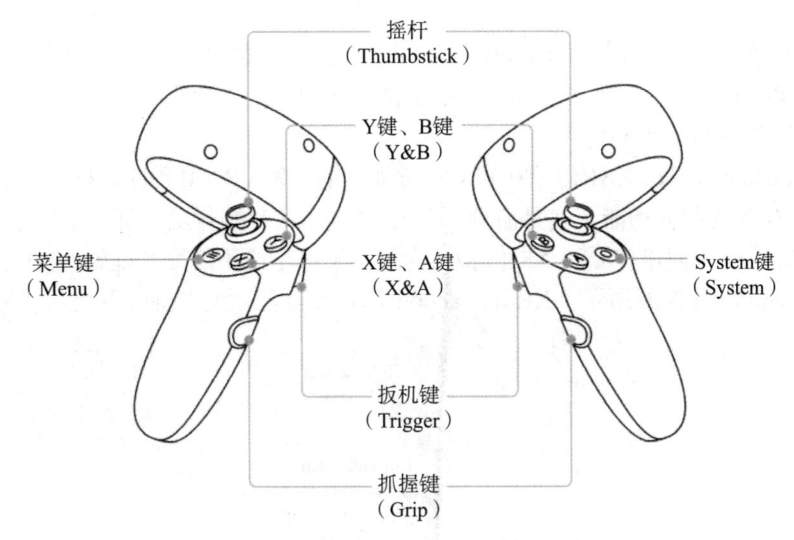

图 2-8　摇杆型控制器外形及按键功能

2. 触摸板型控制器

触摸板型控制器的外形如图 2-9 所示，其中各按键的功能如下。

- 扳机键（Trigger）：可用食指进行扣动和按压。
- 抓握键（Grip）：可对控制器进行抓握。
- 触摸板（Trackpad）：可用于触摸操作。
- 菜单键（Menu）：可用于按压操作。
- System 键（System）：可用于按压操作。

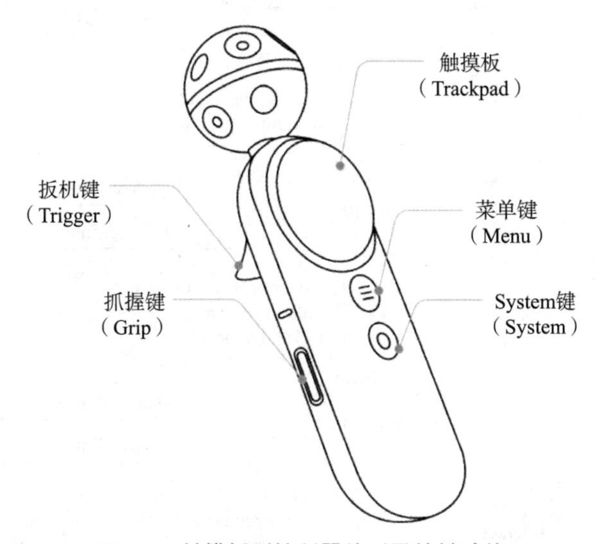

图 2-9　触摸板型控制器外形及按键功能

任务 2.3 体验移动导航

1. XR Interaction Toolkit 概述

在项目中我们引用了 XR Interaction Toolkit 插件，该插件的脚本接口及使用规范均可在 Unity 官网中查看到，并且 GitHub 上有丰富的案例。感兴趣的开发者可以在 GitHub 上查找相应的案例进行学习和练习。

XR Interaction Toolkit（XRI）是 Unity 官方提供的开发 VR/AR 程序的框架，提供了移动、抓取、UI 交互等常用的功能。它是游戏引擎提供给开发者的开发工具，是一个基于组件的高级交互系统，用于创建 VR 和 AR 体验。它提供了一个通用的交互框架并简化了跨平台创建，其交互逻辑如图 2-10 所示。XR Interaction Toolkit 包含一组支持以下交互任务的组件。

体验移动导航. mp4

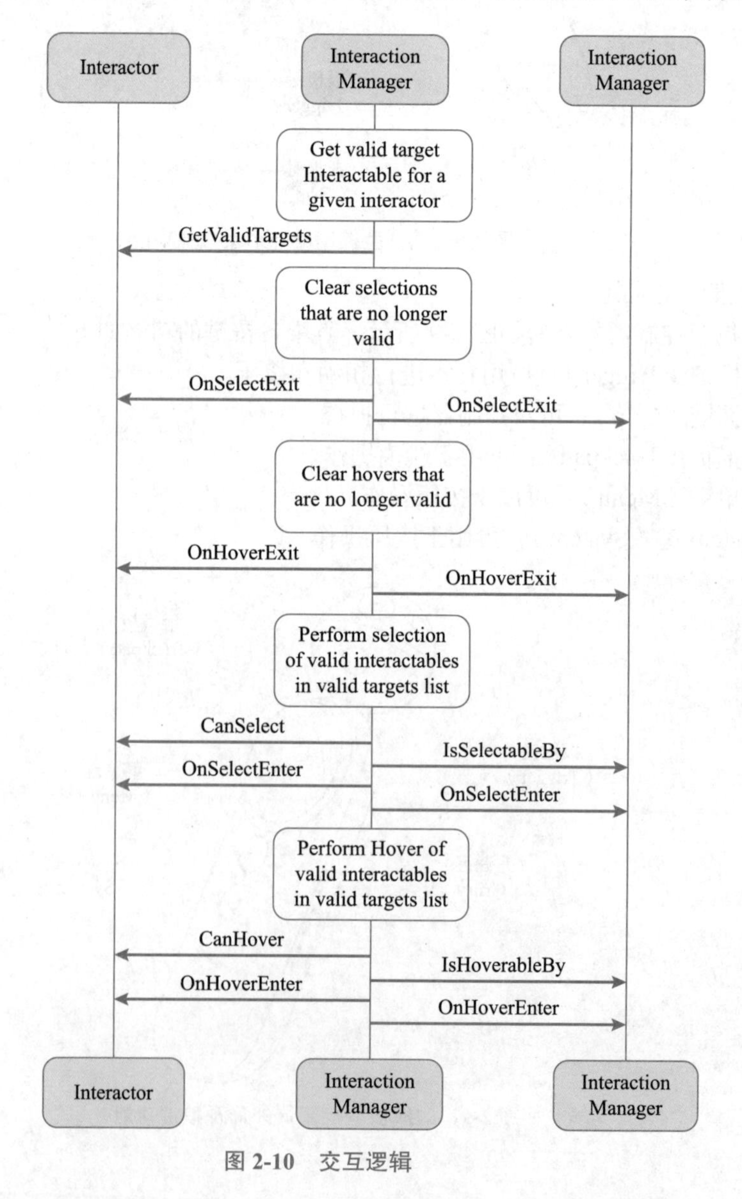

图 2-10 交互逻辑

（1）跨平台的 XR 控制器输入。

（2）基本对象的悬停、选择和抓取。

（3）通过 XR 控制器提供触觉反馈。

（4）视觉反馈（tint/line rendering），以指示可能的和活跃的交互活动。

（5）与 XR 控制器的基本画布 UI 交互。

（6）用于处理固定和房间规模的 VR 体验的 VR 相机装置。

2. 安装与配置

【步骤 1】安装 XR Interaction Toolkit。选择 Window→PackageManager，单击“+”号，选择 Add package by name，然后输入 com.unity.xr.interaction.toolkit，这样可以直接安装最新版本的 XR Interaction Toolkit 插件。操作步骤分别如图 2-11 和图 2-12 所示。

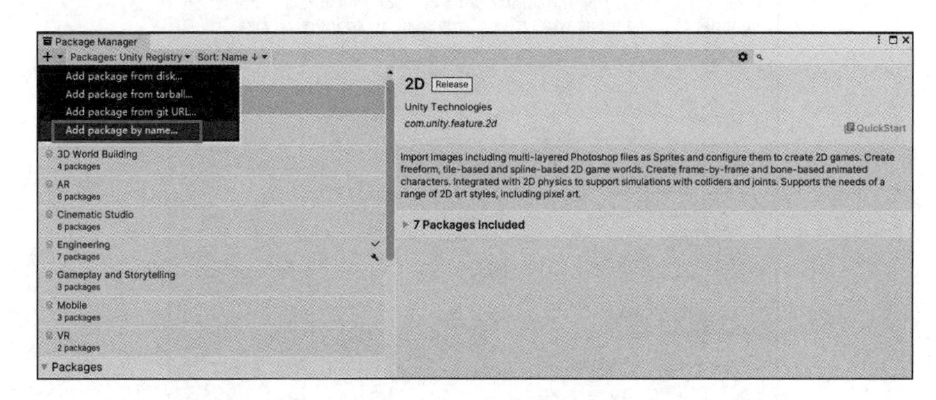

图 2-11　在 PackageManager 中选择 Add package by name

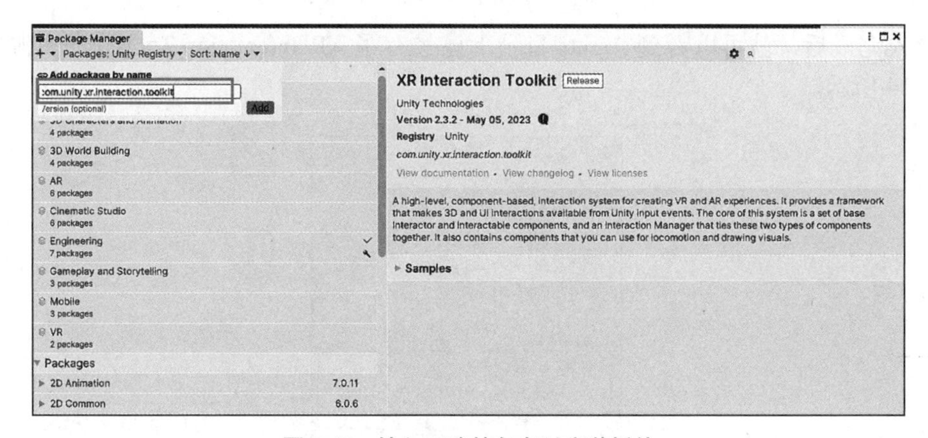

图 2-12　输入正确的包名以安装插件

【步骤 2】导入 Samples 包。安装完毕后，需要手动将该插件的 Samples 包导入。Samples 中包含以下几个依赖包。

（1）Starter Assets 包：包含一些 Preset 和 Input System 相关的内容。

（2）XR Device Simulator 包：包含 XR 模拟器相关的内容。

（3）Tunneling Vignette 包：包含关于 VR 相机镜头效果相关的内容。

（4）Meta Gaze Adapter 包：包含用于眼部追踪相关的内容。

（5）Hands Interaction Demo 包：包含手部识别相关的内容。

一般需导入 Starter Assets 包，如图 2-13 所示。

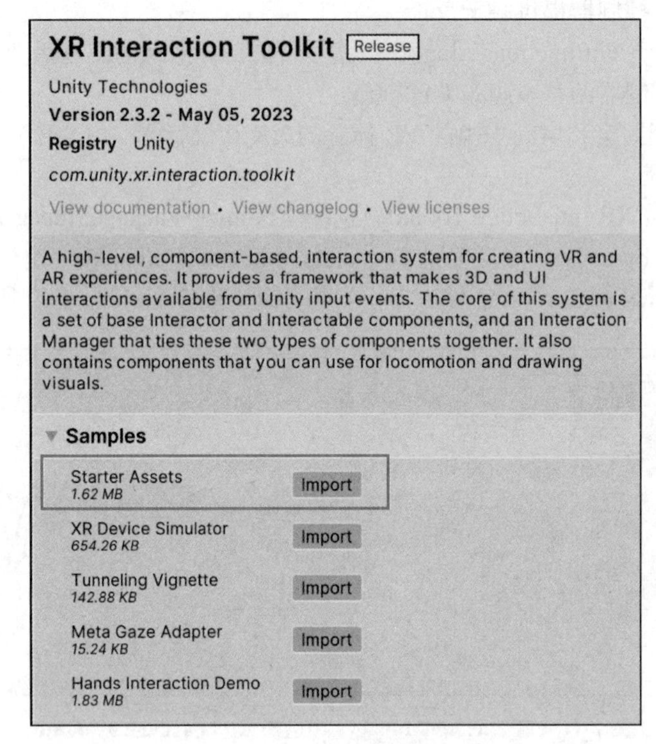

图 2-13　导入 Starter Assets 包

导入完成后，就可以看到 Assets 目录下已经有了 XR Interaction Toolkit 的资源文件，如图 2-14 所示。

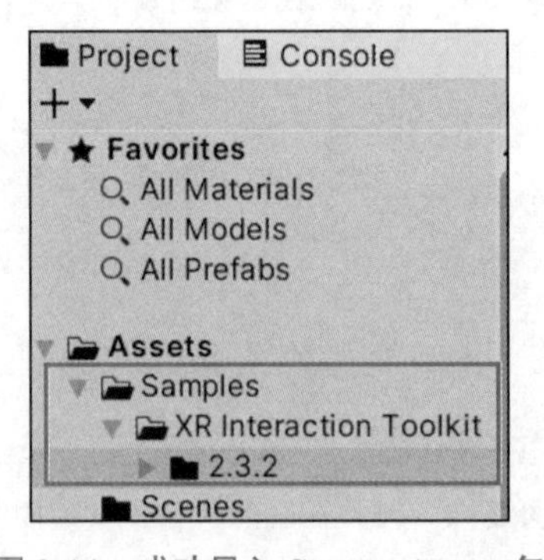

图 2-14　成功导入 Starter Assets 包

【步骤 3】配置 XR Preset。Unity 有一个 Preset（预设）功能，它允许将组件、资源或 Project Settings 窗口的属性配置保存为预设资源。然后，可以使用此预设资源将相同的设置应用到不同的组件、资源或 Project Settings 窗口。接下来就把 XR Interaction Toolkit 中 Controller 相关的配置都保存成 Preset，当创建 XR Origin 时，它就会自动匹配对应的设置了。

选中 XR Interaction Toolkit 自带的每一个 Controller 的 Preset，然后添加到 Preset Manager 系统默认配置中，如图 2-15 所示。单击 Add to ActionBasedContinuousMoveProvider default 按钮，左侧的 XRI 默认配置项全部单击完毕后，打开 Preset Manager 就能看到如图 2-16 所示的窗口。

左右手的配置需要手动加上 Filter Name，这样系统就可以自动通过 Left 和 Right 关键字分别给左右手设置不同的 Preset 了。

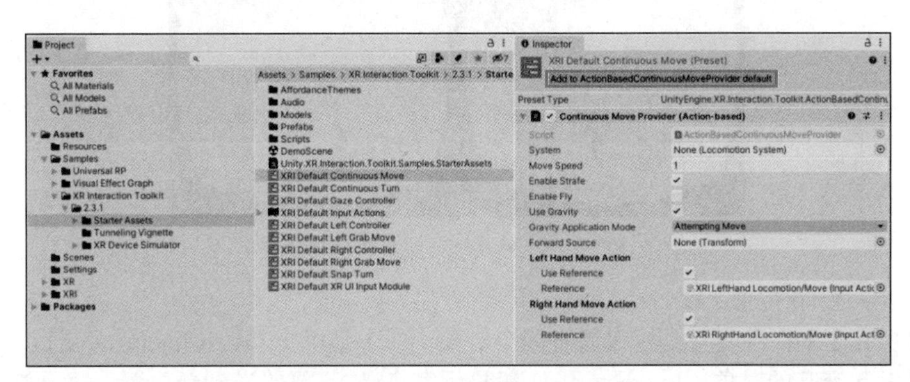

图 2-15　Preset Manager 配置

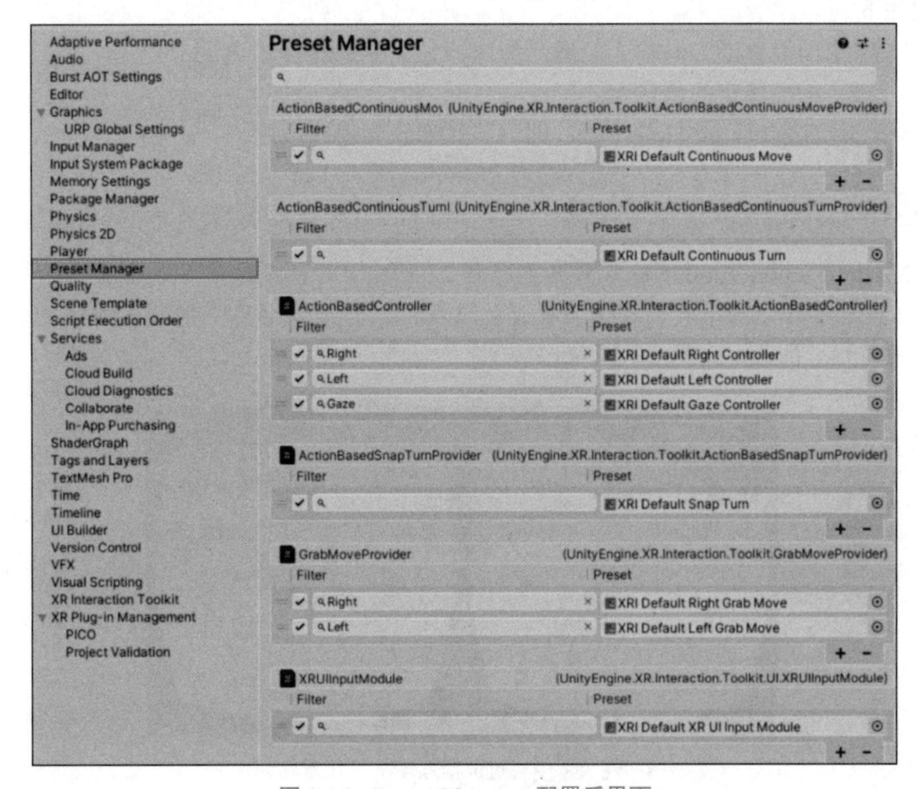

图 2-16　Preset Manager 配置后界面

3. 在项目中体验移动导航

接下来体验简单移动的控制方式。打开本书的资源包案例，运行 XRTeleport 项目，即可在项目中获得 XR 体验。

1）旋转摄像机移动双手

戴上头显后，左右移动方向即可在 XR 中旋转摄像机，握住手柄控制器并移动它们，即可在 XR 中移动双手，如图 2-17 所示。

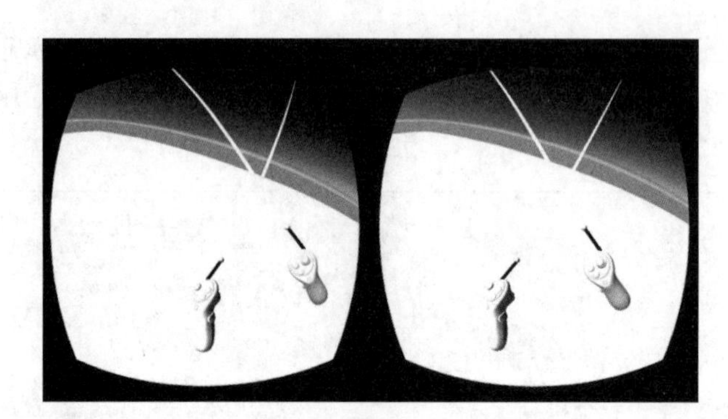

图 2-17　在 XR 中通过手柄控制器移动双手

2）传送到新位置

传送其实是一种交互，一般需要两个对象，一个是可交互的（Interactable）对象，另一个是发起交互的对象（Interactor，一般是玩家自己）。要传送到新位置，需要执行的操作步骤如下。

【步骤 1】向前移动方向输入以激活传送器光束（Teleporter Beam）。

【步骤 2】瞄准预定的传送点。

【步骤 3】向前推动摇杆并按压，即可传送到想要去的位置。

XR Interaction Toolkit 版本需要更新到 2.3.0。开发者可打开书中的资源包，运行 XRTeleport 项目即可体验。在体验项目的过程中，向前方推动手柄的摇杆并按压，即可传送到相应位置，如图 2-18 所示。

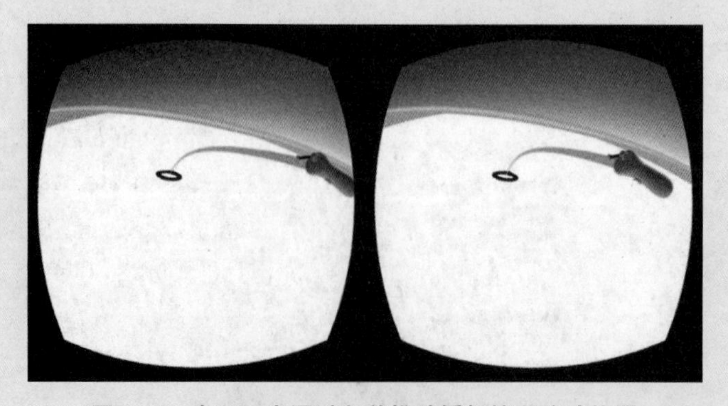

图 2-18　在 XR 中通过向前推动摇杆按压移动位置

在 UnityXR 中，位置传送有传送锚、传送区域两种方式。

（1）传送锚（Teleportation Anchor）将用户传送到预定的锚点位置。创建 Teleportation Anchor 物体后，它将自带 Teleportation Anchor 脚本，如图 2-19 所示。

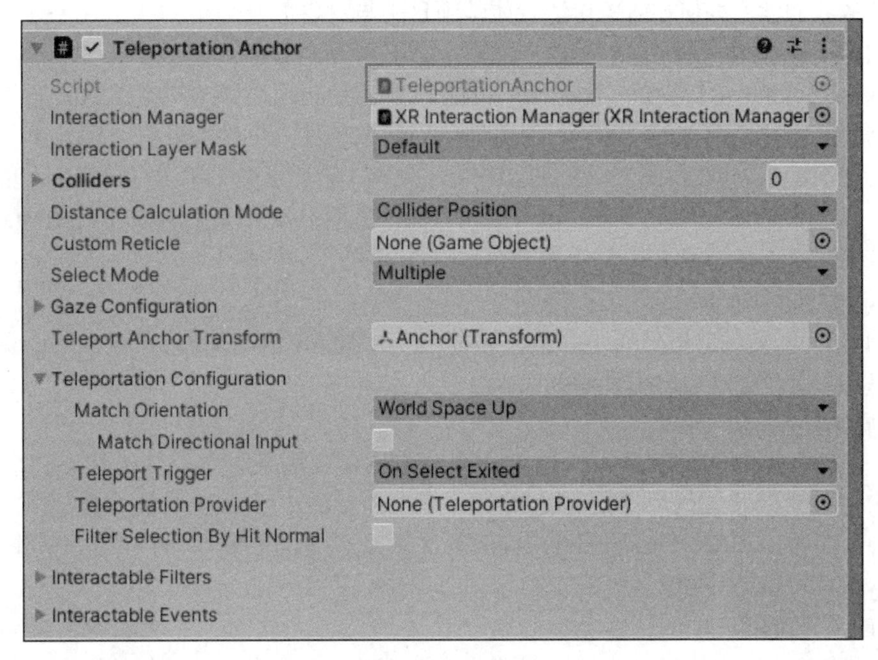

图 2-19　传送锚

（2）传送区域（Teleportation Area）可以将用户传送到指定位置。可以通过手柄发射射线，然后按下 Grab 键完成传送。创建 Teleportation Area 物体后，它将自带 Teleportation Area 脚本，如图 2-20 所示。

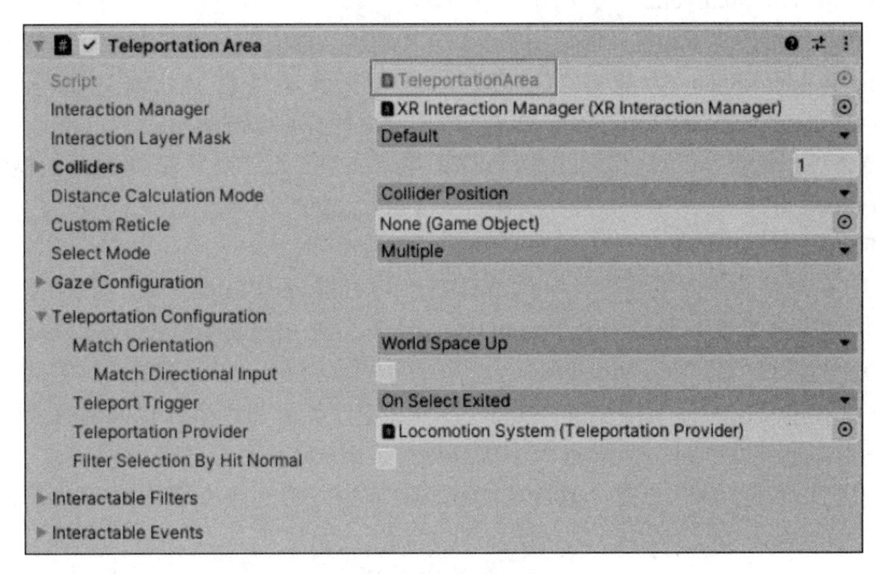

图 2-20　传送区域

任务 2.4 实现与对象交互

实现与对象交互.mp4

本任务我们学习如何在 XR 初学者体验项目中与对象进行交互。

1. GSXR 中的事件模块

在 XR Runtime 运行期间，Runtime 可能产生某些必须通知 XR 应用的状态信息，此时 XR 应用便通过轮询 XR Runtime 的事件队列获取事件。事件获取方法涉及事件队列轮询机制。GSXR_Event 为 GSXR 事件结构体，从事件轮询函数 GSXR_PollEvent 获取事件指针后，需要根据该事件类型 GSXR_EventType，进而获取存于 GSXR_EventData 中的事件成员数据。以下是 GSXR 事件类型介绍。

1）Common Events

XR Runtime 通用的事件属于此类，通常用来告知 XR 应用某种 XR Runtime 状态，事件名称以 GSXR_EventType_Common_ 为前缀。

2）Device State Events

XR 设备状态事件属于此类，通常用来告知 XR 应用某种 XR 设备状态，事件名称以 GSXR_EventType_DeviceState_ 为前缀。GSXR_Event 根据该事件类型获取 GSXR_Event-Data 下的 GSXR_DeviceStateEventData，以获取该事件的设备类型 GSXR_DeviceType。

3）Device Input Events

XR 设备输入事件属于此类，通常用来告知 XR 应用某种 XR 设备的输入事件，事件名称以 GSXR_EventType_DeviceInput_ 为前缀。GSXR_Event 根据该事件类型获取 GSXR_EventData 下的 GSXR_DeviceInputEventData，以获取事件的设备类型 GSXR_DeviceType、GSXR_Device_InputType 设备输入类型及其输入部件标识号 InputId。

4）Renderer State Events

渲染器状态事件属于此类，通常用来告知 XR 应用某种渲染器状态，事件名称以 GSXR_EventType_RendererState_ 为前缀。GSXR_Event 根据该事件类型获取 GSXR_EventData 下的 GSXR_RendererStateEventData，以获取事件的渲染器句柄 GSXR_Renderer，视图类型 GSXR_ViewType，纹理队列句柄 GSXR_TextureQueue，以及渲染循环句柄 GSXR_RenderLooper。

5）Feature State Events

功能状态事件属于此类，事件名称以 GSXR_EventType_FeatureState_ 为前缀。GSXR_Event 根据该事件类型获取 GSXR_EventData 下的 GSXR_RendererStateEventData，以获取事件的特性类型 GSXR_XrFeatureType。

了解上述定义的事件结构及事件类型后，XR 应用便可通过事件轮询函数获取事件队列中的事件。事件队列是一个固定大小的存储体，Runtime 触发的事件便记录于队列中，队列大小由 Runtime 自行定义，但是不能在 XR 应用以合理频率取用的情况下造成队列溢出。

2. 拾取对象

可以按住抓握键以拾取对象或与对象交互。在 Unity 中有两种输入系统，一种是基于设备的系统（Device Based System），另一种是基于行为的系统（Action Based System），这两种方式的原理分别如图 2-21 和图 2-22 所示。

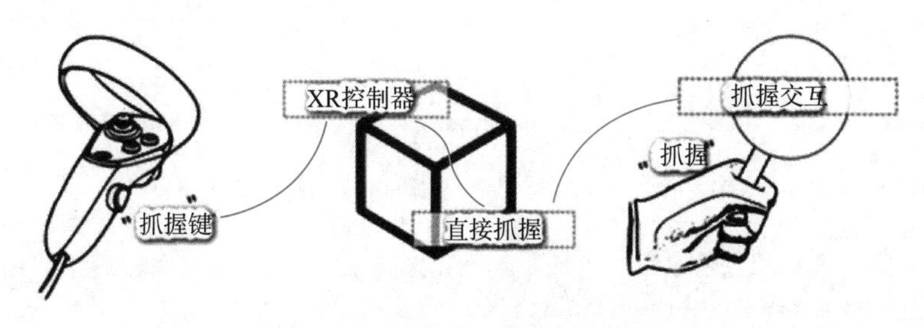

图 2-21 基于设备的系统

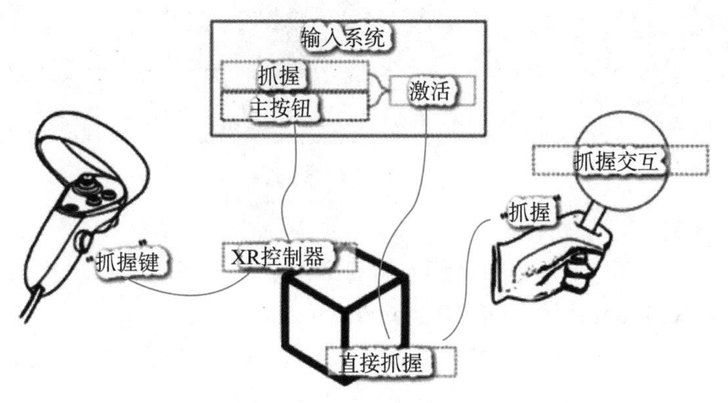

图 2-22 基于行为的系统

Action Based System 对应的是 Input System，是 Unity 的通用输入系统，开发者在使用过程中需要配置动作和物理设备的映射关系，比如指定“按下手柄的 Grip 时触发的是抓取动作”，这样在实际运行过程中按下 Grip 即执行抓取。Device Based System 对应的是 XR Input Subsystem，是 Unity 为适配不同 XR 厂商而推出的一款在 XR 环境中规定动作与物理设备之间映射关系的输入系统。它们二者的区别是 XR Input Subsystem 使用起来较为简单，由于 Unity 已经定义好了动作与设备按键的绑定关系，而这种绑定是无法修改的。Input System 对开发者来说灵活性更高，因为可以自由配置动作和按键的映射关系，这种可以修改的映射关系受到大多数开发者的欢迎。

3. UGUI 事件触发

可以按住扳机键以控制 UI 对象或与对象交互。此时就需要设定一些触发事件，如果需要在 Canvas 上绑定 GSXR_TrackedGracphicRaycaster 射线检测脚本，当检测到碰撞之后将会执行相应的交互。脚本挂载如图 2-23 所示。

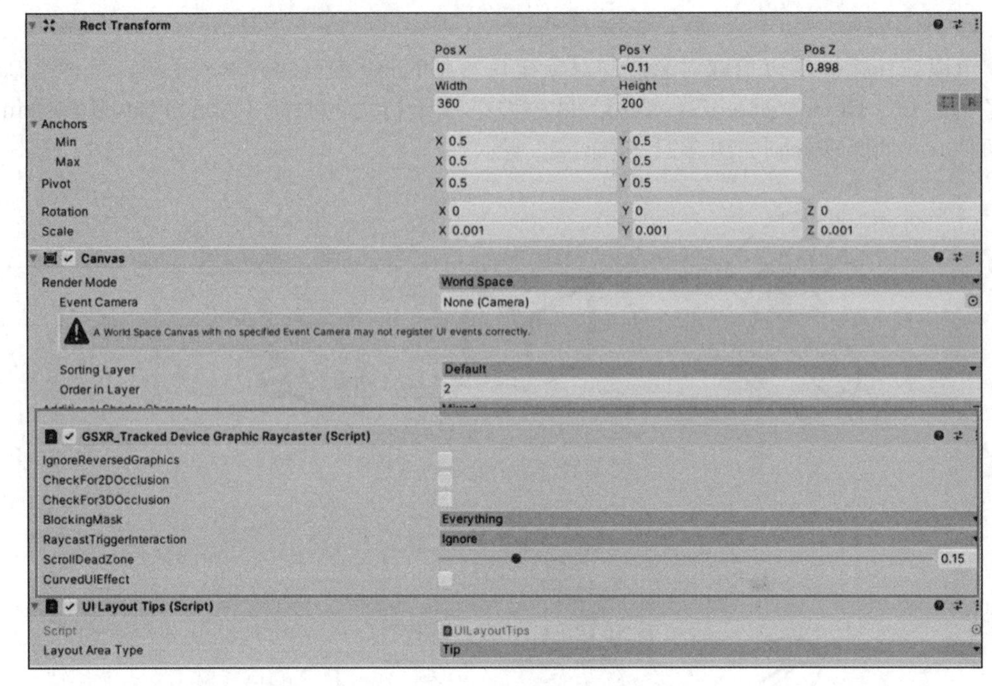

图 2-23　UI 脚本绑定

4. XR 项目体验

可以在 Unity hub 中打开本书附赠的资源包 GSXRSamples，打开 GSXRSamples\Assets\Samples\GSXRPlugin\1.0.8\GSXRSamples\Scenes 目录下的 GSXRXRPluginSamples 场景，进入该场景后按下 Grip 即可抓取图中所示的方块物体，松开按键即可掉落。XR Interaction Toolkit 拾取和丢弃对象如图 2-24 和图 2-25 所示。

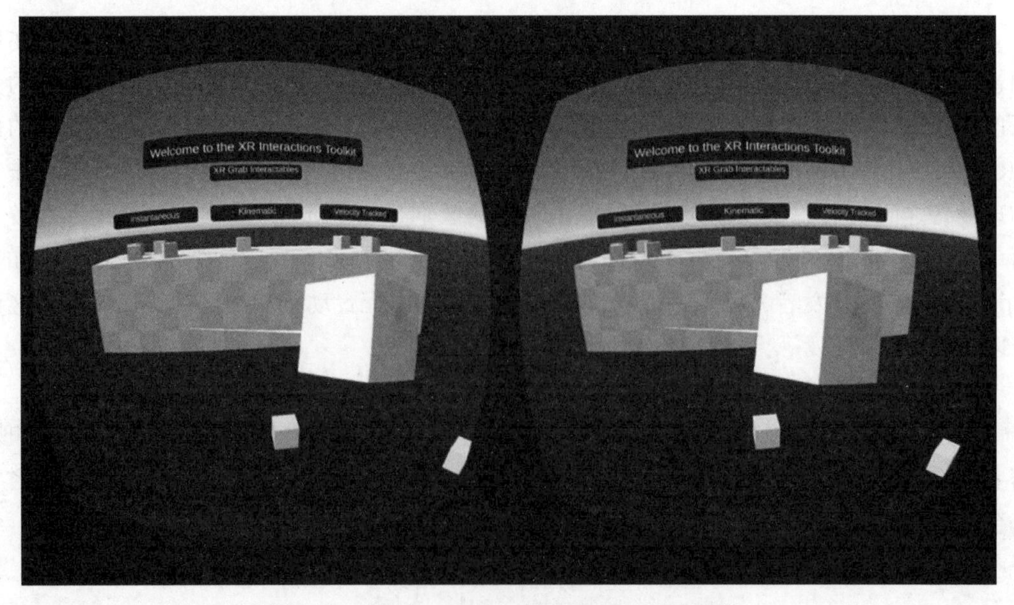

图 2-24　使用 XR Interaction Toolkit 拾取对象

UI 交互场景如图 2-26 所示。扣动扳机键即可选择 UI 界面与其进行交互。

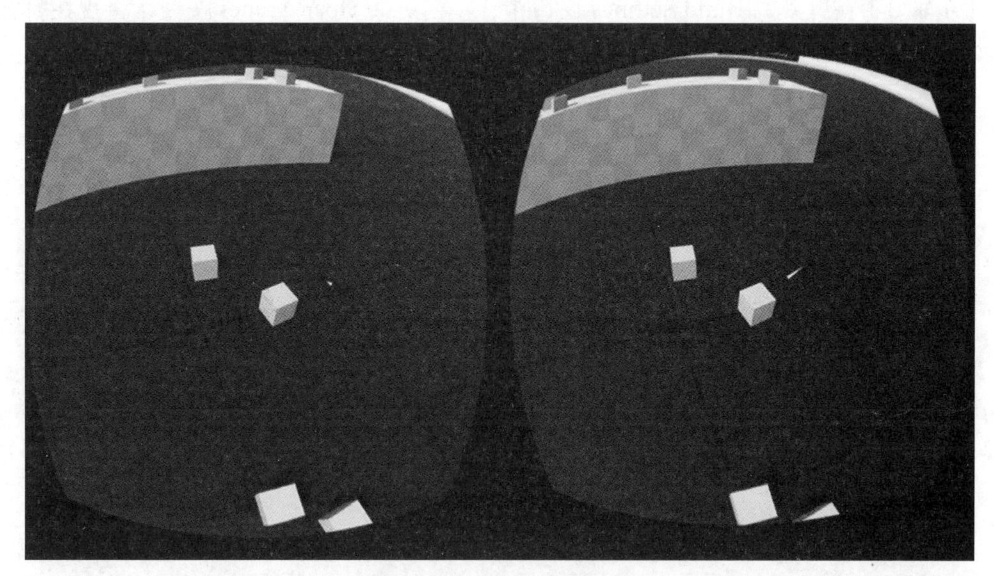

图 2-25 拾取后丢弃对象

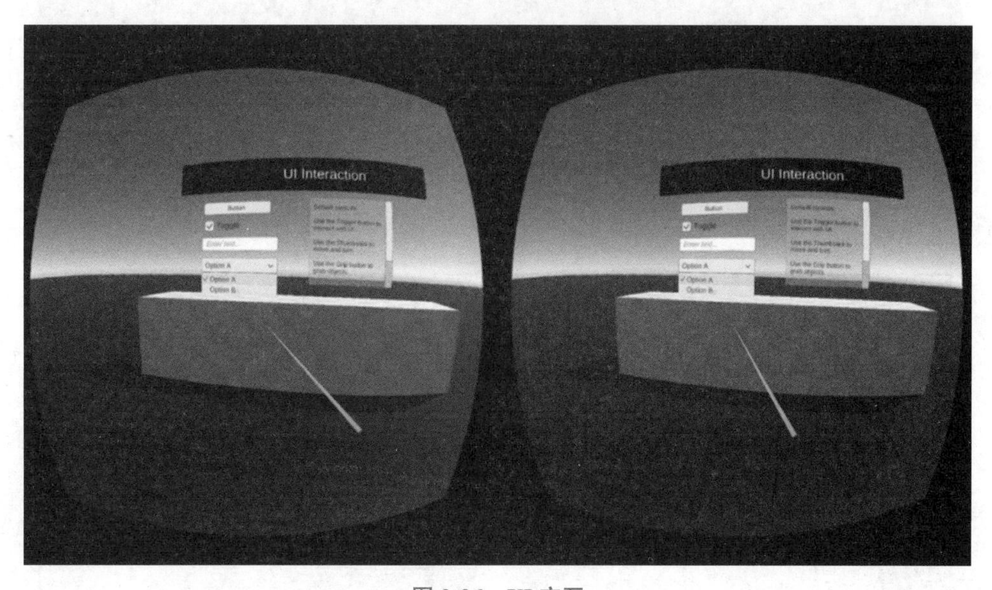

图 2-26 UI 交互

任务 2.5 输出 GSXR 应用与调试

输出 GSXR 应用与调试. mp4

本任务我们将 XR 场景编译打包为 apk 文件，并且安装到 GSXR 一体机上运行。这样就可以进行 VR 体验了。

【步骤 1】使用设备提供的 USB 数据线连接 GSXR 一体机和 PC。

【步骤 2】在菜单栏中选择 File→Build Settings。

【步骤 3】在打开的 Build Settings 窗口中，单击 Add Open Scenes 按钮，将现在打开的场景添加到场景列表中，如图 2-27 所示。

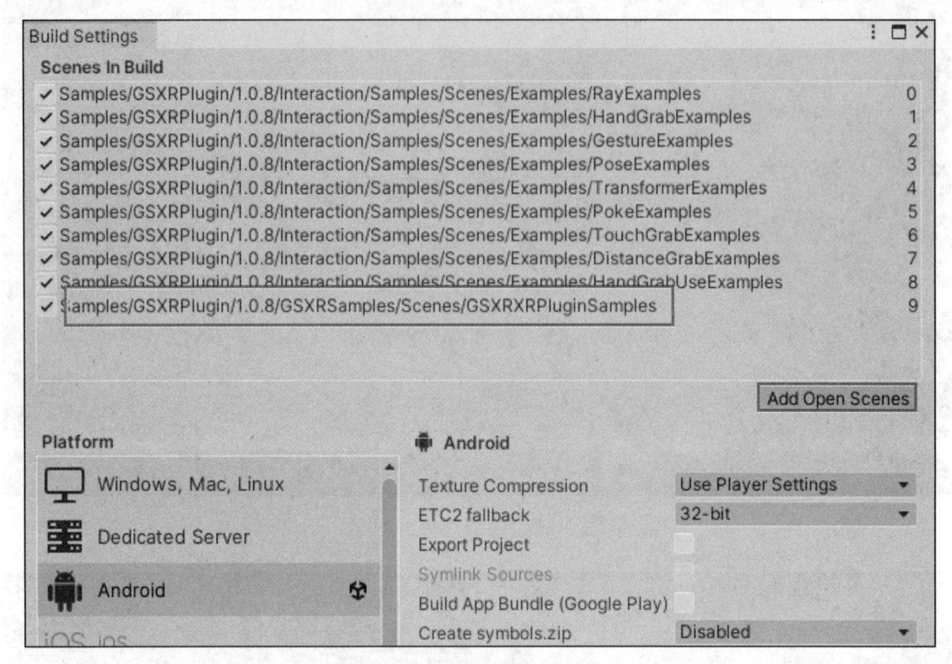

图 2-27　添加打包场景

【步骤 4】将 Run Device 选项设置为当前连接的 GSXR 一体机的型号，如图 2-28 所示，选择 Sonic 一体机（数据线连接后即可在下拉列表中选择机型）。

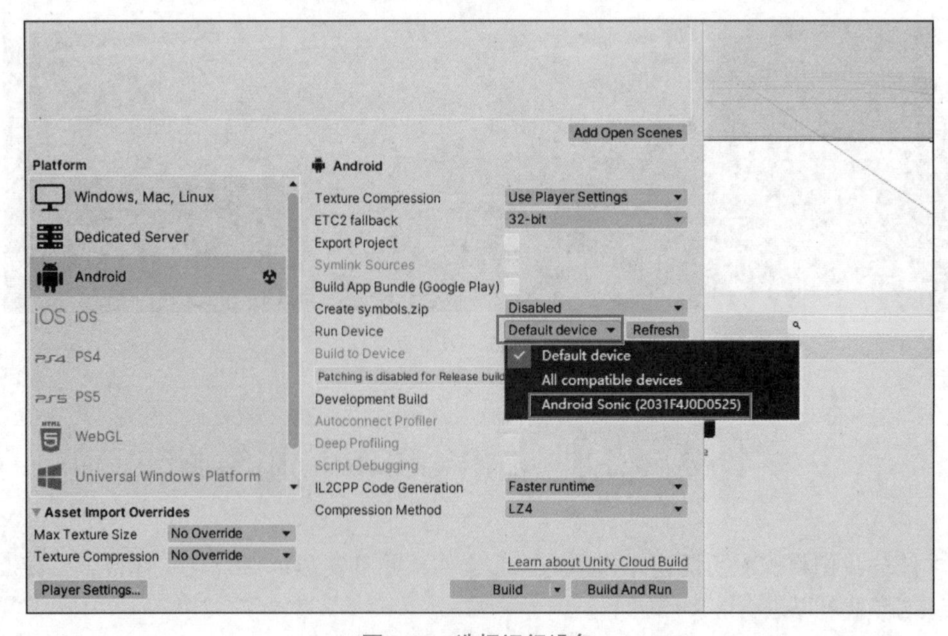

图 2-28　选择运行设备

【步骤 5】单击 Build 按钮。在弹出的对话框中选择 apk 文件的存储位置，这样一个 XR 包就打包完成，如图 2-29 所示。

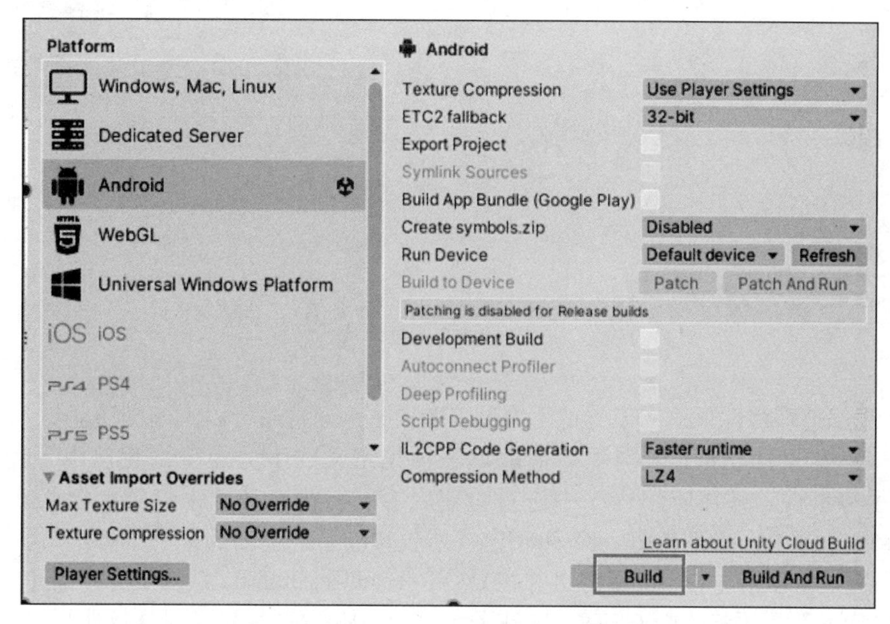

图 2-29 发布项目

【步骤 6】将 apk 包安装到一体机中即可开始体验。

GSXR 手势交互

XR 手部追踪特性只适用于支持手部追踪的设备，通常用于以下三类功能。

（1）手势识别：用于识别手部追踪算法预先定义的手势类型，通常用于经手势识别触发手势事件，并在应用程序中进行对应内容的行为。基础手势类型定义在 GSXR_HandGestureType 中，GSXR_HandGestureType 所枚举的手势全部为单手手势。一般状况下，手势识别算法需识别左右手的手势，并在 GSXR_HandGestureData 结构中分开描述。若手势算法延伸定义双手手势，则 GSXR_HandGestureData 中的左右手手势需指定同一双手手势。鉴于各 XR 手势识别算法可识别的手势类型不一，为获知 XR 应用可使用的手势，XR 应用可使用 GSXR_GetSupportedHandGestures 函数获取当前手部追踪特性可支持识别的手势类型，并以 GSXR_SetHandGestureRequest 函数设置 XR 应用所需使用的所有手势类型，使 XR 手势识别算法依据 XR 应用需求在函数 GSXR_GetHandGestureData 中输出足够的手势识别数据。

（2）骨骼节点追踪：用于追踪手部骨骼在世界坐标空间中的位姿，通常用于将手部模型渲染在内容场景中。骨骼节点数据以手部 26 个骨节形成手部骨骼架构，各节点以其骨节名称在枚举 GSXR_HandJoint 中赋予命名，并由 GSXR_GetTrackedHandJoints 获取追踪算法支持追踪的手部节点。根据手部追踪算法的能力差异，各手部节点数据的有效性在不同设备上或有不同，节点姿态的位置、方向、线速度、角速度能力定义在枚举 GSXR_HandJointValidity 中，XR 应用可调用 GSXR_GetHandJointValidity 获取算法的跟踪能力位掩码，作为判别节点姿态数据内容有效性的依据。手部骨骼节点数据以 GSXR_HandSkeletonData 结构体表示，手部所有骨骼节点姿态数据由 GSXR_PoseState 的数组构成，数组长度为手部最大节点数 26（GSXR_HAND_JOINT_COUNT）。节点姿态用世界坐标表示，搭配头部视图姿态即可在场景中正确渲染手部模型。节点的本地坐标系为将双手手掌朝下平行地面，以 +x 朝右、+y 朝上、+z 朝后的轴向坐标构成。

（3）捏合姿态追踪：捏合姿态由大拇指与其余四指中的任一指（通常为食指）形成捏合手势构成，通常用于内容场景中的物件交互（以捏合姿态的射线指向目标物件，再以捏合动作触发单击事件），捏合数据用 GSXR_HandPinchData 结构体表示。

结合上述骨骼节点数据及捏合姿态数据，构成的 GSXR_HandTrackingData 结构体可描述当前双手的节点姿态形成手部模型结构，以及捏合姿态的射线指向与捏合事件触发。各数据中的 onTracking 成员代表此数据是否正在被手部追踪特性算法追踪中，若 XR 应用在起始手部追踪特性运行时未使能该数据类型的功能选项，则该数据结构中的 onTracking 成员即为 GSXR_FALSE。

任务 3.1 开启手势交互功能

本书使用 NOLO Sonic 2 作为 XR 应用开发设备，此设备提供了手势交互功能模块，在开发应用前需要先了解其手势功能的开启、配置、使用等相关知识。本任务主要介绍如何在设备中开启手势交互功能。

开启手势交互功能.mp4

【步骤 1】在 NOLO Sonic 2 中使用手柄单击“快捷设置”按钮，如图 3-1 所示。

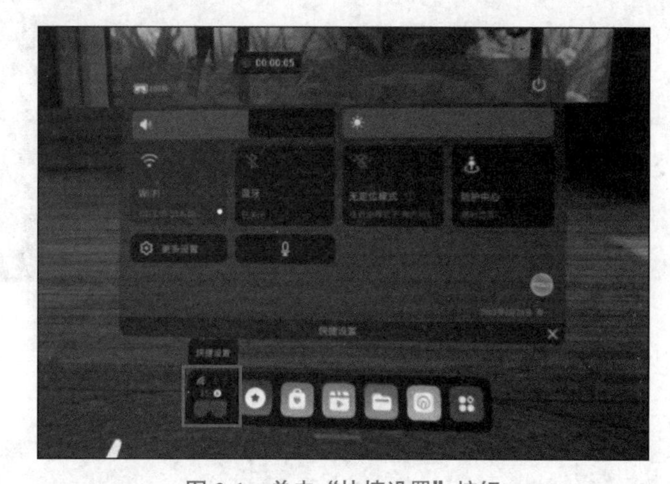

图 3-1 单击“快捷设置”按钮

【步骤 2】单击“更多设置”按钮，如图 3-2 所示。

图 3-2 单击“更多设置”按钮

【步骤 3】单击“更多设置”中的“实验室”选项，如图 3-3 所示。

图 3-3 单击“实验室”选项

【步骤 4】开启“实验室”中的“手势操控”选项，如图 3-4 所示。

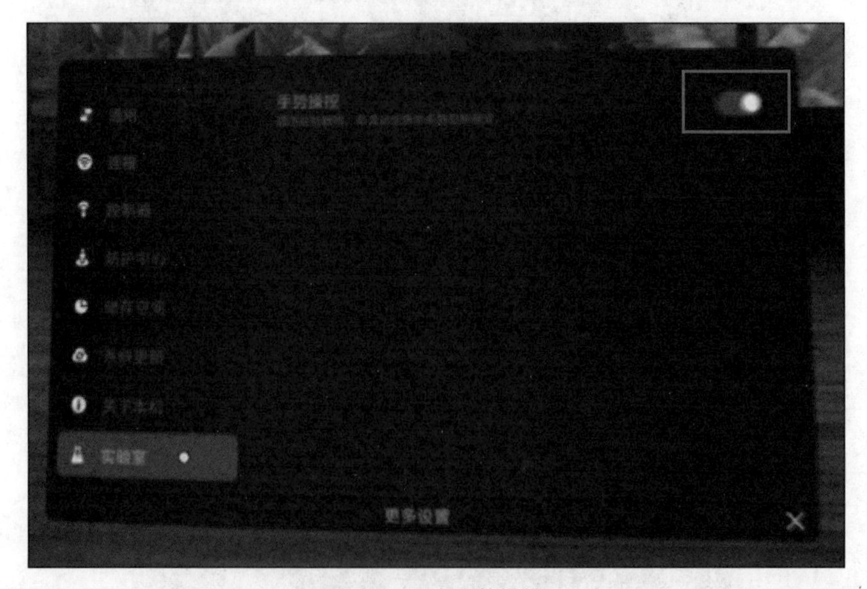

图 3-4 开启手势操控

【步骤 5】放下手柄，静置五秒后，向正前方伸出双手，即可使用双手进行交互操作，如图 3-5 所示。

图 3-5　手势交互效果

手势交互
方法.mp4

任务 3.2　手势交互方法

本任务主要介绍手势相关交互方法，为开发者后续熟练使用设备提供的手势进行 XR 应用开发打下基础。

【步骤 1】点击功能：瞄准需要点击的物体，夹住食指和大拇指后松开，即可点击，如图 3-6 所示。

图 3-6　手势交互点击功能

【步骤 2】拖曳功能：瞄准要拖曳的页面，夹住食指和大拇指后保持不松开，然后移动手，即可实现页面的拖动，如图 3-7 所示。

【步骤 3】反手菜单功能：将手指展开，掌心向上翻转，在食指与大拇指之间将出现图标，然后保持掌心位置不变，夹住食指与大拇指后，将出现录屏、截屏、刷新 UI 位置、投屏四个功能，夹住食指与大拇指根据其位置滑动，即可实现其中一项功能，如图 3-8 所示。

图 3-7　手势交互拖曳功能

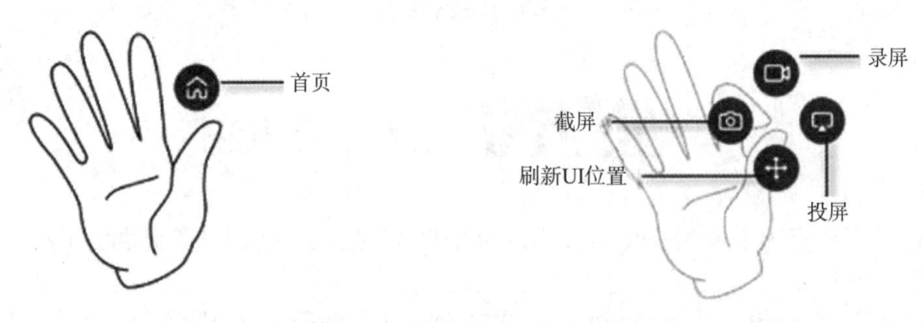

图 3-8　手势交互反手菜单功能

打包及安装 GSXR 手势应用. mp4

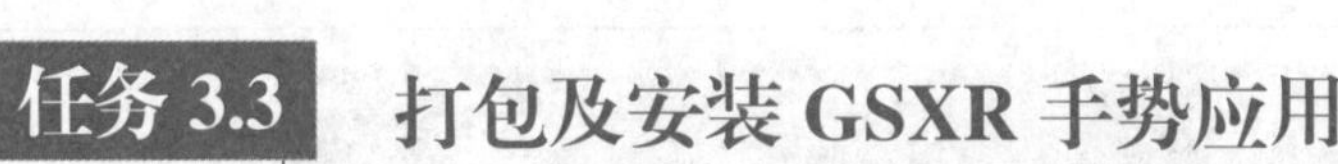

任务 3.3　打包及安装 GSXR 手势应用

前面项目介绍了 XR 应用的编译发布，本任务结合手势场景样例，通过实践操作发布一个 apk 包进行功能测试体验。

【步骤 1】打开 Unity 编辑器，根据任务 1.2 内容导入 GSXR UnityXR Plugin，在 Package Manager 中成功导入 GSXR UnityXR Plugin 中的 Interaction，如图 3-9 所示。

【步骤 2】插件导入完毕后，在 Project 窗口找到插件自带的手势交互案例场景，这些场景集合了大多数手势交互的案例，如图 3-10 所示。

【步骤 3】在 Unity 菜单栏中选择 File→Build Settings。

【步骤 4】在 Build Settings 弹窗中，将所有手势交互案例场景按顺序添加至 Scenes In Build，如图 3-11 所示。

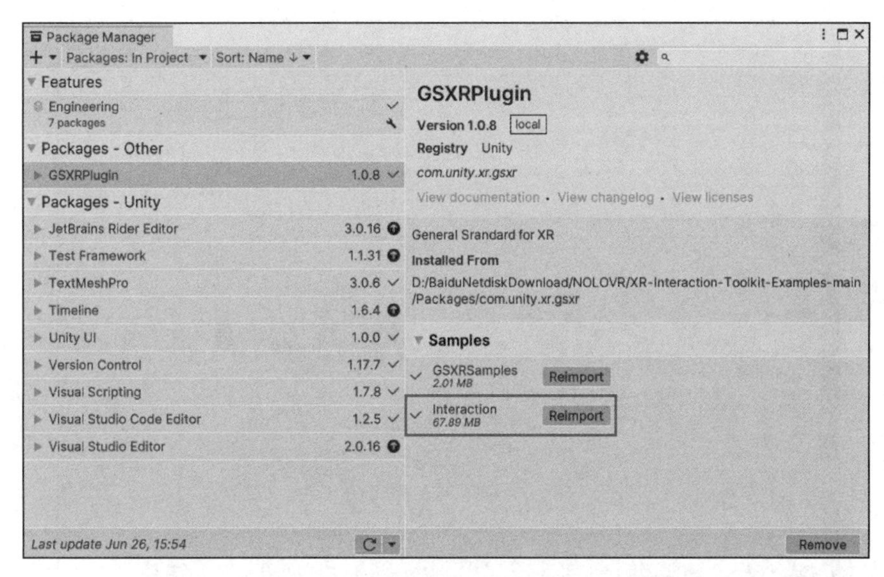

图 3-9　导入 GSXR UnityXR Plugin 中的 Interaction

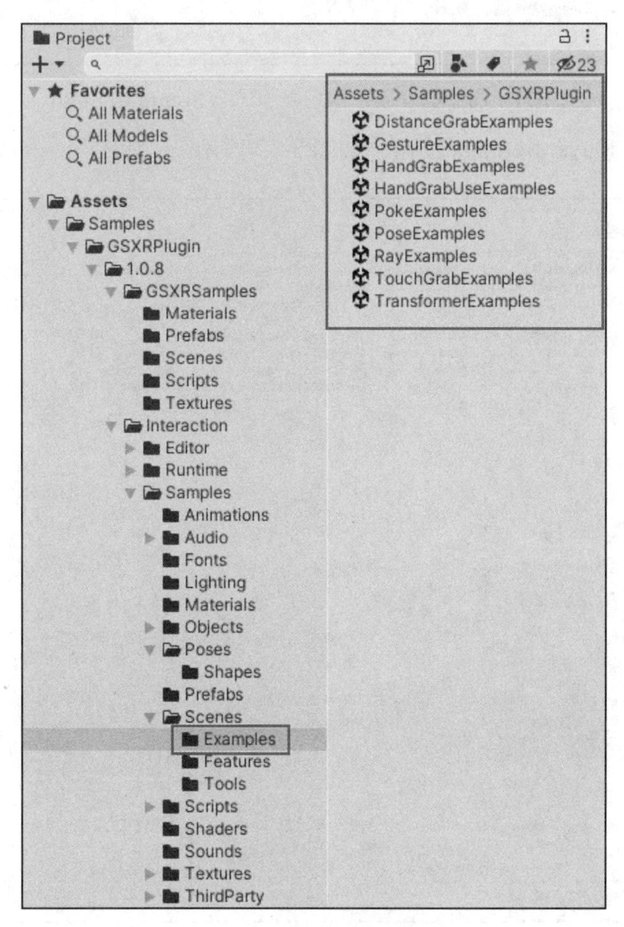

图 3-10　手势交互案例场景

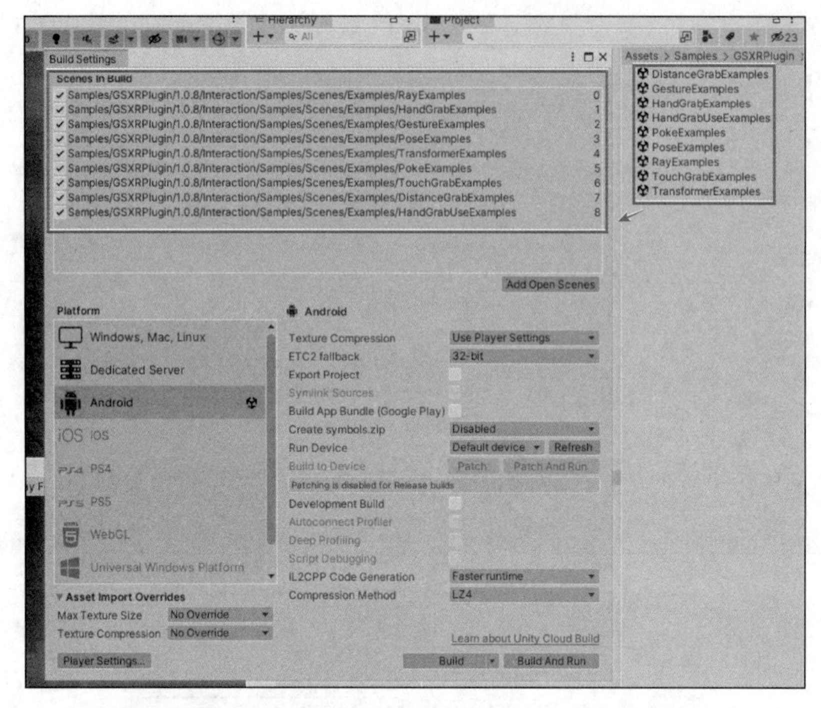

图 3-11　将手势交互示例场景添加至 Scenes In Build

【步骤 5】单击 Player Settings 按钮，如图 3-12 所示。

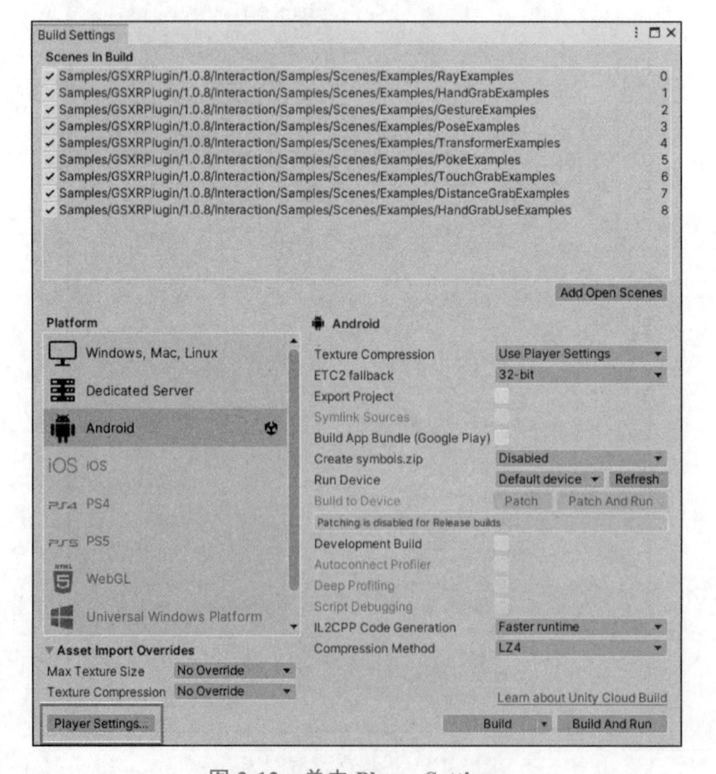

图 3-12　单击 Player Settings

【步骤 6】在 Project Settings 窗口中选择 XR Plug-in Management→GSXR，如图 3-13 所示。

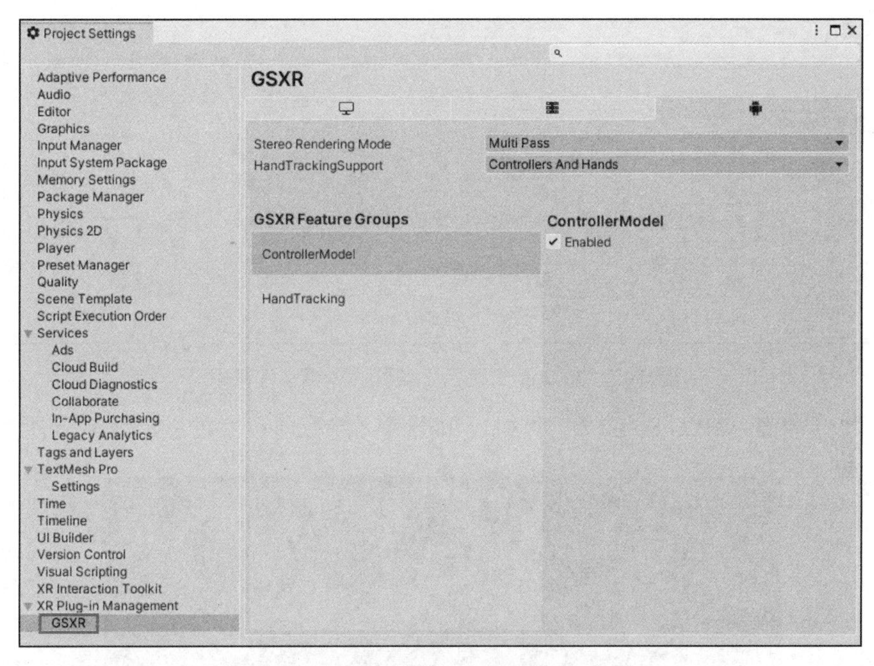

图 3-13 选择 GSXR 选项

【步骤 7】在右方的 Android 选项卡中，将 HandTrackingSupport 属性更改为 Controllers And Hands（使用手柄和手势交互），如图 3-14 所示。

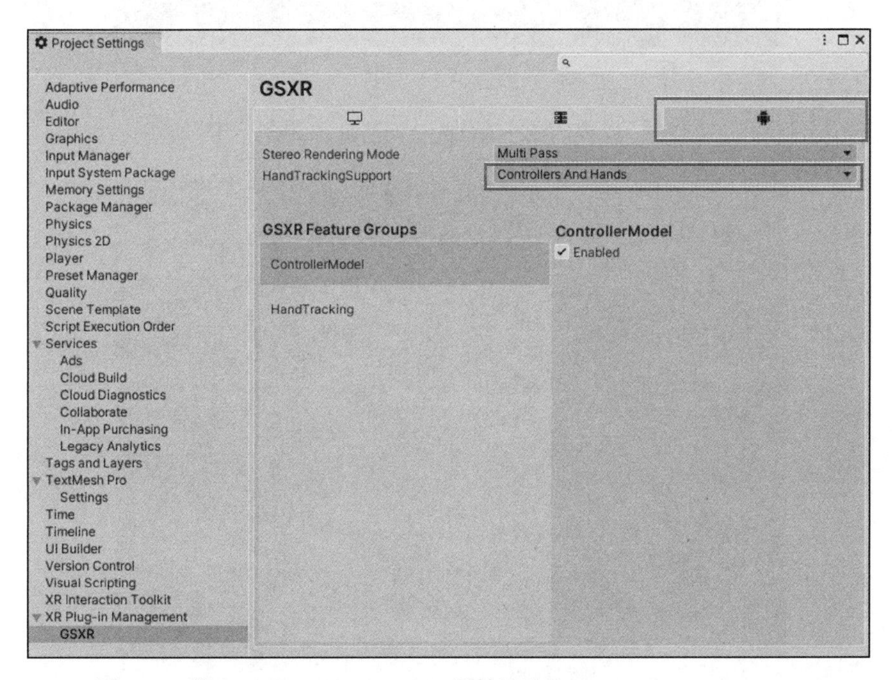

图 3-14 将 HandTrackingSupport 属性更改为 Controllers And Hands

【步骤 8】关闭 Project Settings 窗口，参考任务 1.3 构建 GSXR Samples 的内容，导出 apk 安装包。导出完毕后，将 apk 安装包移动到一体机文件夹中，如图 3-15 所示。

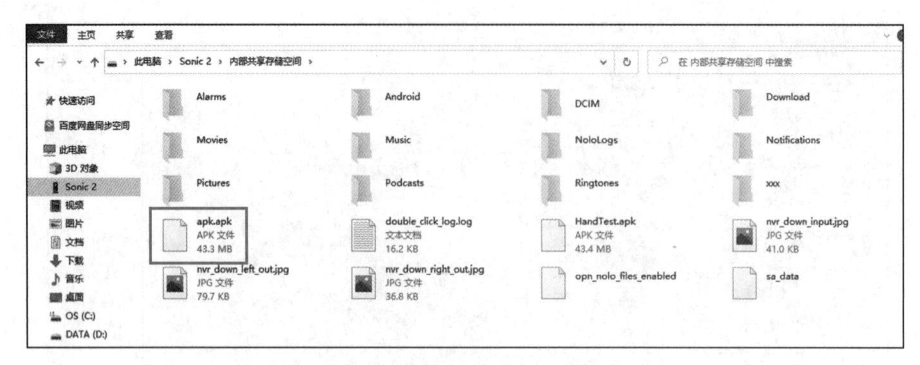

图 3-15　将 apk 安装包移动到一体机文件夹中

【步骤 9】打开 NOLO Sonic 2 一体机，单击“文件管理”按钮，如图 3-16 所示。

图 3-16　单击“文件管理”按钮

【步骤 10】选择“文件管理”中的“安装包”选项，如图 3-17 所示。

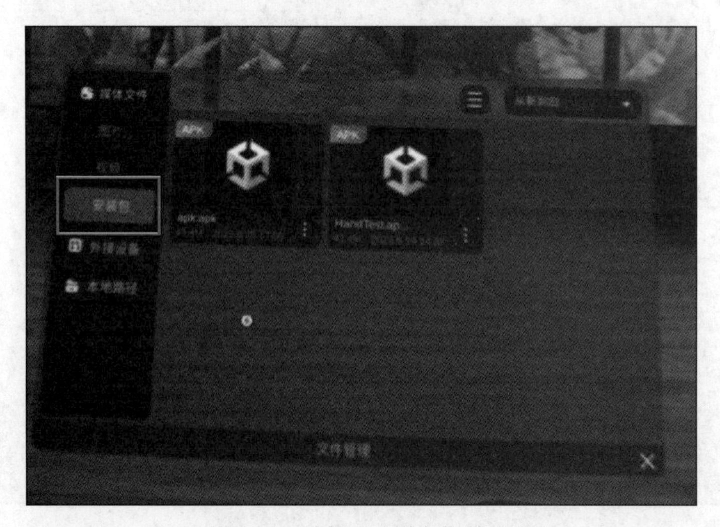

图 3-17　选择“安装包”选项

【步骤 11】将刚刚导出的安装包进行安装，安装过程界面如图 3-18 所示。

【步骤 12】点击“我的应用”按钮，如图 3-19 所示。

图 3-18 apk 包安装过程界面

图 3-19 点击“我的应用”按钮

【步骤 13】点击刚刚安装的应用，如图 3-20 所示。

图 3-20 打开安装成功的手势交互应用

【步骤 14】打开应用后，即可体验多种手势交互方法，如图 3-21 所示。

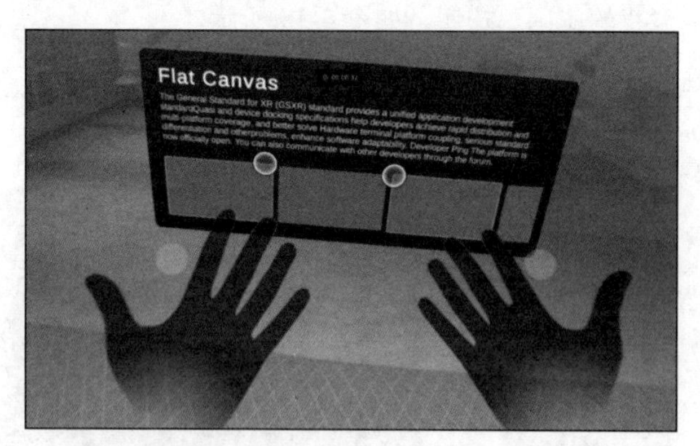

图 3-21　进入手势交互应用场景

任务 3.4　探索 GSXR 手势

为了能够更加深入的了解 GSXR 手势的开发，本任务将对 GSXR 应用中整体布局、抓取方式、UI 交互等功能进行实例操作演示。

【步骤 1】在 GSXR 应用中，视角向左旋转，可以看到关卡列表，每个关卡对应的手势交互方式有所不同，使用手指触碰关卡按钮即可实现关卡切换功能，如图 3-22 和表 3-1 所示。

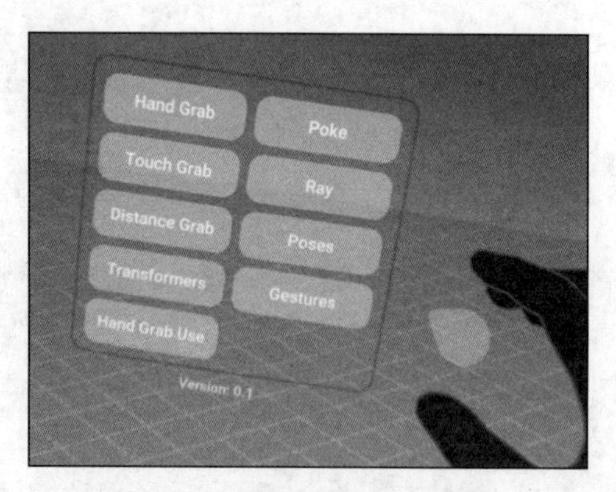

图 3-22　关卡列表

探索 GSXR 手势. mp4

表 3-1　按钮及其功能

按钮名称	功能描述
Hand Grab	手势抓取物体
Poke	3D UI 手势交互
Touch Grab	手势触摸交互效果

续表

按钮名称	功能描述
Ray	手势 UI 射线交互
Distance Grab	远距离抓取物体
Poses	手势判断特效
Transformers	手势道具交互效果
Gestures	手势空间滑动切换
Hand Grab Use	浇花功能手势交互

【步骤 2】点击 Hand Grab 按钮，切换到其场景中，如图 3-23 示。

图 3-23　Hand Grab 场景

【步骤 3】根据场景中不同物体的抓取方式，伸手进行抓取，使用任意两根手指抓取能量球，如图 3-24 所示。

图 3-24　抓取蓝色能量球

【步骤 4】使用大拇指与食指抓取钥匙，如图 3-25 所示。

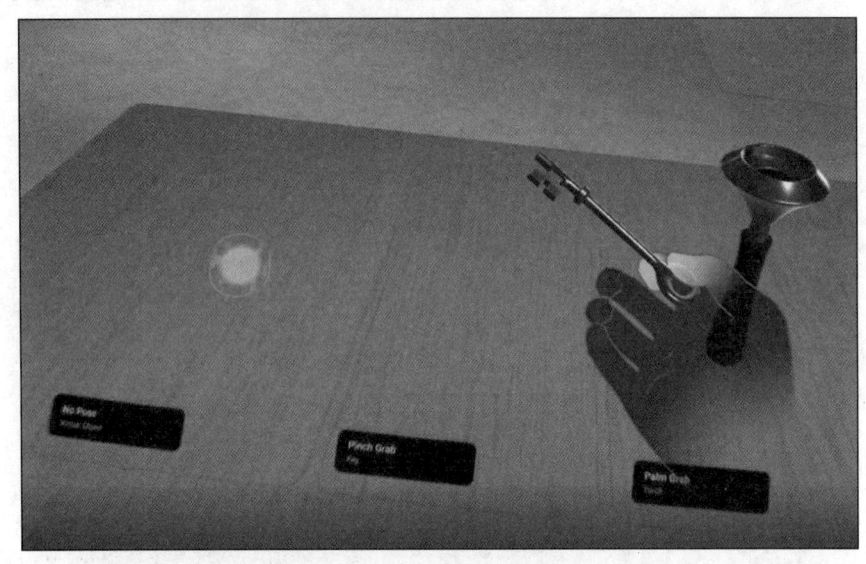

图 3-25　抓取钥匙

【步骤 5】使用手掌握住火炬，如图 3-26 所示。

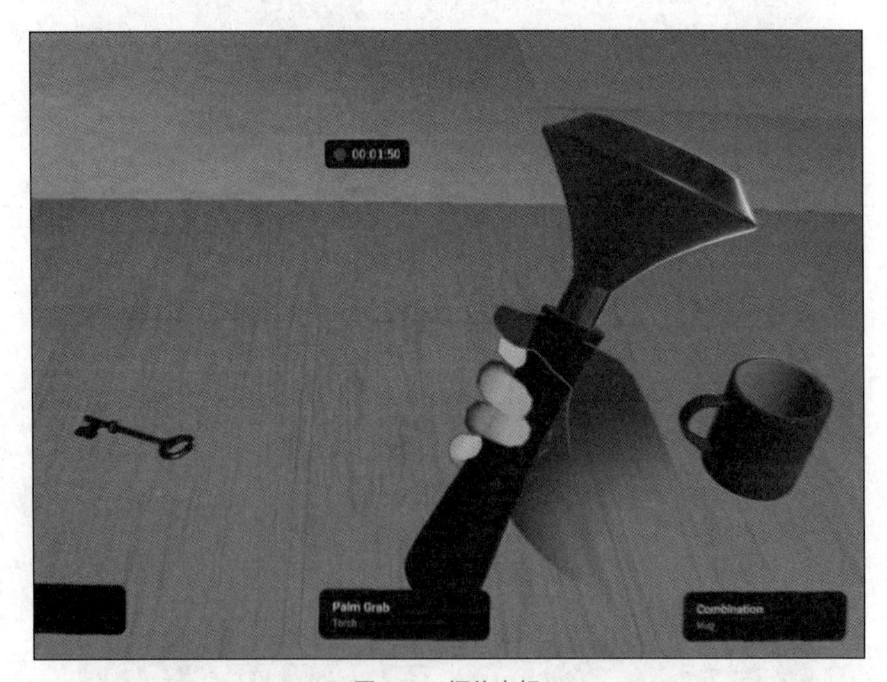

图 3-26　握住火炬

【步骤 6】使用食指、中指与大拇指抓取水杯，如图 3-27 所示。

【步骤 7】点击 Poke 按钮，切换至 Poke 场景，在此场景中，可进行 3D UI 的手势交互，如图 3-28 所示。

【步骤 8】根据场景中的提示，使用手指点击 3D 按钮实现交互，如图 3-29 所示。

图 3-27　抓取水杯

图 3-28　Poke 场景

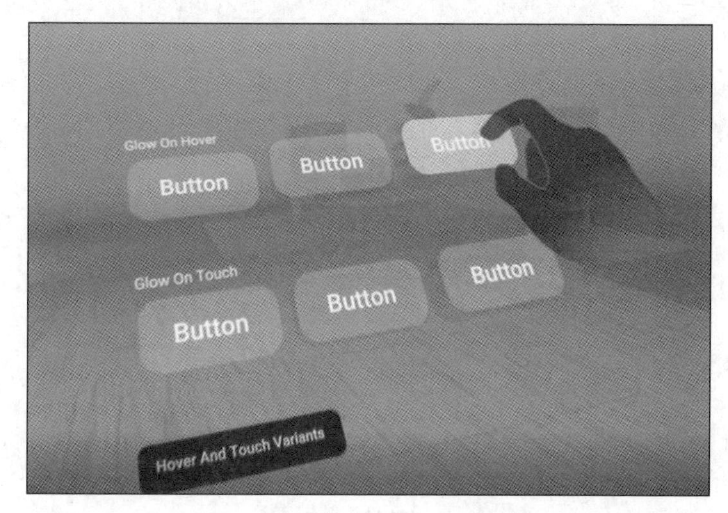

图 3-29　点击 3D 按钮实现交互

【步骤 9】在滚动的 UI 列表中，使用手指按住按钮后上下滑动即可实现滑动 UI 交互效果，如图 3-30 所示。

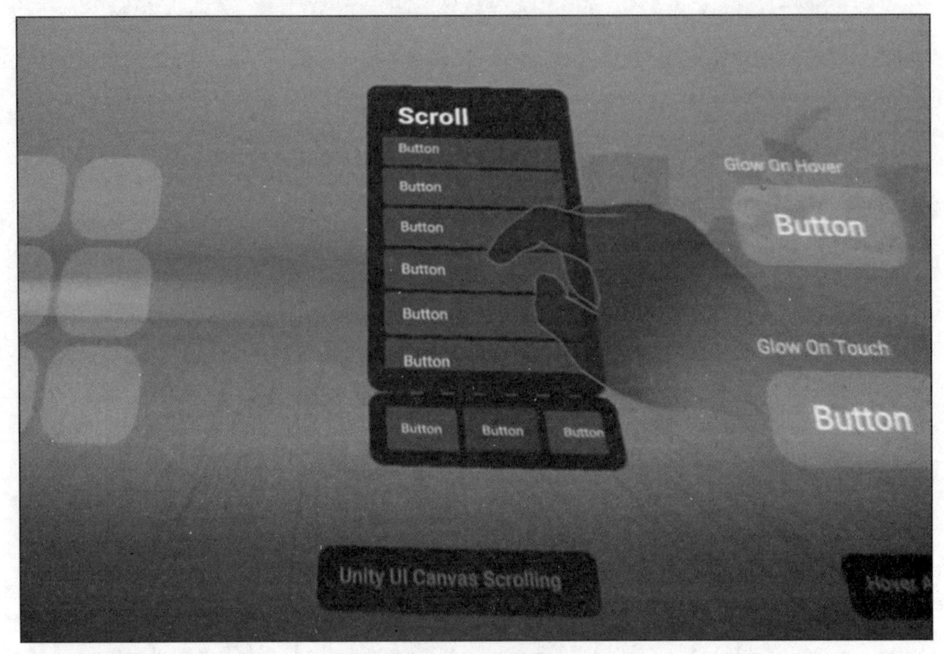

图 3-30　滑动 UI 交互

【步骤 10】在 Touchpad 中也可实现手指点击交互，如图 3-31 所示。

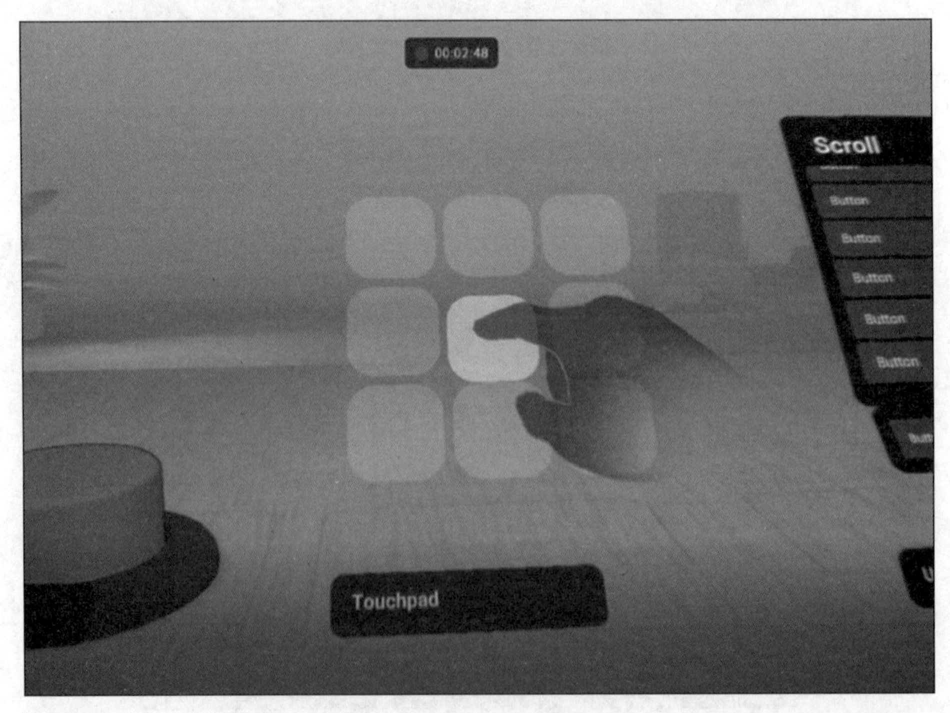

图 3-31　Touchpad 触摸交互

【步骤 11】使用手掌按压红色 3D 按钮，即可按压按钮实现交互，如图 3-32 所示。

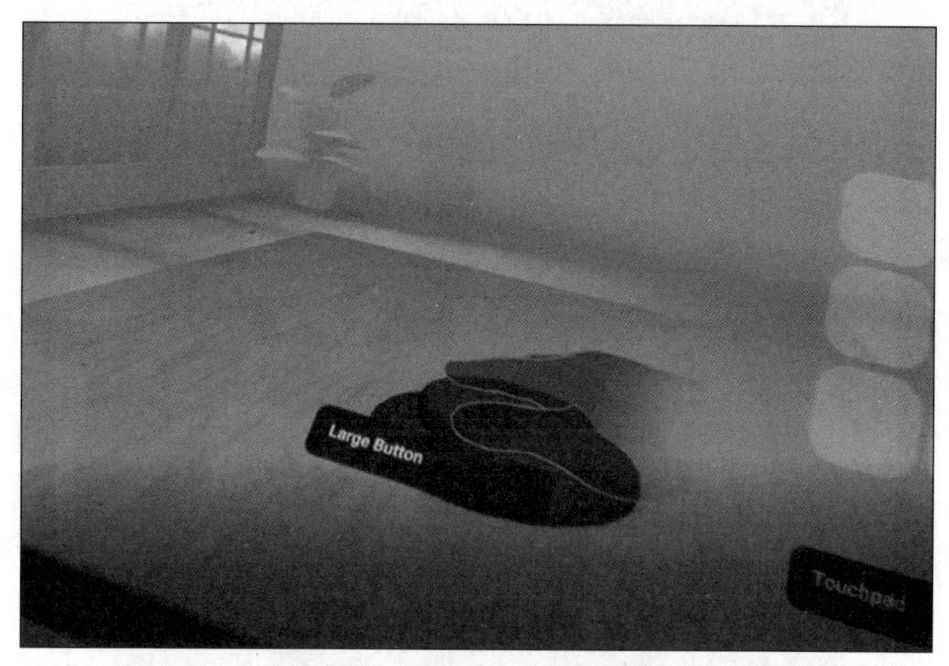

图 3-32 手掌按压 3D 按钮实现交互

【步骤 12】点击 Touch Grab 按钮，切换至其场景，此场景中可实现手势触摸交互效果，如图 3-33 所示。

图 3-33 Touch Grab 场景

【步骤 13】使用手指捏住棋子即可抓取棋子，松手后棋子会掉落在桌子上，从而模拟出真实的物理效果，如图 3-34 所示。

【步骤 14】使用手指抓取方块，即可实现物体抓取交互功能，双手可同时进行抓取，如图 3-35 所示。

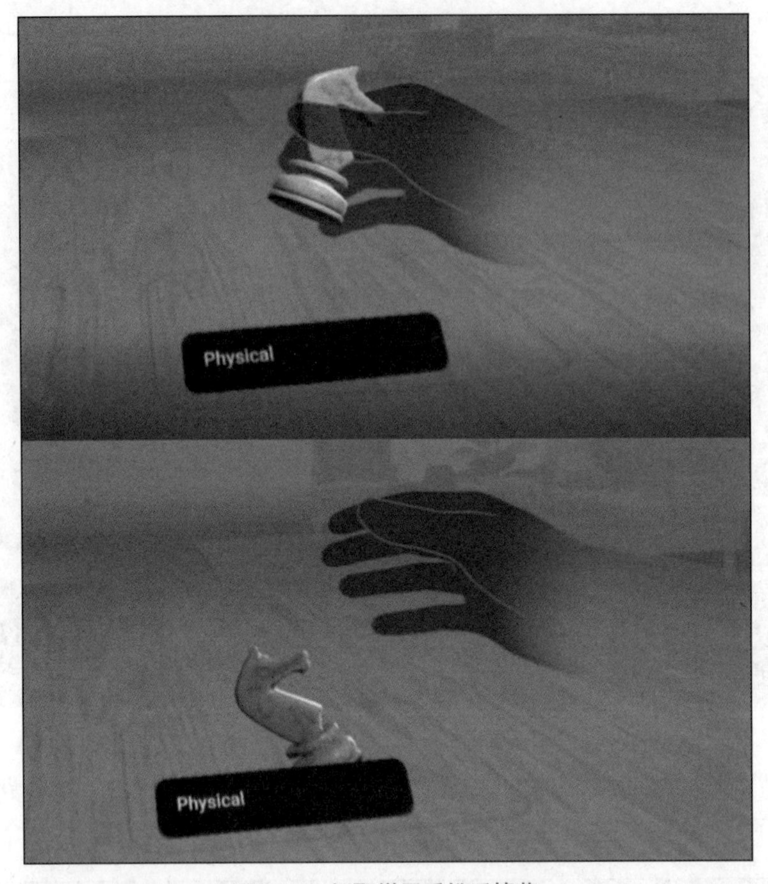

图 3-34　抓取棋子后松手掉落

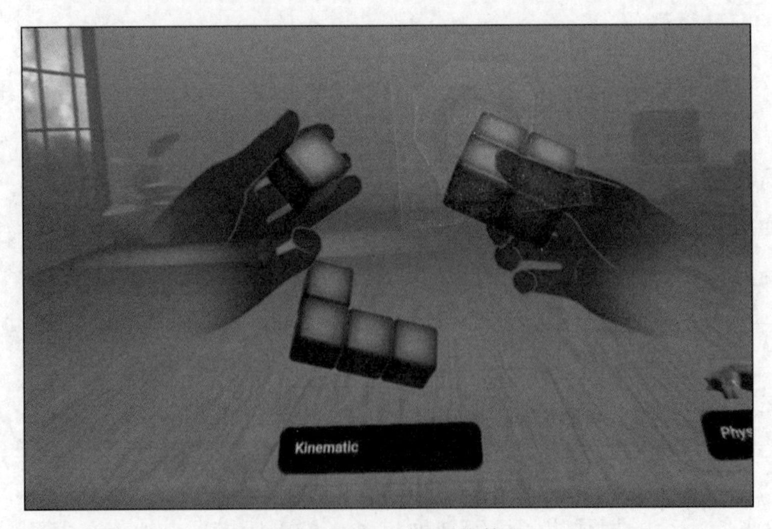

图 3-35　双手抓取物体

【步骤 15】点击 Ray 场景进行切换，此场景中可实现手势 UI 射线交互，如图 3-36 所示。

图 3-36　Ray 场景

【步骤 16】将目标点对准黄色物体后，捏住食指与大拇指即可选中，在捏住手指后左右拖曳即可实现拖动效果，如图 3-37 所示。

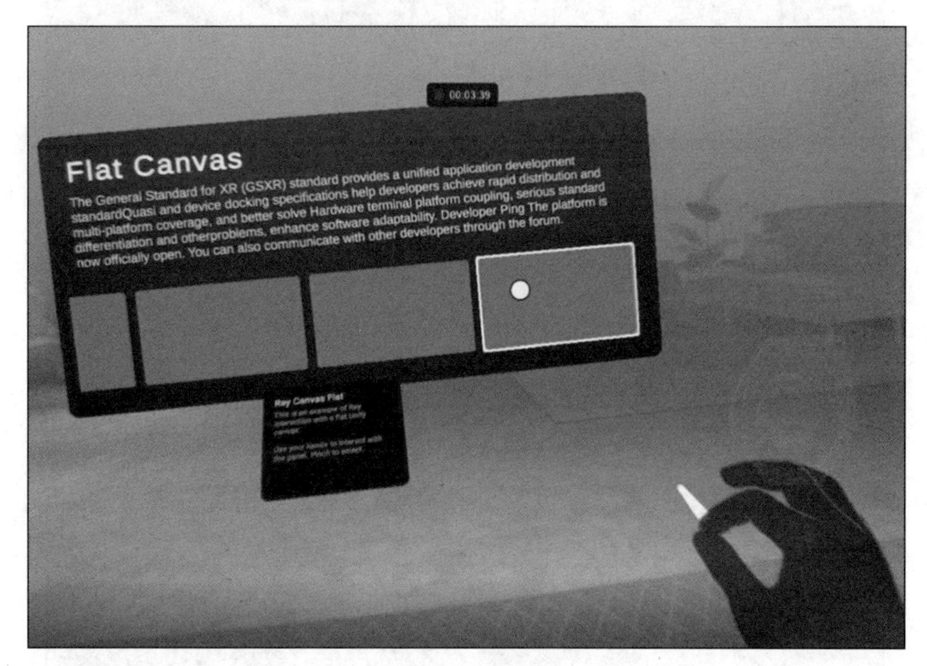

图 3-37　射线交互

【步骤 17】点击 Distance Grab 场景进行切换，此场景中可实现远距离交互功能，如图 3-38 所示。

【步骤 18】举起手掌后，会与远处的物体产生连线，握住手指后会实现交互功能。如图 3-39 所示。

【步骤 19】点击 Poses 按钮进行场景切换，此场景会对手势进行判断并触发特效，如图 3-40 所示。

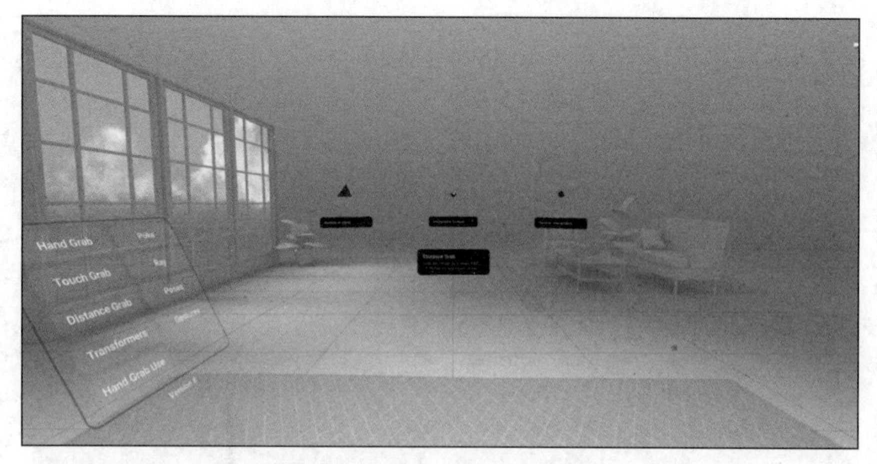

图 3-38　Distance Grab 场景

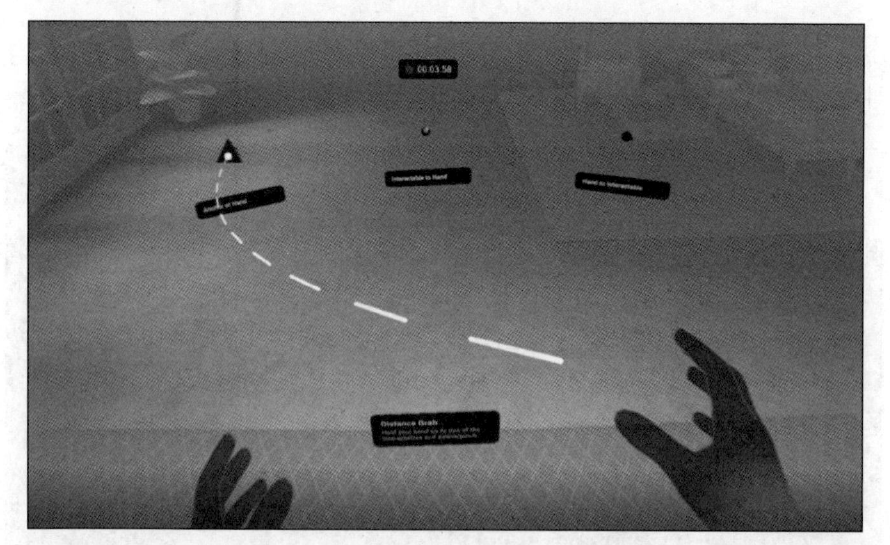

图 3-39　远距离交互

图 3-40　Poses 场景

【步骤 20】根据场景内的手势形状与文字提示进行模仿，即可触发对应手势的特效，比如向上竖起大拇指，就会触发点赞效果，如图 3-41 所示。

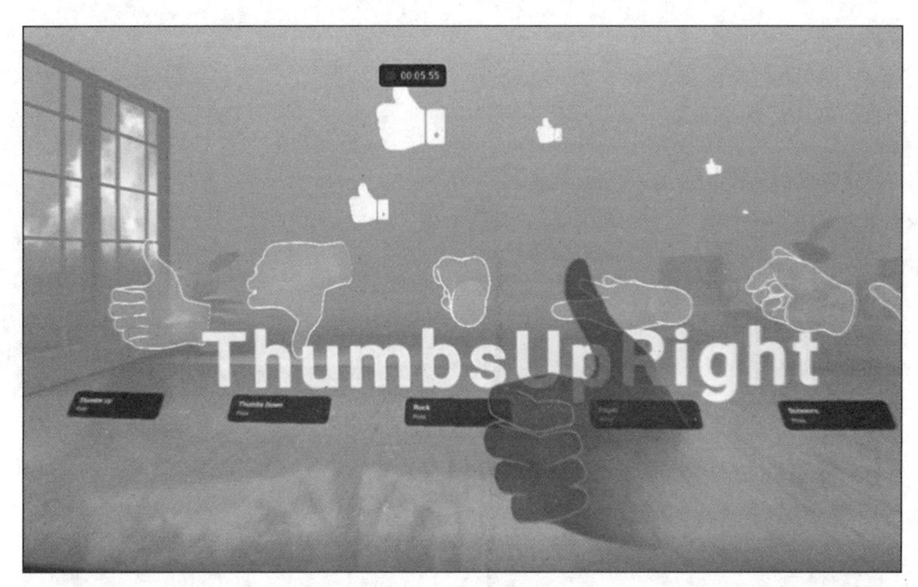

图 3-41　点赞特效

【步骤 21】将手势比作剪刀形状，即可触发剪刀特效，如图 3-42 所示。

图 3-42　剪刀特效

【步骤 22】点击 Transformers 按钮进行场景切换，此场景将实现不同道具的交互效果，如图 3-43 所示。

图 3-43　Transformers 场景

【步骤23】黑色物体可以进行抓取，松开手后会自行掉落，扔出后也可实现抛出效果，从而模拟出真实的物理效果，如图 3-44 所示。

图 3-44　抓取及拖出黑色的物体

【步骤 24】手指捏住箱子上方的把手使其向上抬起，即可打开箱子的盖子，如图 3-45 所示。

【步骤 25】使用手掌抓取玩偶，可将玩偶拿起，并且玩偶会遮挡住后方的手指，使交互更为真实，如图 3-46 所示。

【步骤 26】在地图上使用手指抓取蓝色标志后，可在地图上拖动改变标志位置，如图 3-47 所示。

图 3-45　打开箱盖

图 3-46　抓取玩偶

图 3-47　手指抓取蓝色标志改变位置

【步骤 27】点击 Gestures 按钮切换场景，此场景可实现手势在空间滑动切换的功能，如图 3-48 所示。

图 3-48 Gestures 场景

【步骤 28】在此场景中，与目标物体接近后，使用手掌左右扇动，即可实现物体内容的切换，与左侧的物体进行扇动交互，即可改变其颜色，如图 3-49 所示。

图 3-49 手势空间滑动切换颜色

【步骤 29】对相框进行相同的扇动操作后，即可更改相框中的图片内容，如图 3-50 所示。

图 3-50　手势空间扇动切换图片

【步骤 30】点击 Hand Grab Use 切换场景，此场景可实现喷壶抓取功能，如图 3-51 所示。

图 3-51　**Hand Grab Use 场景**

【步骤 31】使用手指握住喷壶即可抓取，如图 3-52 所示。

图 3-52　抓取喷壶

GSXR 工程应用案例——元宇宙视频播放器

任务 4.1 内 容 策 划

本任务将会设计一个元宇宙视频播放器，利用 AVPro Video 插件实现 GSXR 应用 Streaming Assets\Videos 目录下视频自动加载到播放列表并执行播放的功能。播放列表展示数据来源于 GSXR 应用 Streaming Assets\Videos 目录下配置好的 JSON 数据。在播放时将自动识别显示模式（根据文件名称识别显示模式），显示模式有：左右 3D 模式、上下 3D 模式、360 全景模式、2D 模式。开发者可以在体验过程中通过操作面板控制视频播放以及切换播放模式。

任务 4.2 插 件 简 介

1. AVPro Video

AVPro Video 是一款非常好用的视频播放器插件，支持 Windows、iOS、Android、WebGL 等平台，支持 4K 视频播放，并且非常节省存储空间。当项目需要播放分辨率非常大的视频时，如果由于机器配置问题，导致使用 Unity 自带的播放组件播放造成卡顿，就可以考虑使用这个插件来快速实现视频播放和兼容问题，从而缩短开发周期。

2. UI Widgets

UI Widgets 是 Unity 编辑器的一个插件包，可帮助开发人员通过 Unity 引擎来创建、调试和部署高效的跨平台应用。UI Widgets 主要来自 Flutter，通过使用强大的 Unity 引擎为开发人员提供了许多新功能，显著地改进应用性能和开发工作流程，其优点主要有以下几个方面。

（1）效率高：通过使用最新的 Unity 渲染 SDK，UI Widgets 应用可以非常快速地运行并且大多数时间保持大于 60 f/s 的速度。

（2）跨平台：与任何其他 Unity 项目一样，UI Widgets 插件可以直接部署在各种平台上，如 PC、移动设备等。

（3）多媒体支持：除了基本的 2D UI 之外，开发者还能够将 3D 模型、音频、粒子系统添加到 UI Widgets 应用中。开发者可以使用许多高级工具，如 CPU/GPU Profiling 和 FPS Profiling，直接在 Unity 编辑器中调试 UI Widgets 应用。

任务 4.3 开 发 准 备

1. GSXR UnityXR SDK 下载与导入

GSXR UnityXR SDK 是通过 Unity 插件的格式提供的，关于该 SDK 的下载与导入请参考任务 1.2 的内容进行操作，这里就不再赘述。

2. 资源导入

本案例需涉及 AVProVideo 和 UIWidgets 插件的使用，因此需将插件以及其他的资源文件一并导入 Unity 中。

【步骤 1】新建项目。打开 Unity Hub，单击“新建项目”按钮，设置“项目名称”为 XR VideoPlayerDemo，选择存储路径后单击“创建项目”按钮。本例使用的 Unity 版本号为 2021.3.16f1c1，如图 4-1 所示。

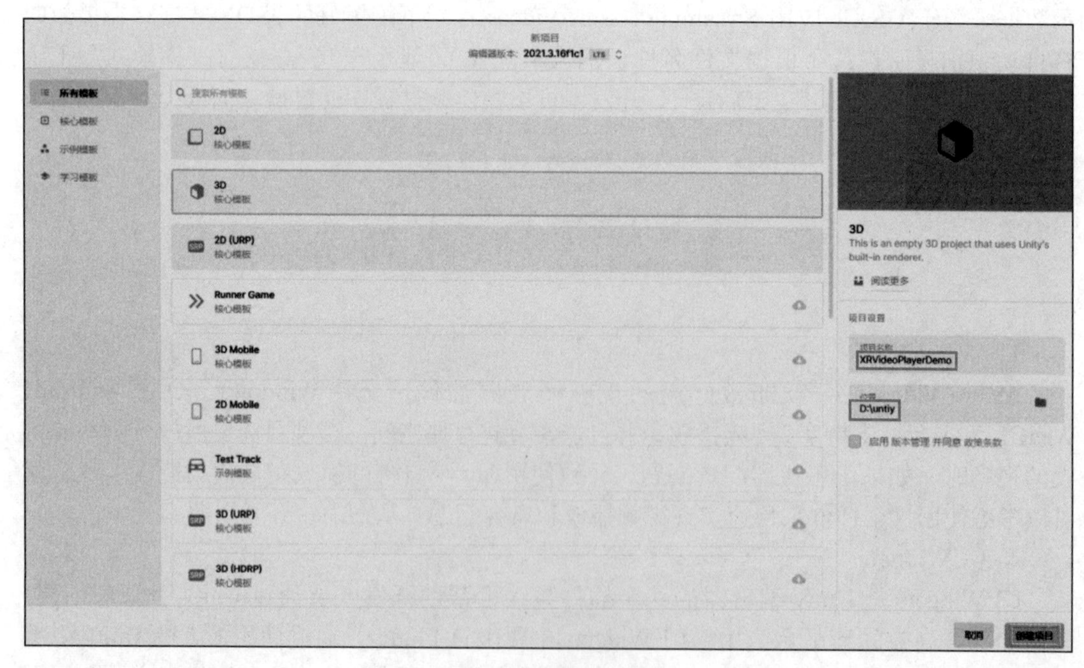

图 4-1　新建项目

【步骤 2】资源导入。打开项目文件，将本书附带的两个插件包的文件夹拖入 Assets 目录下，然后导入本案例所需要的资源包，如图 4-2 和图 4-3 所示。

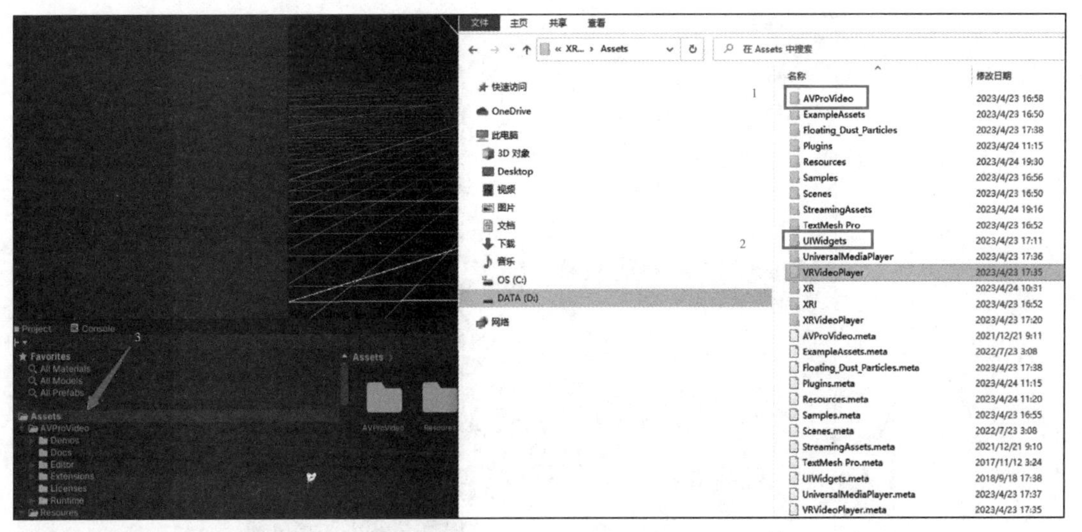

图 4-2　导入插件资源

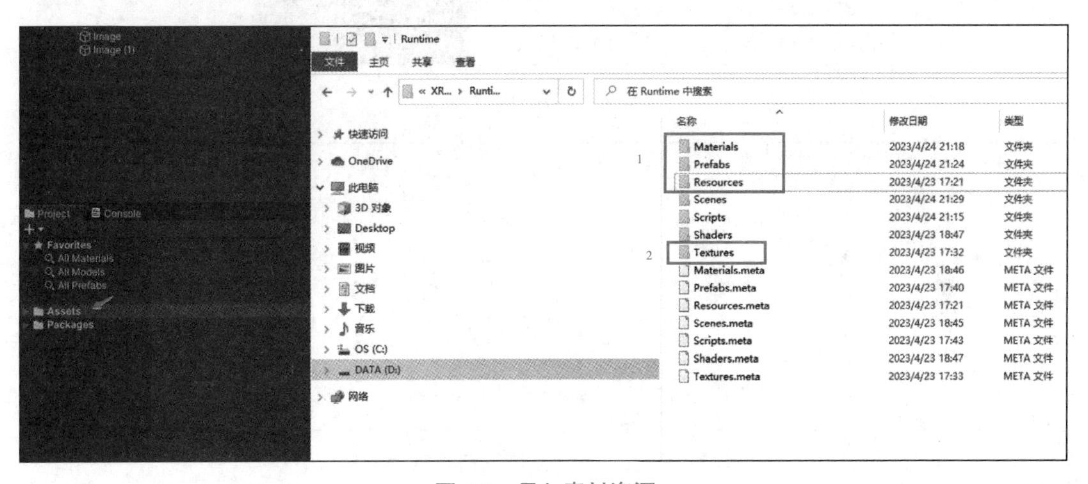

图 4-3　导入素材资源

任务 4.4　搭 建 场 景

搭建场景. mp4

1. 背景搭建

完成前期准备工作后，开始场景搭建工作。首先打开新建的项目，利用 Ctrl+N 组合键创建一个新的场景并命名为 XRVideoPlayer，场景创建完成后即可开始下一步工作。

【步骤 1】导入环境 package。在新建的项目中导入电影院环境。在 Assets 上右击，选择 Import Package → Custom Package，选择 VideoPlayerEnvironment.unitypackage 并导入项目中，如图 4-4 与图 4-5 所示。

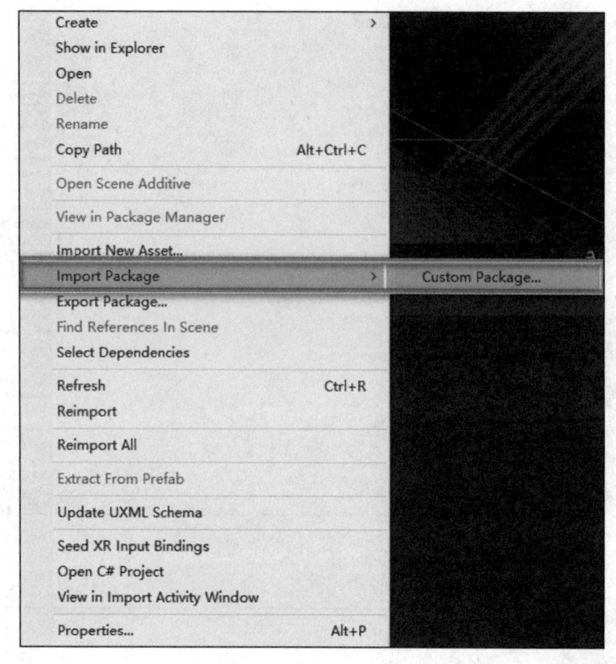

图 4-4 导入资源包

图 4-5 导入电影院资源包

【步骤 2】搭建场景环境。在 Assets 目录下找到 CinemaHall03 文件夹，并将文件夹下的 CinemaHall03、CinemaSofa01、Loudspeaker01a、Loudspeaker01 等预制体都拖入 Hierarchy 窗口下，拖入完成后，将当前场景中的地面、座椅与音箱的位置进行适当的调整，如图 4-6 所示。

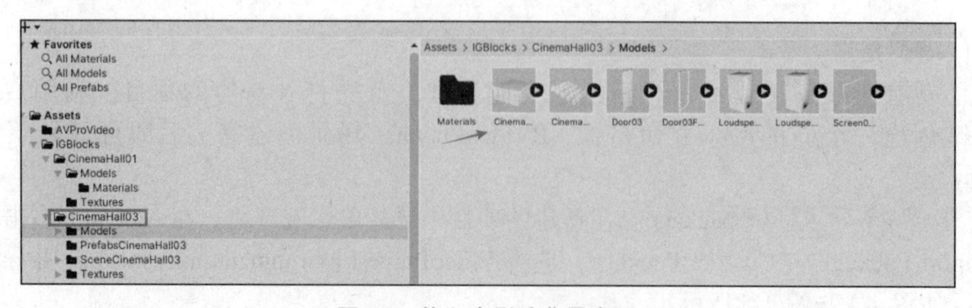

图 4-6 拖入电影院背景资源

【步骤 3】为电影院添加光源。在将预制体拖入环境中后，整个环境是不清晰的，此时需要为环境增加光源。在 Hierarchy 窗口中右击，选择 Light → Point Light 新建光源，如图 4-7 所示。在 Inspector 窗口中调整一下光源的 Range 和 Intensity 参数，调整到合适的效果后为止。调整完成后的效果如图 4-8 所示。

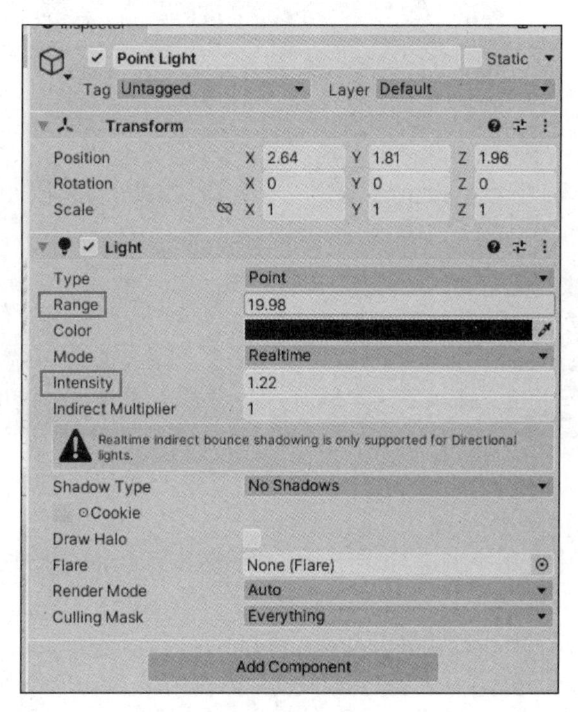

图 4-7　增加点光源

图 4-8　光源调整完成后的场景效果

【步骤 4】添加场景天空盒。选择 Window → Rendering → Lighting，进入 Lighting 窗口后切换到 Environment 选项卡，把 Skybox Material 设置为 Skybox，如图 4-9 所示。

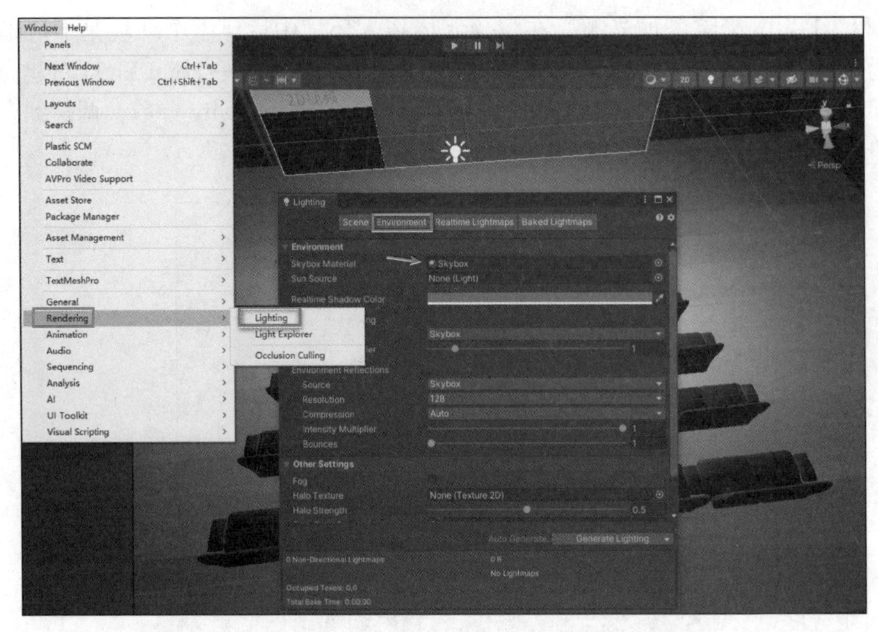

图 4-9　添加天空盒

2. 添加 XR Origin 基准

为了能够在项目中使用手柄进行交互，需要设置 XR Origin 基准，并配置左右手预制体，具体操作步骤如下。

【步骤 1】添加 XR Origin。在 Hierarchy 窗口中右击，选择 XR → XR Origin (Action-based)，如图 4-10 所示。创建完成后在 Inspector 窗口中单击 Add Component 为 XR Origin 添加 Input Action Manager 脚本，如图 4-11 所示。

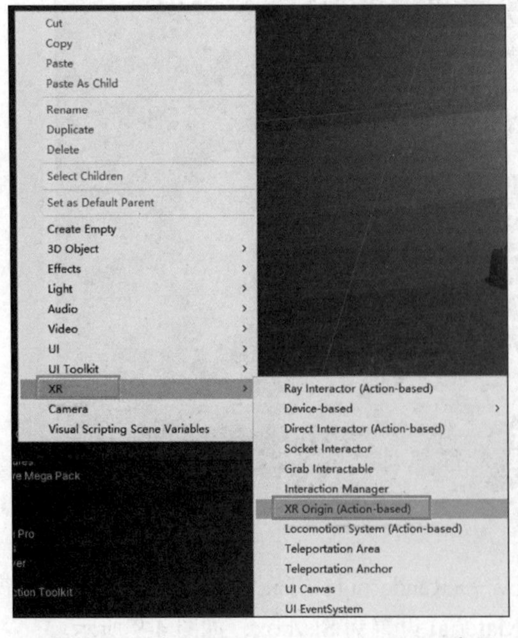

图 4-10　选择 XR Origin (Action-based) 选项

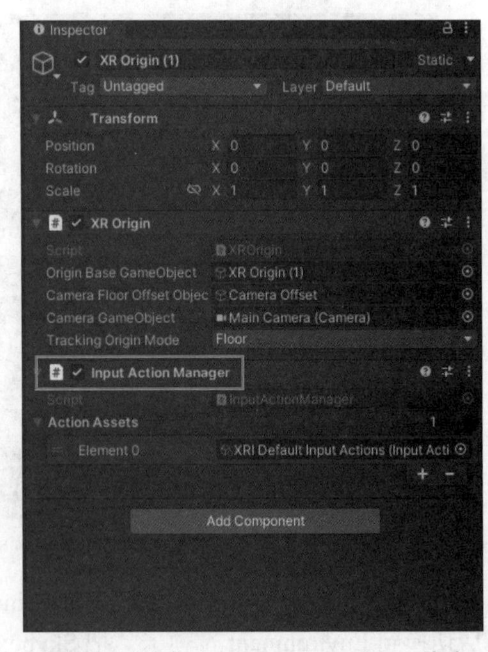

图 4-11　挂载 Input Action Manager 脚本

【步骤 2】添加左右手预制体。在 Assets 目录中搜索 LeftHand 和 RightHand 预制体并将它们拖入 Hierarchy 窗口中，如图 4-12 所示。

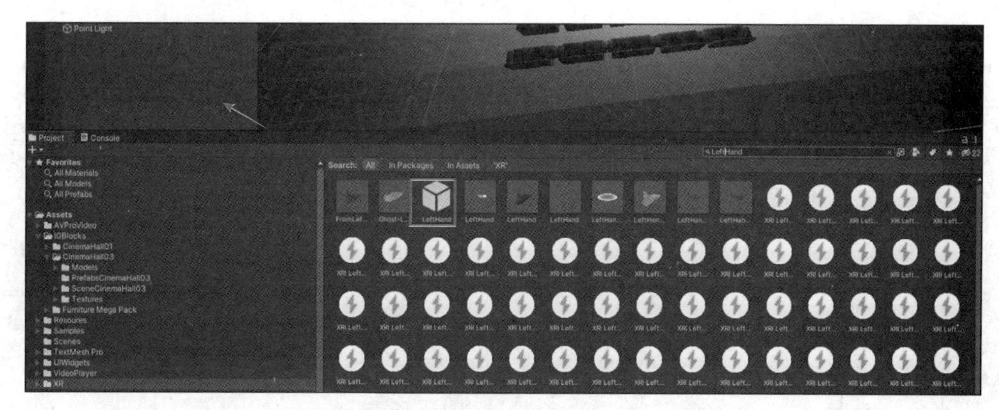

图 4-12　添加左右手预制体

3. 创建 UI 界面

在项目中，基础交互离不开 UI 界面的交互，本项目 UI 界面创建具体步骤如下所示。

【步骤 1】新建 UI Canvas。在 Hierarchy 窗口中右击，选择 XR→UI Canvas，如图 4-13 所示。并将其 Rect Transform 参数设置为 1920×1080，设置完成后，为 UI Canvas 添加 GSXR_Tracked Device Graphic RayCaster 脚本，如图 4-14 所示。

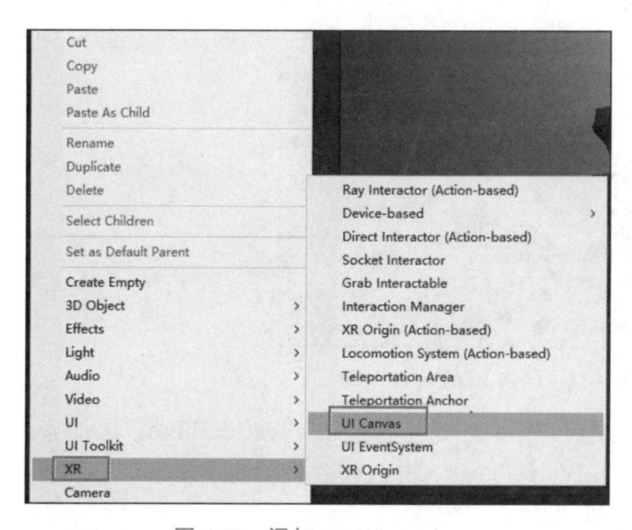

图 4-13　添加 UI Canvas

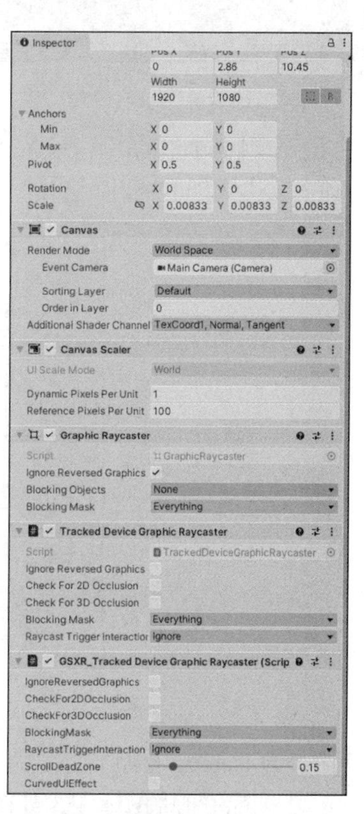

图 4-14　挂载 UI Canvas 脚本

【步骤 2】添加 Background。在 Hierarchy 窗口中右击，选择 XR → UI Canvas 并将其命名为 Background。添加 Image 组件并且将 Source Image 选定为 RoundCorners_04pt，如图 4-15 所示。

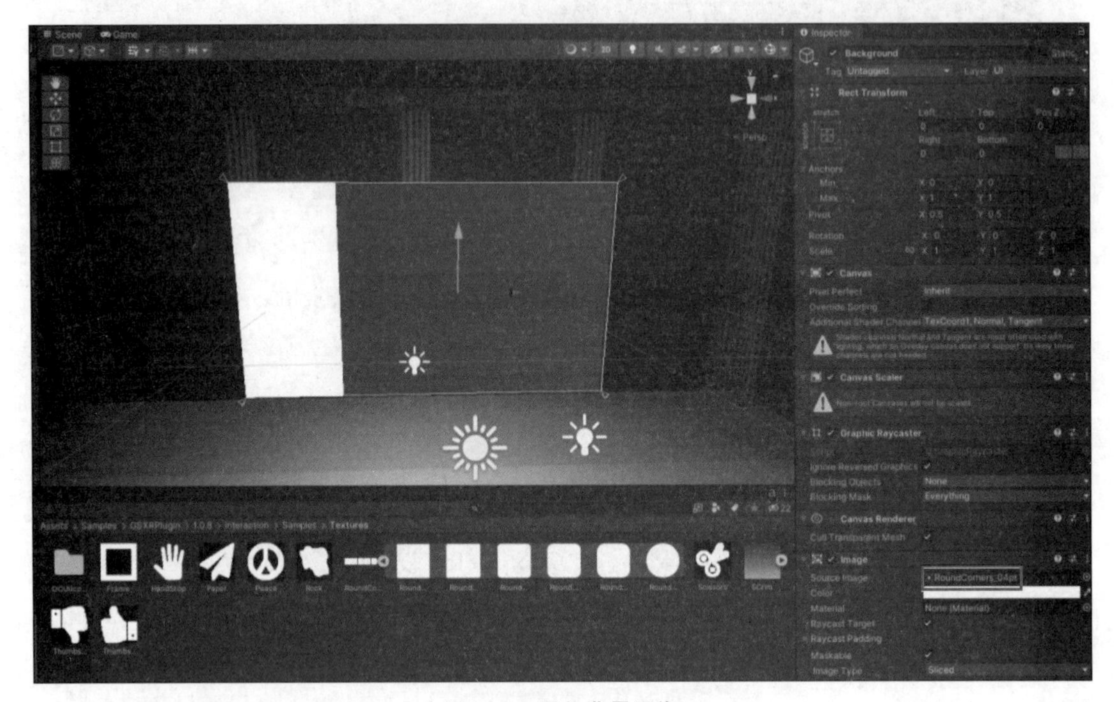

图 4-15　添加背景图像

【步骤 3】添加 LeftPanel。在 Hierarchy 窗口中右击，选择 UI → Panel 创建一个 Panel，然后命名为 LeftPanel 并调整其位置和大小，如图 4-16 所示。

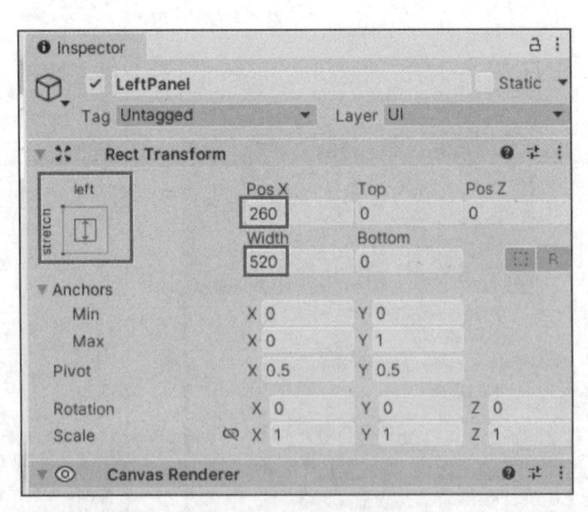

图 4-16　添加 LeftPanel

【步骤 4】添加主题。在 Hierarchy 窗口中右击，选择 UI → TextMeshPro，添加完成后将其命名为 Name，然后设置主题为 XRVideoPlayer，并且设置相应的字体与布局，字体颜色可参考下图红框中的标注，如图 4-17 所示。

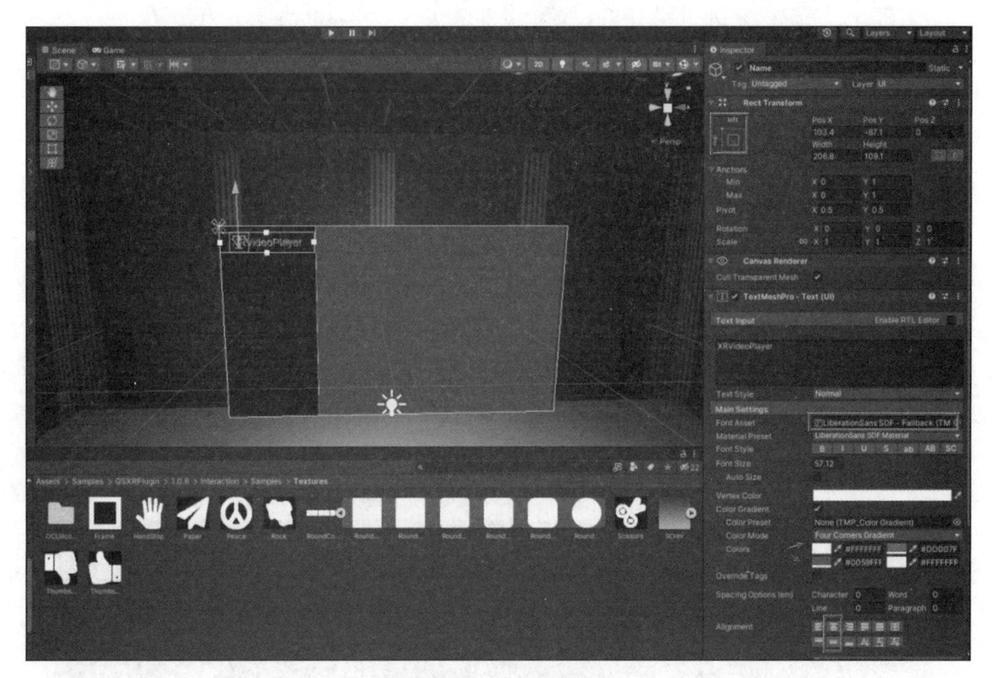

图 4-17　添加主题

【步骤 5】添加 Toggle。在 Hierarchy 窗口中选中 LeftPanel，右击选择 UI → Toggle，如图 4-18 所示。添加完成后，选中其下的 Background，找到 Source Image 组件设置图片为“底部渐变”，如图 4-19 所示。选中其下的 Checkmark，设置图片的 Source Image 为 Image_selected，如图 4-20 所示。找到 Label 标签，在 Text Input 中输入第一个 Toggle 的名称为“全景视频”，如图 4-21 所示。

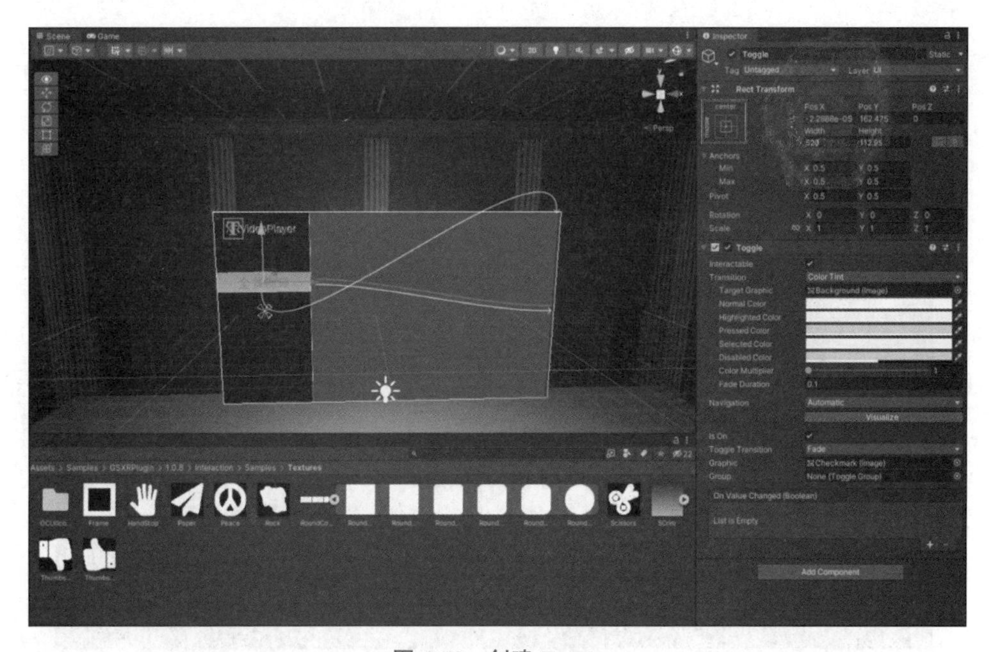

图 4-18　创建 Toggle

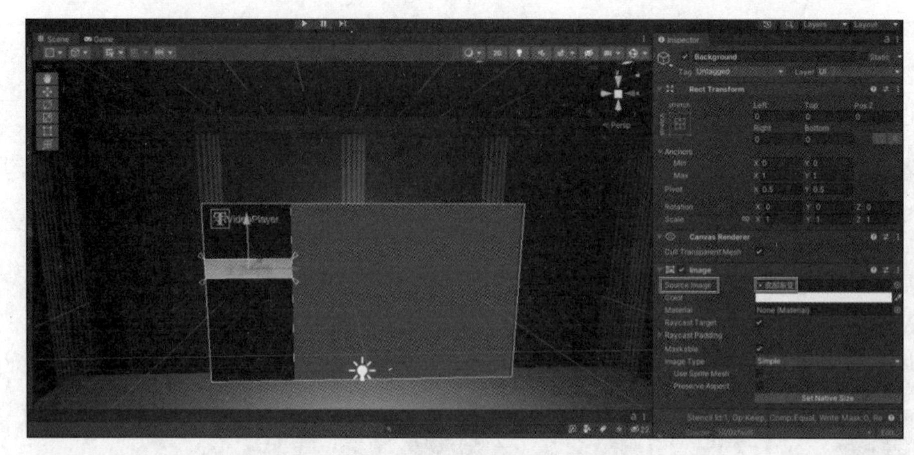

图 4-19　修改 Background 背景图片

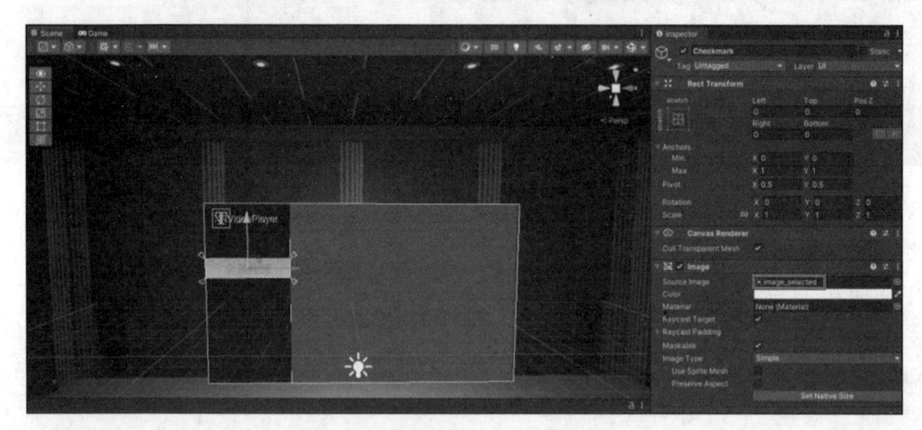

图 4-20　修改 Checkmark 图片

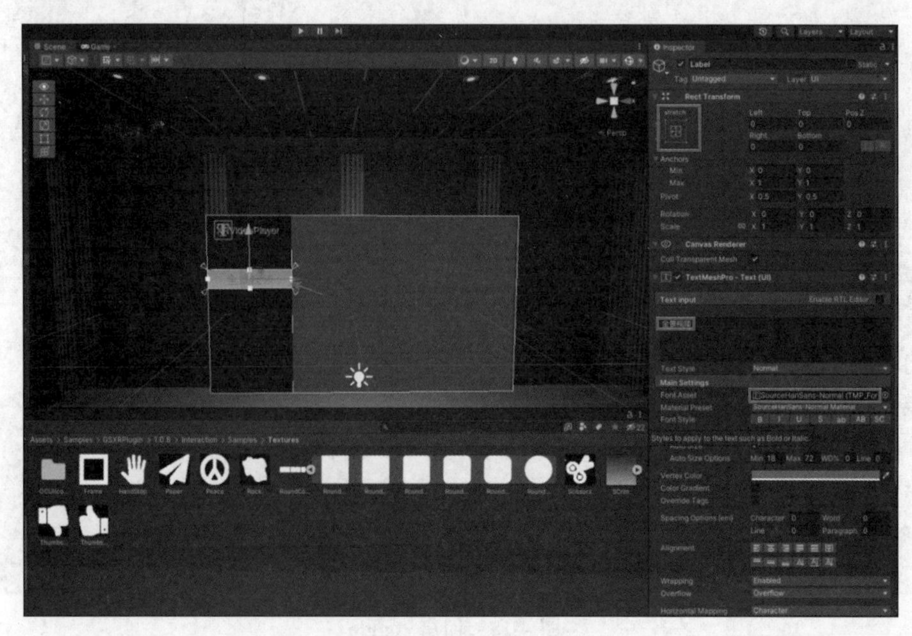

图 4-21　修改 Label 名称

【步骤 6】创建剩下的 Toggle。选择 Toggle，按住 Ctrl+D 组合键，复制出剩余的 3 个切换键。分别将其 Label 设置为对象名称，分别为“全景视频”“左右 3D 视频”“上下 3D 视频”“2D 视频”，如图 4-22 所示。

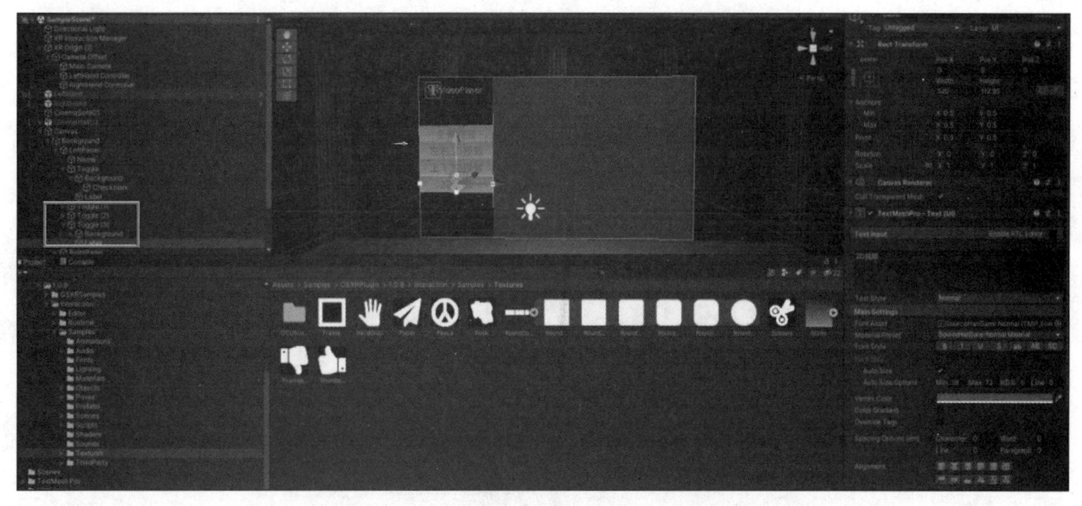

图 4-22 创建其他类型视频的 Toggle

【步骤 7】添加 RightPanel。在 Hierarchy 窗口中右击，选择 UI → Panel 创建一个 Panel，然后命名为 RightPanel 并调整其位置和大小和填充颜色，如图 4-23 所示。

图 4-23 设置幕布背景色

【步骤 8】添加 RenderListView 预制体。在 Assets 目录中搜索 RenderListView 预制体并将其拖入 RightPanel 层级下，然后为其添加 Video Data View 脚本，如图 4-24 所示。

4. 创建 DockPanel

为了控制播放器相关操作，需要设计一个 UI 界面进行整合，具体步骤如下。

【步骤 1】添加 DockPanel。在 Hierarchy 窗口中右击，选择 UI → Canvas，创建一个 Panel，然后命名为 DockPanel。调整其位置和大小，并且为其添加 GSXR_Tracked Device Graphic Raycaster、Media Player UI 脚本，如图 4-25 和图 4-26 所示。

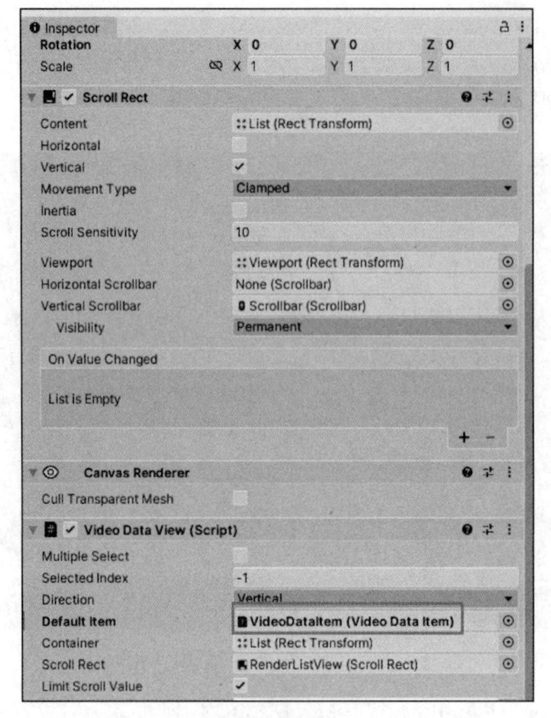

图 4-24　挂载 Video Data View 脚本

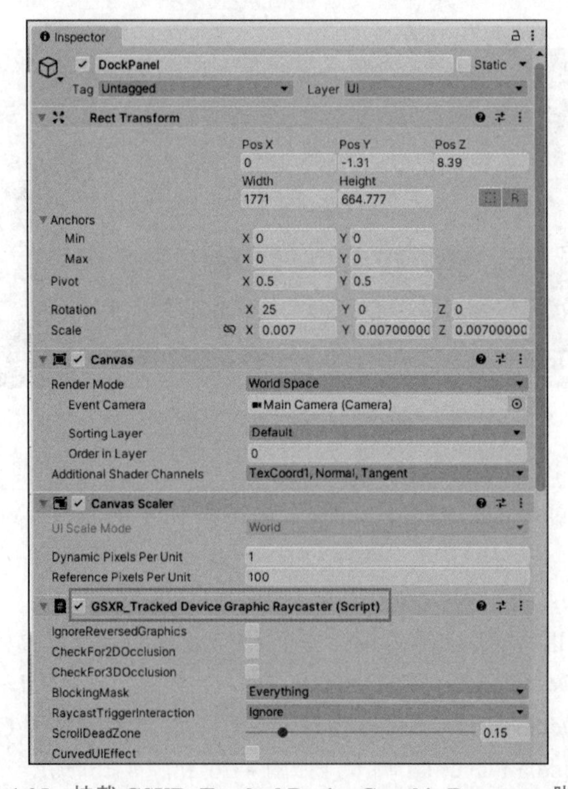

图 4-25　挂载 GSXR_Tracked Device Graphic Raycaster 脚本

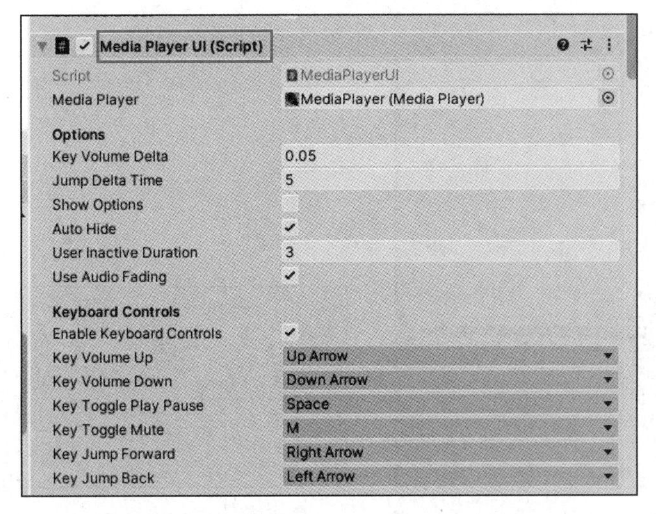

图 4-26　挂载 Media Player UI 脚本

【步骤 2】添加控制行 UI。在 DockPanel 层级下右击，选择 UI → Canvas，创建一个画布，调整其位置，使它停靠在视频幕布的下方，如图 4-27 所示。

【步骤 3】添加播放控制对象。在 DockPanel 层级下右击，选择 UI → Canvas，创建一个 Canvas 对象，将其命名为 DockPanel，并且将其 SourceImage 修改为“背景 doc.png”，如图 4-28 所示。

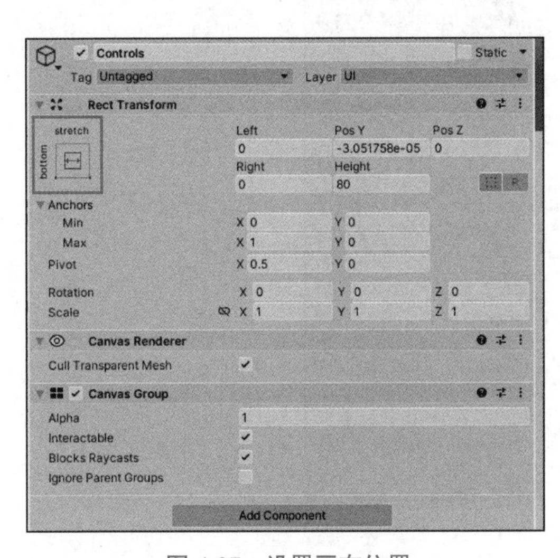

图 4-27　设置画布位置

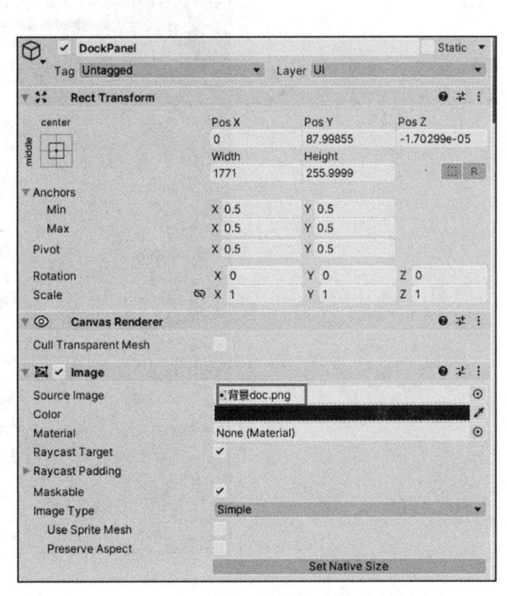

图 4-28　添加播放控制对象的背景图片

【步骤 4】添加播放方式画布。在 DockPanel 层级下右击，选择 UI → Canvas，创建一个 Canvas 对象并将其命名为 Panel，用来放置播放方式，并且将其 Source Image 修改为“底部渐变”，如图 4-29 所示。修改完成后添加 Horizontal Layout Group 组件，并将其 Child Force Expand 属性项中的 Width 与 Height 复选框进行勾选，如图 4-30 所示。

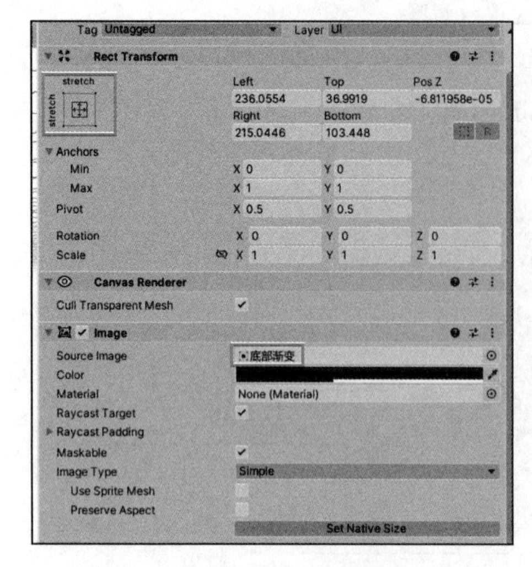

图 4-29 添加图片背景

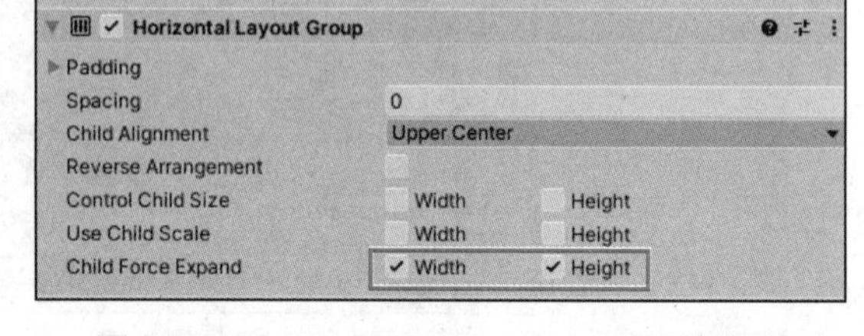

图 4-30 Horizontal Layout Group 组件设置

【步骤 5】添加播放方式 Toggle，在 Panel 窗口下创建一个 Toggle 作为播放方式的切换键。其参数设置如图 4-31 所示。

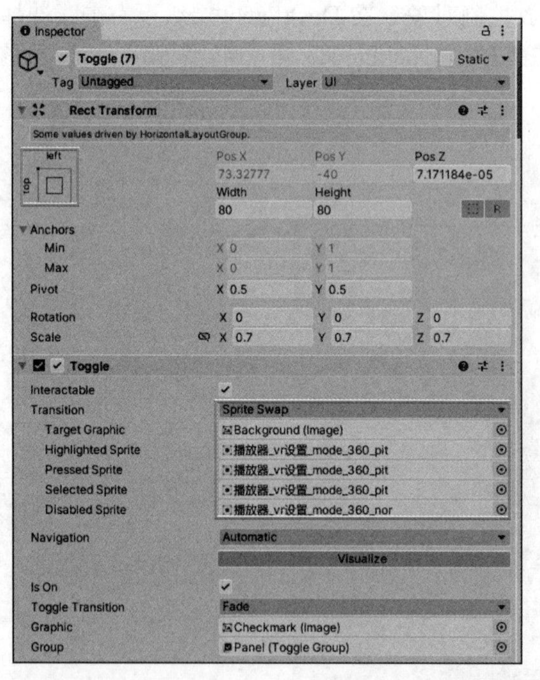

图 4-31 用于切换播放方式的 Toggle 的参数设置

【步骤 6】创建其他播放方式 Toggle，在 Panel 窗口下按住 Ctrl+D 组合键，复制出 8 个剩余的视频播放方式的切换键，并且调整每个 Toggle 的位置以及相应的 Label 标签。调整完成后如图 4-32 所示。

【步骤 7】创建底部 BottomRow。这一步是要为播放视频提供播放控制条。在 DockPanel 层级下右击，选择 UI → Canvas，创建好画布之后在次层级下右击分别添加

Button，添加完成后分别调整其位置和图片挂载，调整完成后效果如图 4-33 所示。

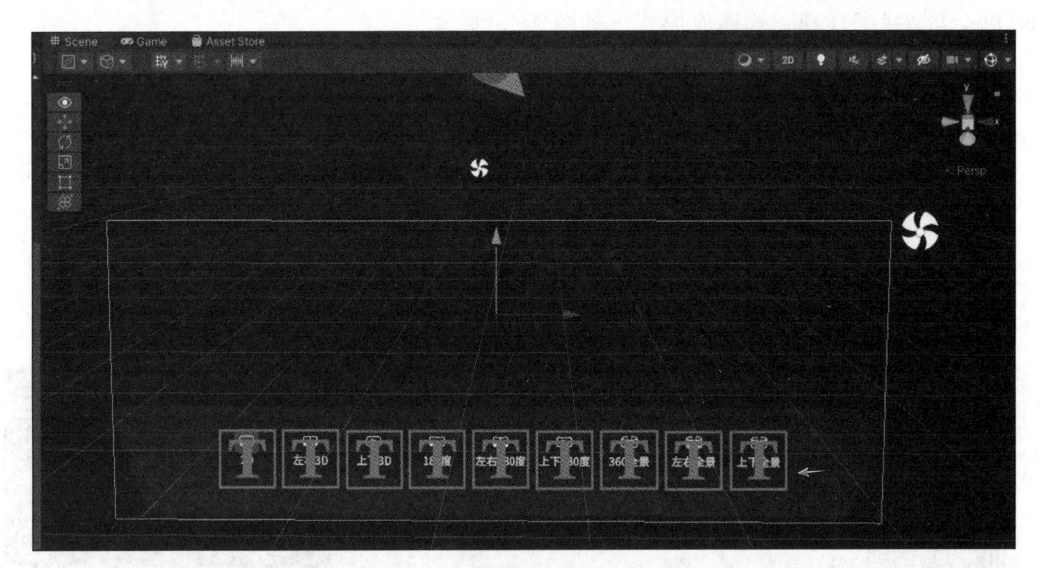

图 4-32 创建其他播放方式 Toggle

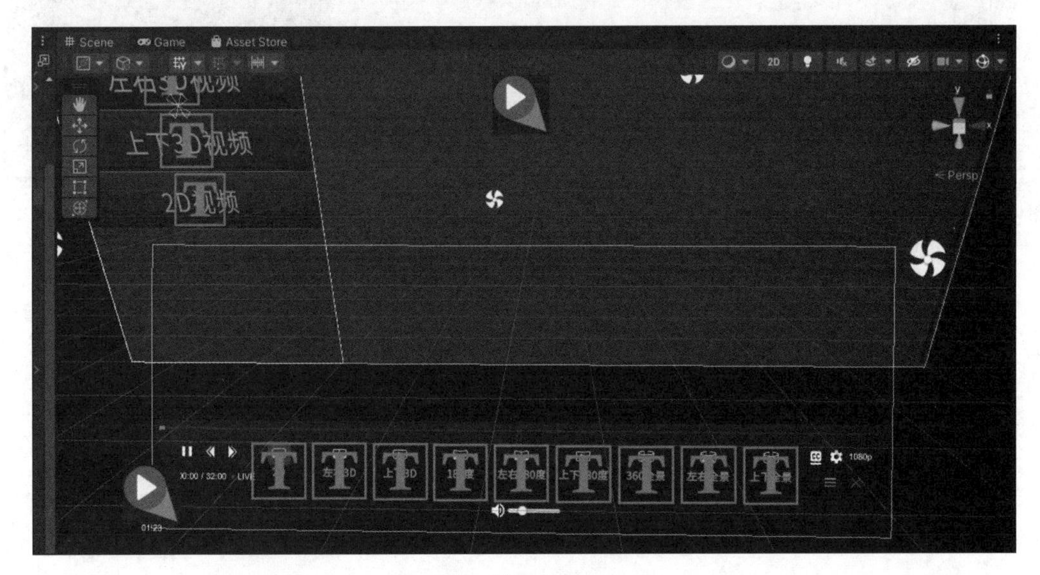

图 4-33 创建 BottomRow

5. 创建视频播放控制器

当 UI 界面创建完成后，想要进行相关事件相应，则需要进行对应参数赋值，这里需要创建相关视频播放控制器，具体步骤如下。

【步骤 1】新建一个空的游戏对象，将其命名为 VideoPlayerController，并为它添加 Video Player Controller 脚本，如图 4-34 所示。

【步骤 2】添加 Media Player 视频播放器。在 Video Player Controller 层级下右击 Video，添加 AVPro Video - Media Player，并将其调整至合适的位置，如图 4-35 所示。

【步骤 3】分别创建 2D 视频、左右 2D 视频、上下 2D 视频、180 度 3D 视频、左右

180 度 3D 视频、上下 180 度 3D 视频、360 度全景 3D 视频、360 度全景上下 3D 视频、360 度全景左右 3D 视频等播放形式，如图 4-36 所示。

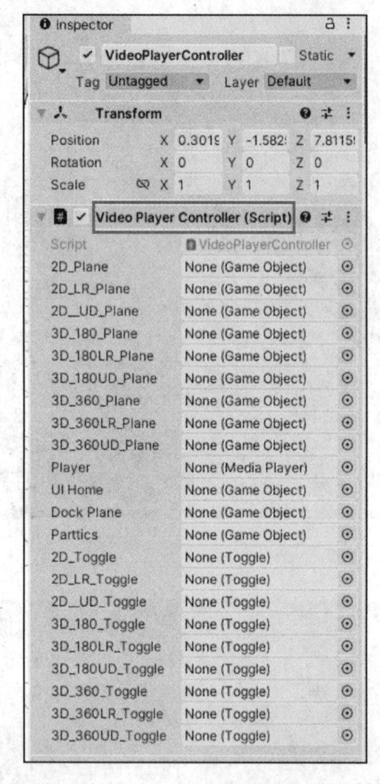

图 4-34　挂载 Video Player Controller 脚本

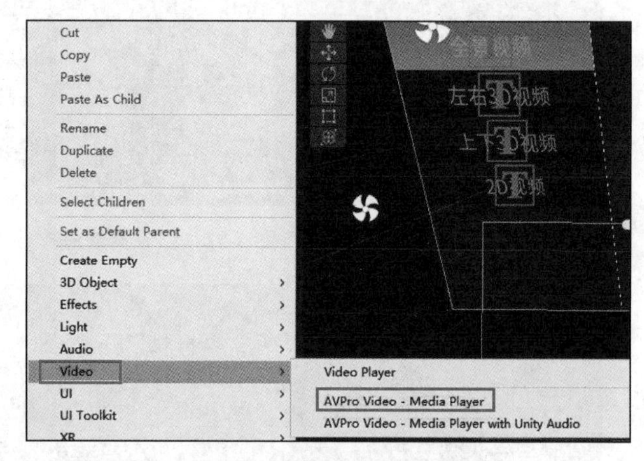

图 4-35　创建 Media Player

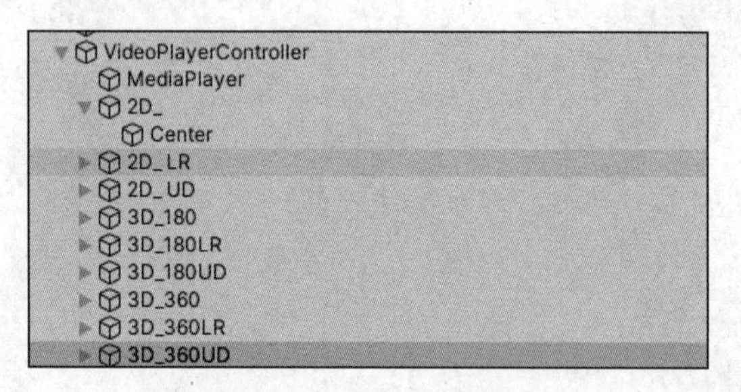

图 4-36　创建其他播放类型

【步骤 4】创建完成后，在 Video Player Controller 的脚本组件中分别挂载各种脚本，如图 4-37 所示。

【步骤 5】在 Assets 目录中搜索预制体 Floating_Dust_Particles，并将其拖曳到 Hierarchy 窗口中，如图 4-38 所示。

6. 视频资源存取配置

本案例模拟了本地视频资源的读取和播放。读取路径和视频读取逻辑如图 4-39 所示，图 4-40 中脚本内实现了 Andriod 平台时视频文件读取路径为 Sdcard 根目录。因此在打包后安装到一体机上运行测试的时候，需要将资源包中的 Videos 文件夹复制到一体机的 Sdcard 根目录中。这样在安装运行之后才能正确读取视频进行体验。

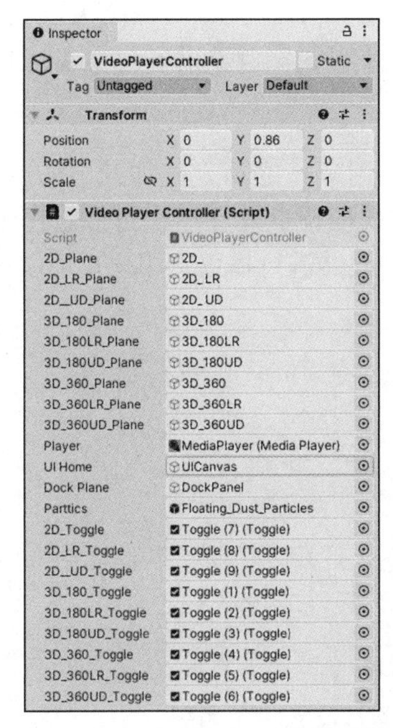

图 4-37 Video Player Controller 脚本参数设置

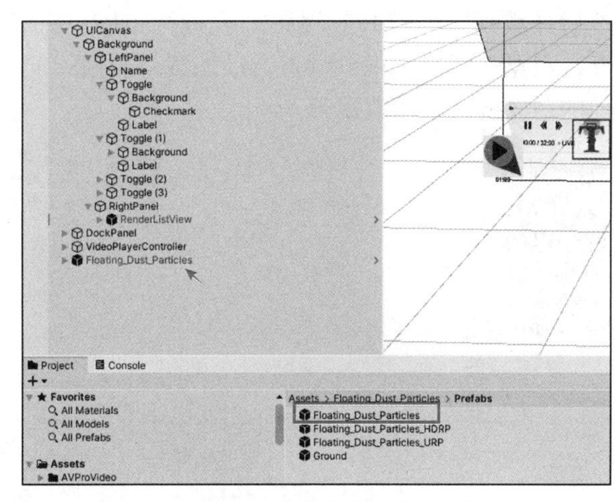

图 4-38 添加预制体

```
#else
string path = string.Format("{0}/../../../../Videos", Application.persistentDataPath);

path = path + "/" + model.Info.url;
Debug.Log("Play path:" + path);
MediaPath mediaPath = new MediaPath(path, MediaPathType.AbsolutePathOrURL);

Player.OpenMedia(mediaPath);
```

图 4-39 Andriod 平台视频文件读取路径

```
C#
  using System;
using System.IO;

  //TODO:读 Json
         public VideoList VideoDataList = new VideoList();
        public virtual void ReadData()
    {
        // 判断文件夹是否存在
        if (Directory.Exists(Application.streamingAssetsPath +
"/Videos"))
        {
            // do something

            if (File.Exists(Application.streamingAssetsPath +
"/Videos/VideoList.json"))
            {
                string text =
File.ReadAllText(Application.streamingAssetsPath +
"/Videos/VideoList.json");

                Debug.Log(text);

                VideoDataList =
JsonUtility.FromJson<VideoList>(text);

                Debug.Log(VideoDataList);
            }
        }
    }
```

图 4-40 Andriod 平台视频文件读取逻辑

任务 4.5 逻辑设计与交互设计

本项目具体的逻辑与交互流程如图 4-41 所示，应用运行之后，先加载电影院场景，然后加载视频列表并对视频列表进行布局，完成后加载视频卡片让用户可以点击卡片交互，当点击到某一视频时将自动加载对应模式的视频播放器进行播放，用户也可以选择其他的播放模式来播放视频。

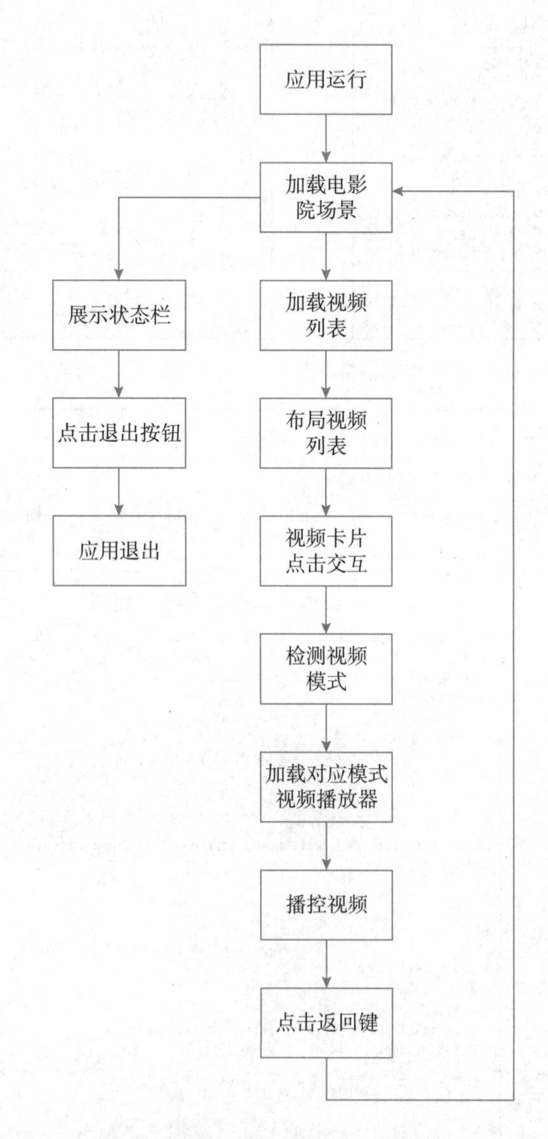

图 4-41 元宇宙视频播放器的逻辑与交互流程图

任务 4.6 构建调试

构建调试.mp4

将元宇宙视频播放器场景编译打包为 apk 文件，安装到 GSXR 一体机上并运行体验视频播放。

【步骤 1】首先需要使用 USB 数据线连接 GSXR 一体机和 PC。

【步骤 2】在菜单栏选择 File→Build Settings。

【步骤 3】在打开的 Build Settings 窗口中，单击 Add Open Scenes 按钮将元宇宙视频播放器场景添加到场景列表中，如图 4-42 所示。场景列表中的 0 号场景为打开游戏时的默认场景。

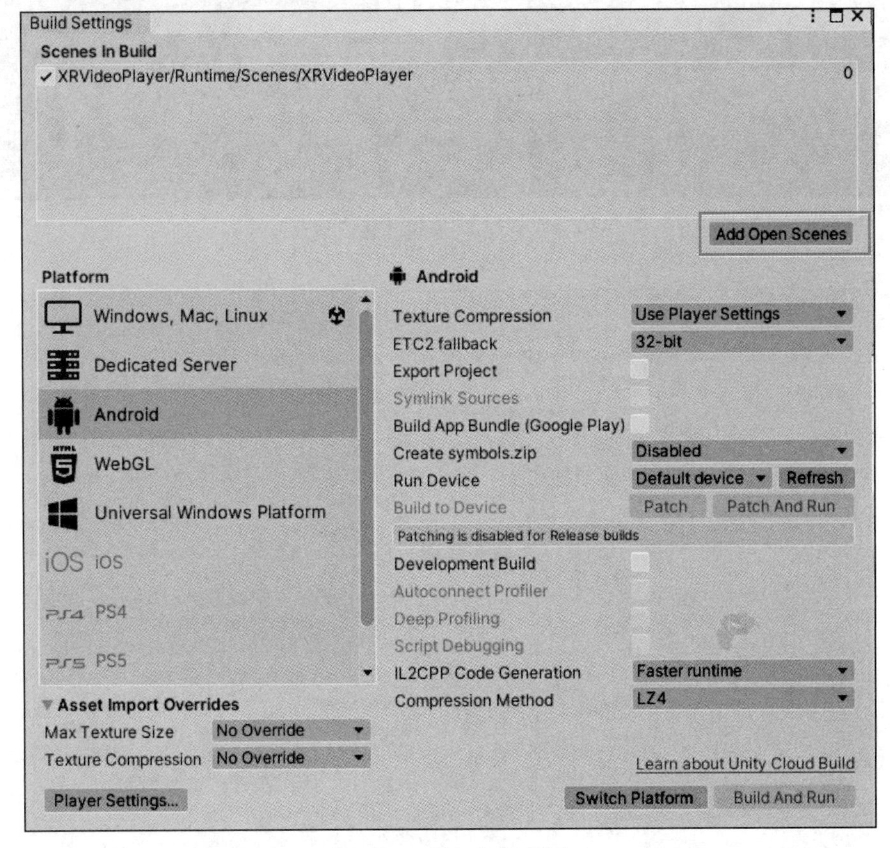

图 4-42 添加打包场景

【步骤 4】Run Device 选项设置为当前连接的 GSXR 一体机的型号，如图 4-43 所示选择 Sonic 一体机（数据线连接后即可在下拉列表选择机型）。

【步骤 5】单击 Build 按钮。在弹出的对话框中选择 apk 包的储存位置，这样一个 XR 包就打包完成，如图 4-44 所示。

将 apk 包安装到一体机中即可运行体验，效果如图 4-45 所示。

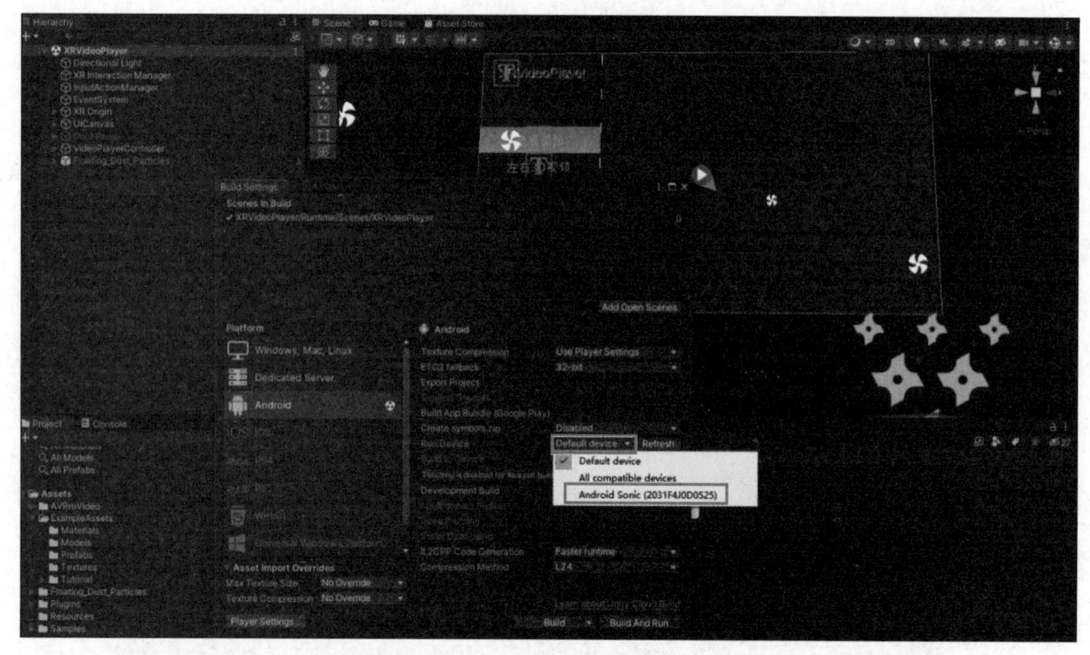

图 4-43　下拉列表选择运行设备

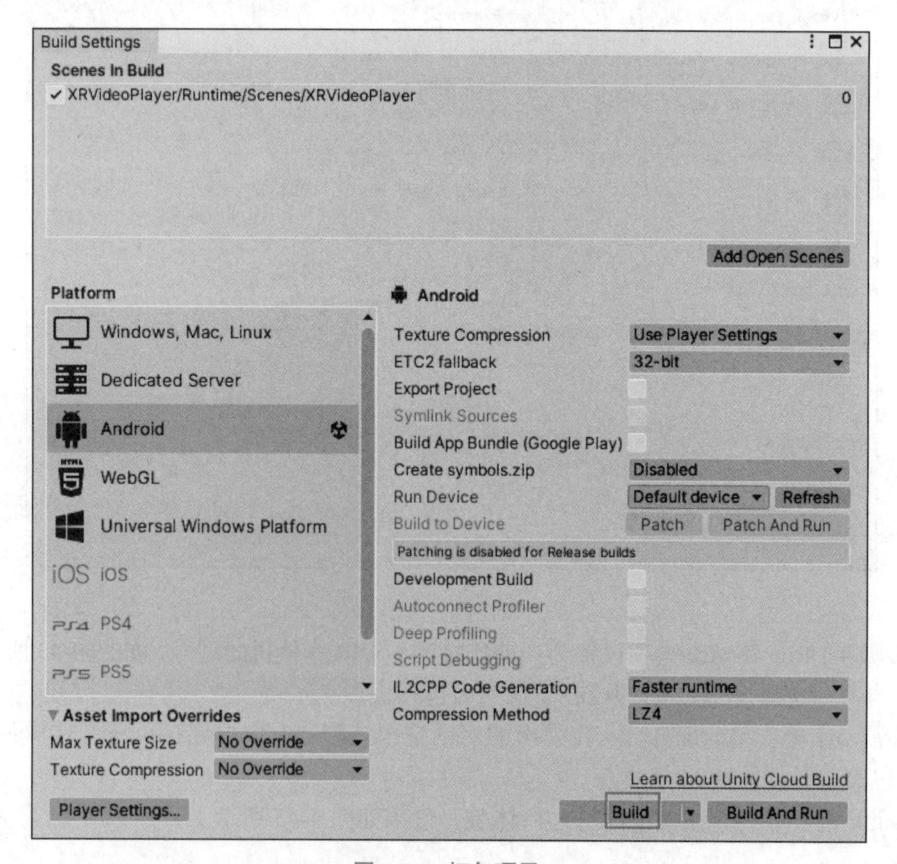

图 4-44　打包项目

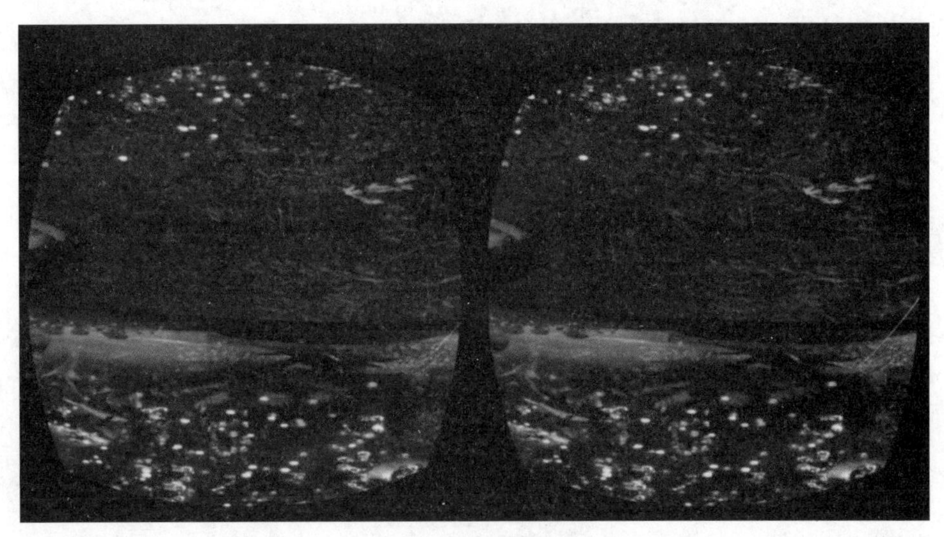

图 4-45 视频播放效果

GSXR 工程应用案例——虚拟化学实验室

任务 5.1 内容策划

在前面的项目中，我们已经体验过利用手势在虚拟场景中与物体进行交互了。本任务我们将设计并实现一个用于手势交互的虚拟化学实验室。在虚拟实验室中，我们可以在实验台用手势与各种试管、酒精灯、集气瓶等仪器进行交互。本案例的实验内容来源于中学阶段学过的化学知识：用高锰酸钾制取氧气，其实验原理如图 5-1 所示。

$$\text{高锰酸钾} \xrightarrow{\text{加热}} \text{锰酸钾}+\text{二氧化锰}+\text{氧气}$$

$$KMnO_4 \xrightarrow{\blacktriangle} K_2MnO_4 + MnO_2 + O_2$$

图 5-1 高锰酸钾制取氧气的实验原理

任务 5.2 开发准备

1. GSXR UnityXR SDK 下载与导入

GSXR UnityXR SDK 是通过 Unity 插件格式提供的，关于该 SDK 的下载与导入参考任务 1.2 的内容进行逐步操作，这里就不再赘述。

2. 资源导入

当开发插件等配置完成后，需要将所需素材资源全部导入 Unity 中进行设置，具体步骤如下。

【步骤 1】新建项目。打开 Unity Hub，单击“新建项目”，设置项目名称为 Chemistry Laboratory，选择存储路径后单击“创建项目”，如图 5-2 所示。本项目使用的 Unity 版本

号为 2021.3.14f1c1。

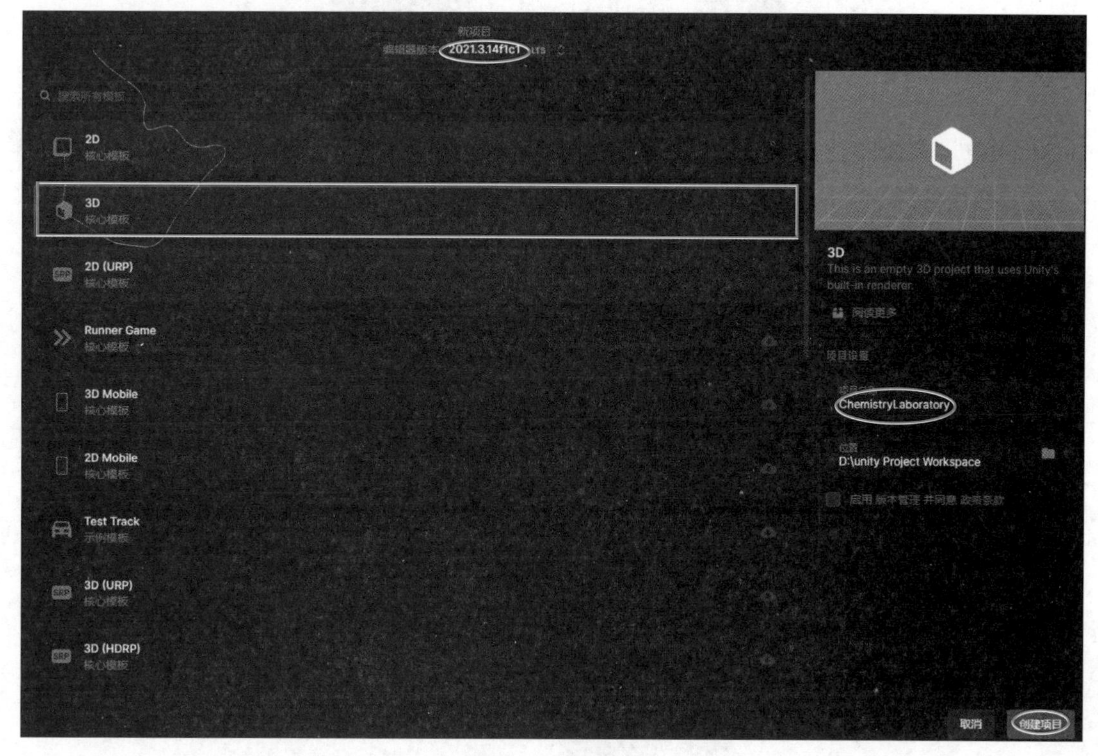

图 5-2　新建项目

【步骤 2】资源导入。打开项目文件后，将本书给出的项目文件中的 UI、脚本以及场景文件夹都拖入 Asset 目录下，如图 5-3 所示。

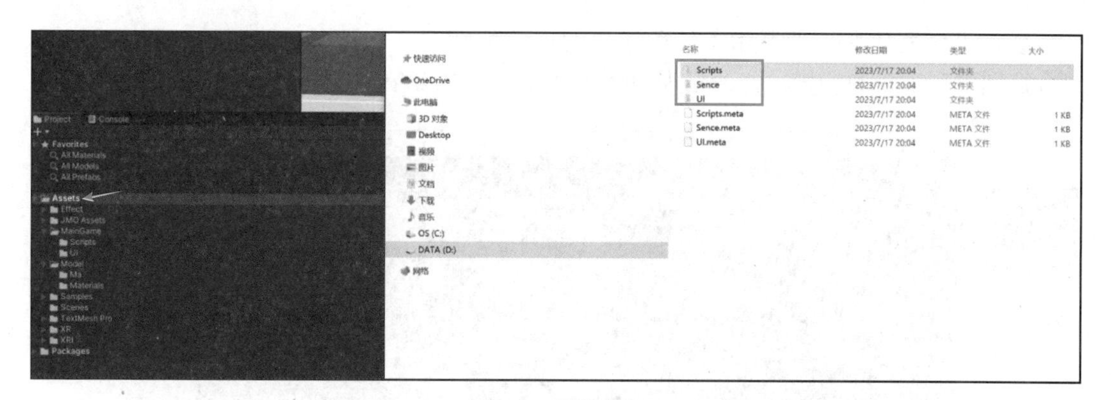

图 5-3　资源导入

【步骤 3】素材包导入。打开项目文件后，右击 Asset，选择 Import Package → Custom Package，如图 5-4 所示。将本案例所需要的素材包 shiyantai.unitypackage 和 shiyanqiju.unitypackage 都导入项目中，如图 5-5 所示。

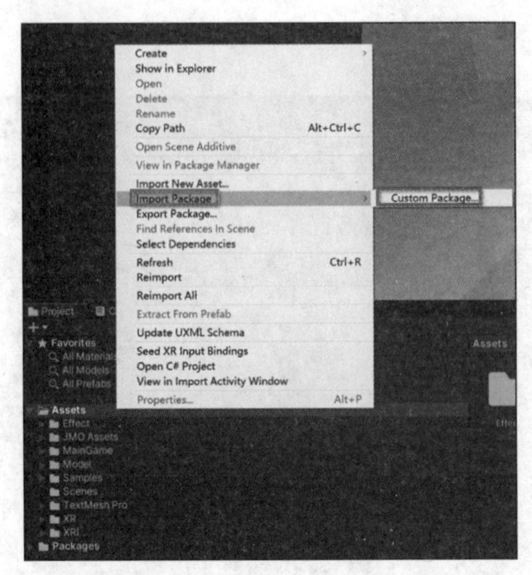

图 5-4　导入外部资源

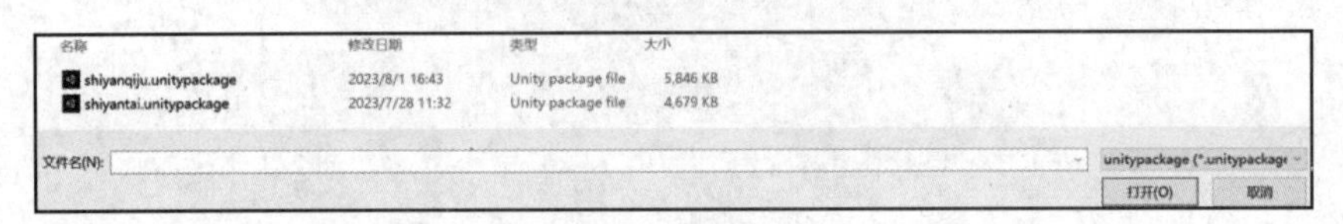

图 5-5　素材包导入

任务 5.3　搭 建 场 景

1. 背景搭建

准备工作完成后，即开始本任务场景的搭建工作。首先打开新建项目，利用 Ctrl+N 组合键创建一个新的场景，并命名为 HandGrabCL，等待场景加载完成，如图 5-6 所示。

搭建场景.mp4

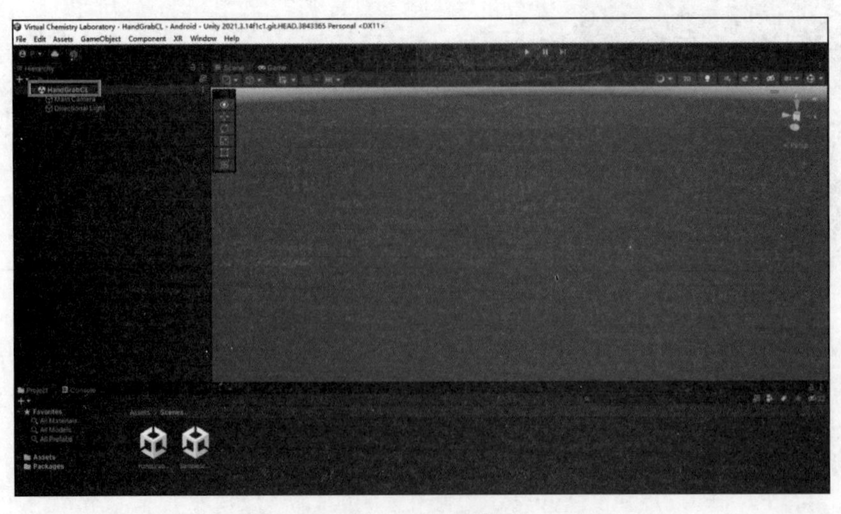

图 5-6　新建场景

接下来为场景添加实验室的背景环境。

【步骤 1】添加实验环境。首先在 Asset 目录下搜索 RoomEnvironment 预制体，并将其拖曳到场景的 Hierarchy 窗口中，然后删除 MainCamera，如图 5-7 所示。

图 5-7　添加实验环境

【步骤 2】设置天空盒。在 Window 菜单中选择 Rendering → Lighting，并单击 Environment 选项卡，将 Skybox Material 设置为 SkyboxGradient，如图 5-8 所示。

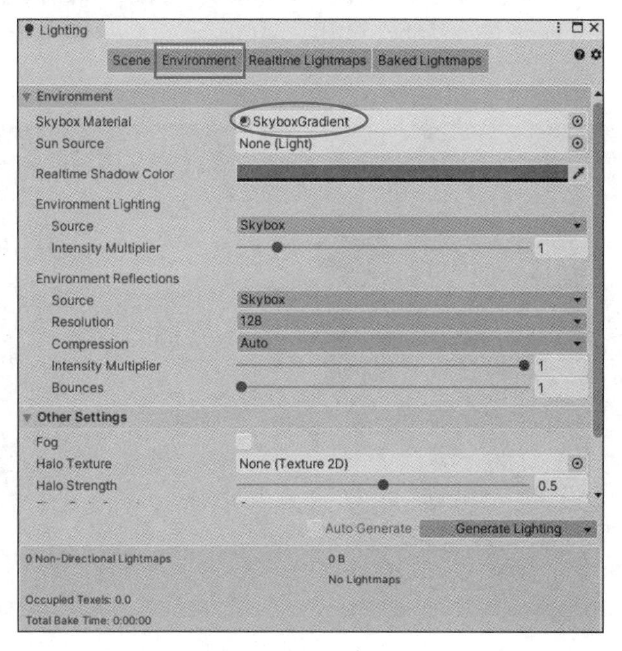

图 5-8　设置天空盒

【步骤 3】添加 UI 画布。右击 RoomEnvironment 创建一个 Canvas 对象，将 Render Mode 修改为 World Space，然后根据情况调整画布的位置和大小，具体参数如图 5-9 所示。

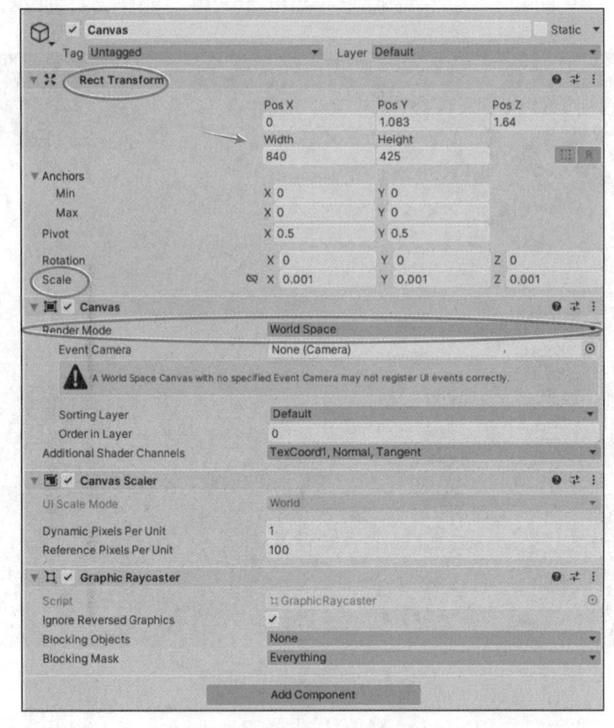

图 5-9　添加 UI 画布

【步骤 4】添加实验黑板。右击 Canvas，选择 UI→Image，然后调整图片位置和大小，调整完成后将 Source Image 修改为 bc，如图 5-10 所示，这样就为场景添加了一个黑板背景。

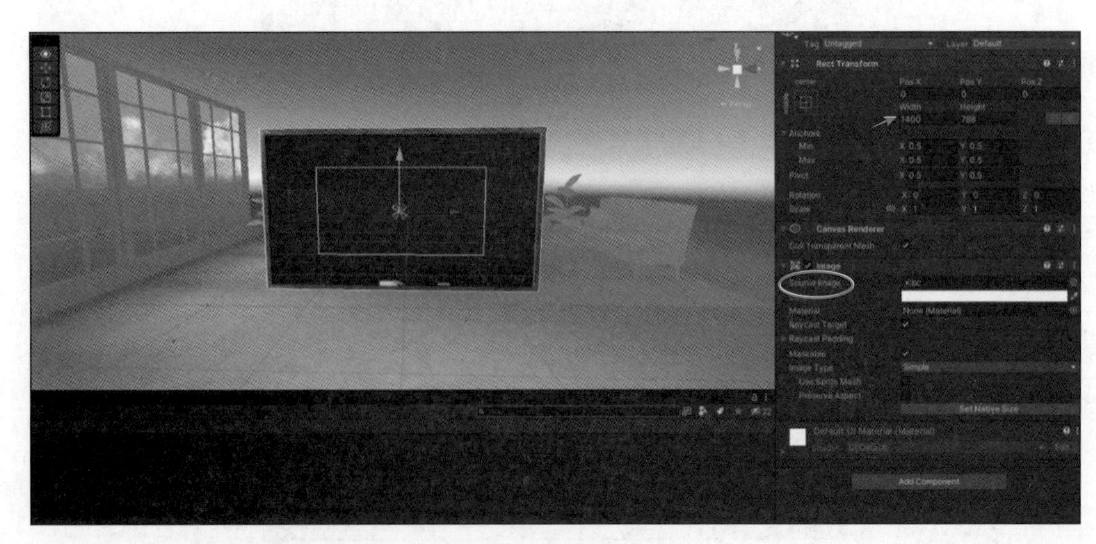

图 5-10　添加实验黑板

【步骤 5】添加标题。右击 Canvas，依次选择 UI → Legacy → Text，在 Text 文本框中输入标题：虚拟化学实验室，并调整位置、字体大小、颜色，参数如图 5-11 所示。

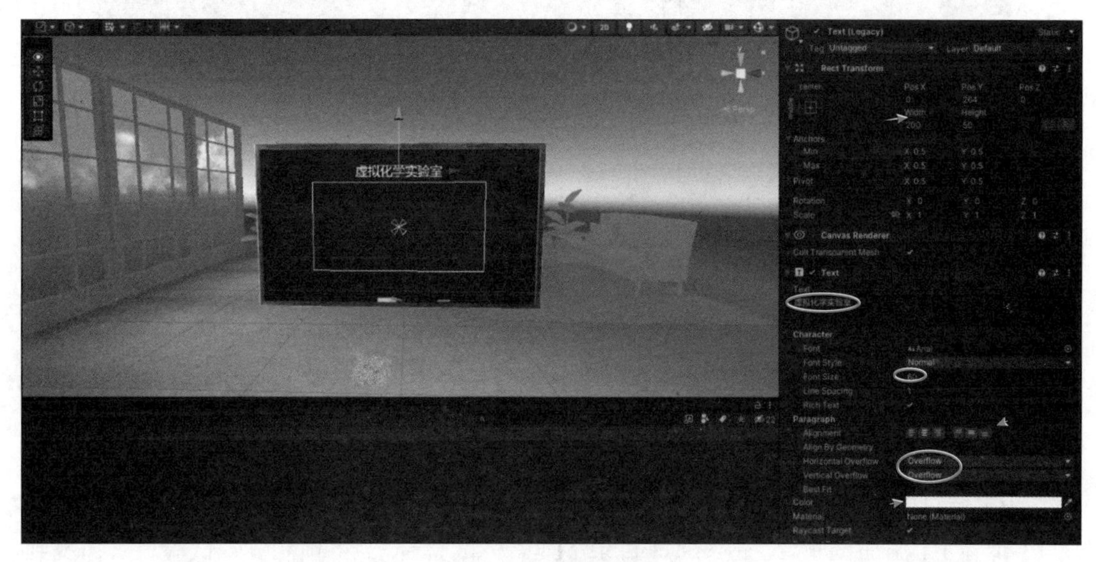

图 5-11　添加标题

【步骤 6】添加实验主题。右击 Text，依次选择 UI → Legacy → Text，在文本框中输入：《高锰酸钾制取氧气》。然后调整文本的位置、字体大小与颜色，参数如图 5-12 所示。

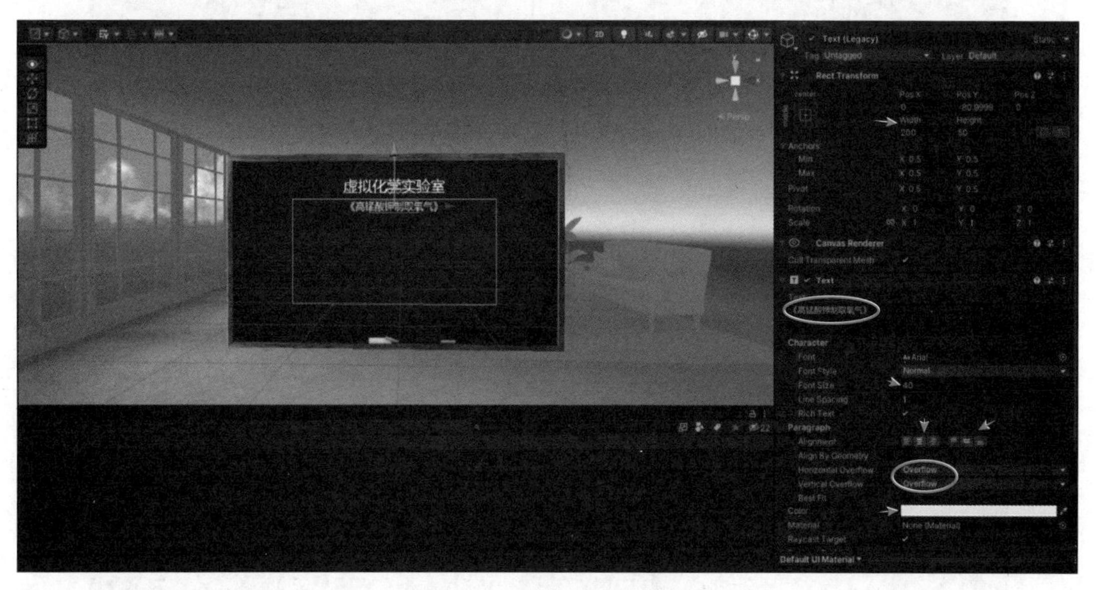

图 5-12　添加实验主题

【步骤 7】添加实验步骤。右击 Canvas，依次选择 UI → Legacy → Text，命名为 step，然后将实验步骤文本粘贴到文本框中，调整位置、字体大小与颜色，参数如图 5-13 所示。

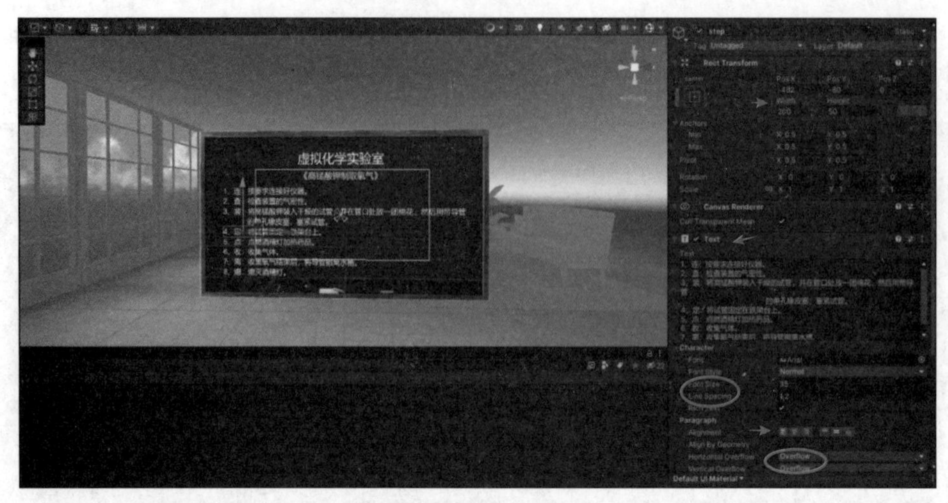

图 5-13　添加实验步骤

2. 添加试验台和 GrabInfoFrames

为了项目中实验的后续交互操作，需要设置好相关预制体位置信息，具体步骤如下。

【步骤 1】添加试验台。在 Asset 目录下搜索“试验台”，将预制体“试验台”拖曳到 Hierarchy 窗口中。完成后可以看到实验台已经在场景中了，并且台面上还有部分实验中所需要的器具，包括铁架台、水槽等，如图 5-14 所示。

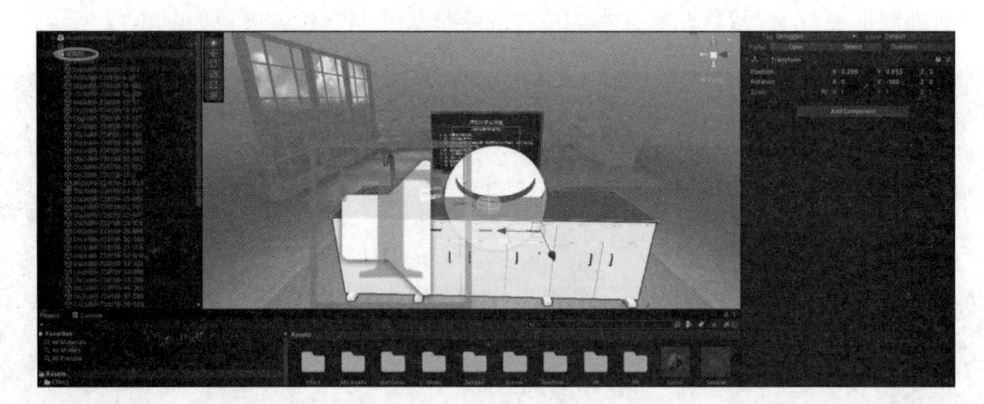

图 5-14　添加实验台

【步骤 2】添加 GrabInfoFrames。在 Asset 目录下搜索 InfoFrames，将 BasicGrabInfo Frames 预制体拖曳到 Hierarchy 窗口中，调整其位置后暂时隐藏，如图 5-15 所示。

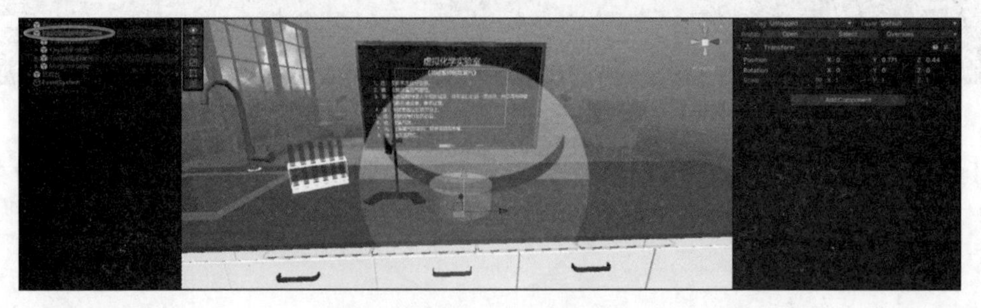

图 5-15　添加 GrabInfoFrames

3. 添加可交互物体 Interactables

本项目中需要多种化学实验设备进行交互操作，这里统一进行相关配置，具体步骤依次如下所示。

1）添加酒精灯

【步骤 1】复制样例场景中的物体。可以参考 GSXR 插件中的样例来修改需要的物体。在 Assets 中，选择 Samples → GSXRPlugin → 1.0.8 → Interaction → Samples → Scenes → Examples，找到 HandGrabeExamples 场景，然后复制 Interactables 物体到场景中，如图 5-16 所示。

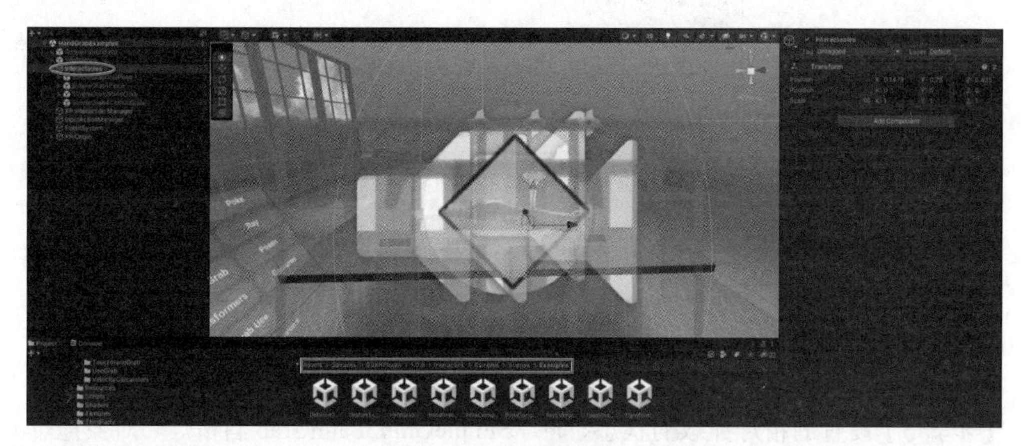

图 5-16 复制样例物体

【步骤 2】修改预制体。利用 Ctrl+D 组合键复制上一步复制的 SimpleGrab2PalmGrab，然后进行修改。首先将复制的对象命名为“SimpleGrab2PalmGrab 酒精灯”，然后将该酒精灯预制体拖入 Visuals，并且将原来的 Fire 物体隐藏掉，如图 5-17 所示。

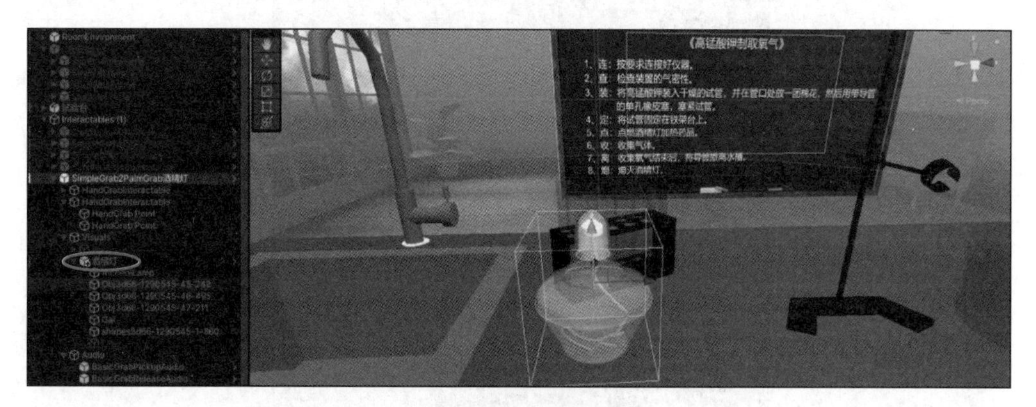

图 5-17 添加酒精灯

【步骤 3】修改酒精灯参数。将 RigidBody 中的 mass 参数调整到 1000，并且取消勾选 Is Kinematic，勾选 Use Gravity 让其受到物理控制。然后锁定 Rotation 中的 X 轴和 Z 轴，然后调整一下位置，如图 5-18 所示。

【步骤 4】添加交互脚本。将 Alcohol Lamp 和 V Controller 脚本挂载到酒精灯物体上，并将 Gai 和 Fire 对象拖曳过来进行赋值，如图 5-19 所示。

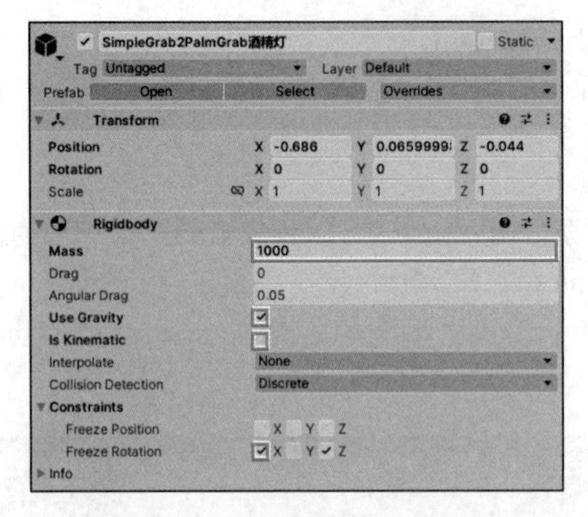

图 5-18　修改酒精灯参数

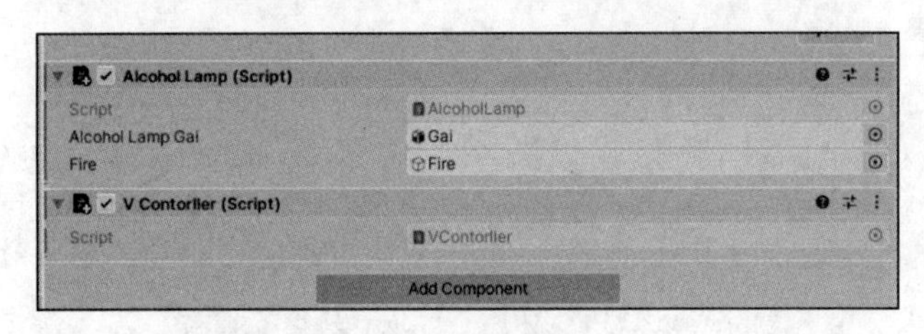

图 5-19　添加交互脚本

【步骤 5】设置酒精灯抓取的状态。将“SimpleGrab2PalmGrab 酒精灯”对象拖过来，然后分别设置抓取和释放的状态，如图 5-20 所示。

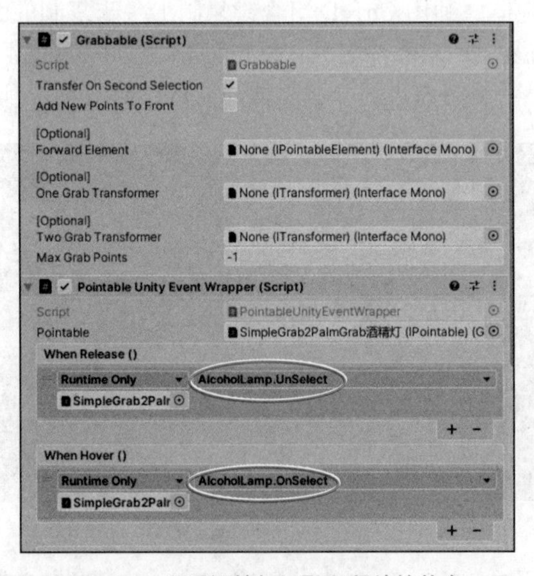

图 5-20　设置酒精灯抓取和释放的状态

【步骤 6】调整手势抓握效果。依次选择 XR → Interaction → Hand Grab Pose Recorder 命令，重新录制手势抓握的动作集，在运行状态下单击 Space 按键开始录制，录制完成之后单击 Save To Collection 按钮生成手势集合文件，然后单击 Load From Collection 按钮将动作加载到酒精灯物体上，如图 5-21 ~ 图 5-24 所示。

Component
XR
Window
Help
Interaction
HandWristOffset Undo Wizard
Hand Animator Generator
Hand Grab Pose Recorder
Clean Up Package

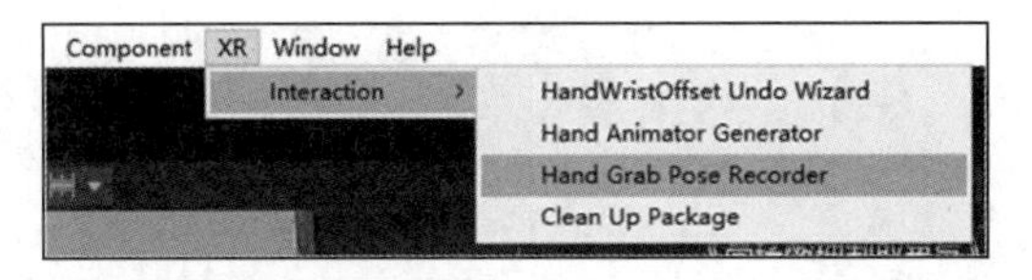

图 5-21 进入 **Hand Grab Pose Recorder** 界面

Hand Grab Pose Recorder
Generate HandGrabPoses for grabbing an item using your Hand in Play Mode.
Then Store and retrieve them in Edit Mode to persist and tweak them.
1
Assign the hand that will be tracked and the item for which you want to record HandGrabPoses
Hand used for recording poses:
LeftHand (Hand)
GameObject to record the hand grab poses for:
SimpleGrab2PalmGrab酒精灯 (Rigidbody)
Prefabs provider for the hands (ghosts) to visualize the recorded poses:
GhostProvider (Hand Ghost Provider)
2
Go to Play Mode and record as many poses as you need.
Press the big Record button with your free hand
or the Space key to record a HandGrabPose (requires focus on this window).
Space
Record HandGrabPose
3
Store your poses before exiting Play Mode.
If no collection is provided it will autogenerate one
None (Hand Grab Interactable Data Collection)
Save To Collection
4
Now load the poses from the PosesCollection in Edit Mode to tweak and persist them as gameobjects
Load From Collection

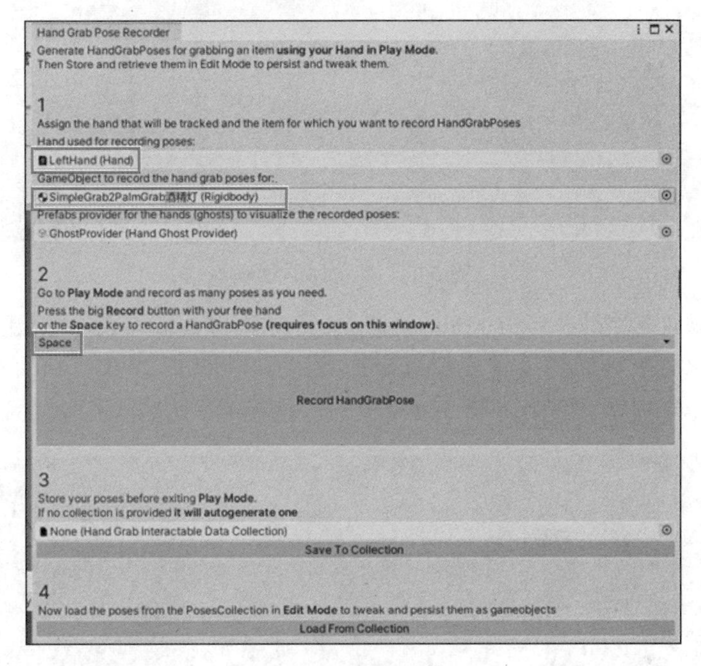

图 5-22 录制手势

Hand Grab Pose Recorder
Generate HandGrabPoses for grabbing an item using your Hand in Play Mode.
Then Store and retrieve them in Edit Mode to persist and tweak them.
1
Assign the hand that will be tracked and the item for which you want to record HandGrabPoses
Hand used for recording poses:
LeftHand (Hand)
GameObject to record the hand grab poses for:
SimpleGrab2PalmGrab酒精灯 (Rigidbody)
Prefabs provider for the hands (ghosts) to visualize the recorded poses:
GhostProvider (Hand Ghost Provider)
2
Go to Play Mode and record as many poses as you need.
Press the big Record button with your free hand
or the Space key to record a HandGrabPose (requires focus on this window).
Space
Record HandGrabPose
3
Store your poses before exiting Play Mode.
If no collection is provided it will autogenerate one
SimpleGrab2PalmGrab酒精灯_HandGrabCollection (Hand Grab Interactable Data Collection)
Save To Collection
4
Now load the poses from the PosesCollection in Edit Mode to tweak and persist them as gameobjects
Load From Collection

图 5-23 保存手势集合文件

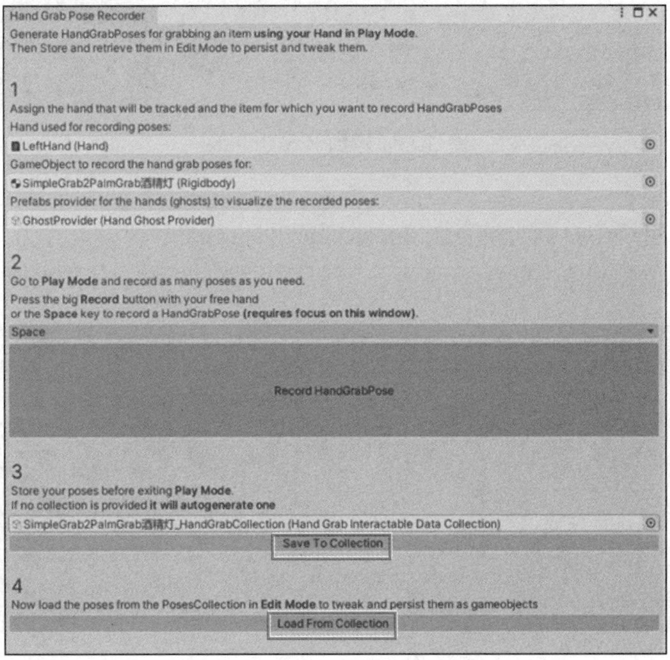

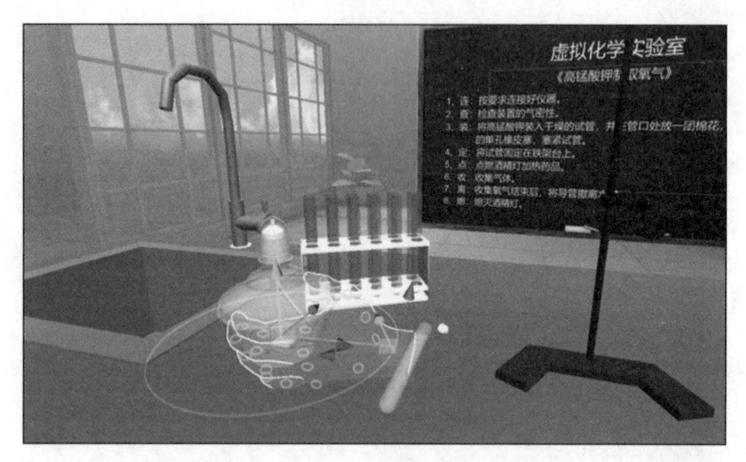

图 5-24　手势抓握效果

【步骤 7】添加酒精灯 Box Collider。新建父物体 Trigger，然后新建子物体 AlcohoLampTrigger，在酒精灯加热试管的位置添加 Box Collider 以及 AlcohoLampTrigger 脚本，并且勾选 Is Trigger 选项，如图 5-25 所示。

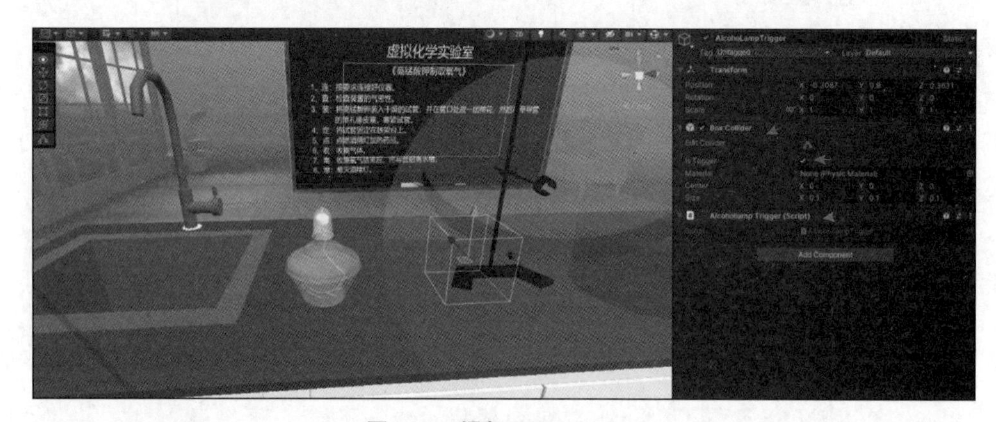

图 5-25　添加 Box Collider

2）添加试管

【步骤 1】利用 Ctrl+D 组合键复制 SimpleGrab2PalmGrab，修改名称为“SimpleGrab2PalmGrab 试管”，将试管预制体拖曳到 Visuals 下，然后将原来的 Fire 物体隐藏掉，如图 5-26 所示。

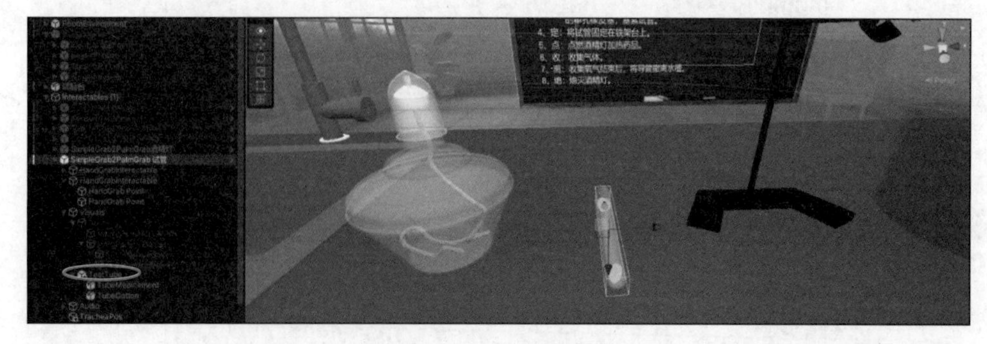

图 5-26　添加试管

【步骤 2】修改试管参数。取消勾选 Is Kinematic，勾选 Use Gravity 让其受物理控制，如图 5-27 所示。

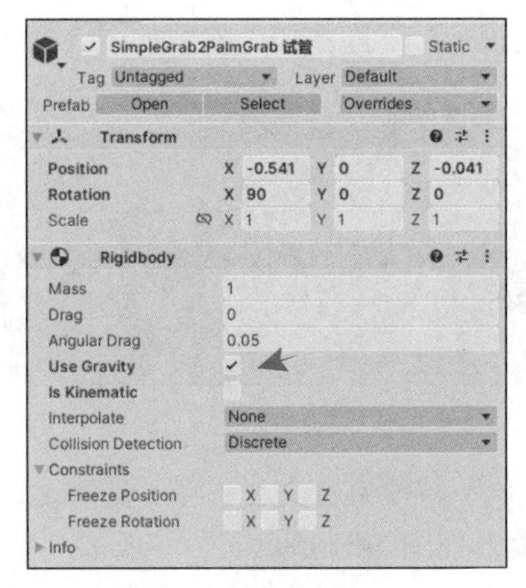

图 5-27　修改试管参数

【步骤 3】添加交互脚本。将 Test Tube 和 V Controller 脚本挂载到试管上，并将试管下面的药品（Medicament）和棉花物体（Cotton）拖曳过来进行赋值，如图 5-28 所示。

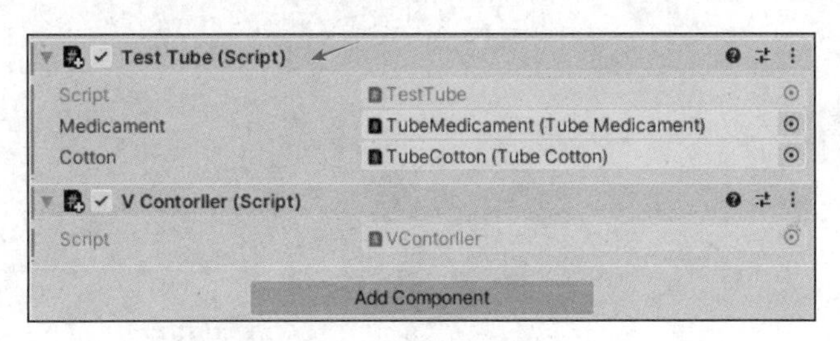

图 5-28　添加交互脚本

【步骤 4】设置试管抓取状态。将“SimpleGrab2PalmGrab 试管”对象拖曳过来，然后分别设置抓取和释放的状态，如图 5-29 所示。

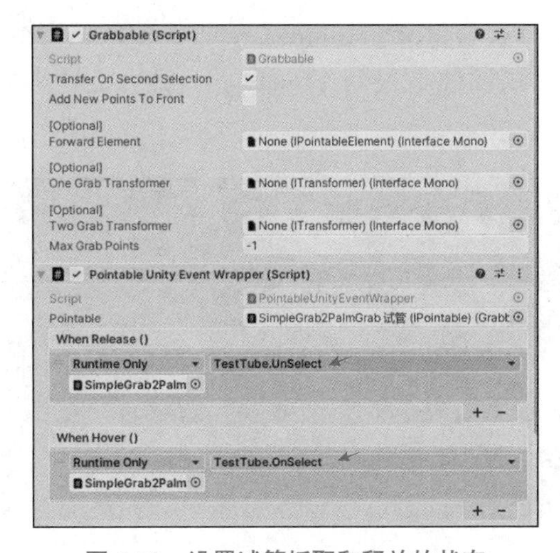

图 5-29　设置试管抓取和释放的状态

【步骤 5】复制“SimpleGrab2PalmGrab 试管（1）”。复制一个试管放置放在与铁架台交互的位置，并且利用 Ctrl+D 组合键复制“SimpleGrab2PalmGrab 导管（1）”作为“试管（1）”的子物体。然后将“试管（1）”隐藏掉，参数如图 5-30 所示。

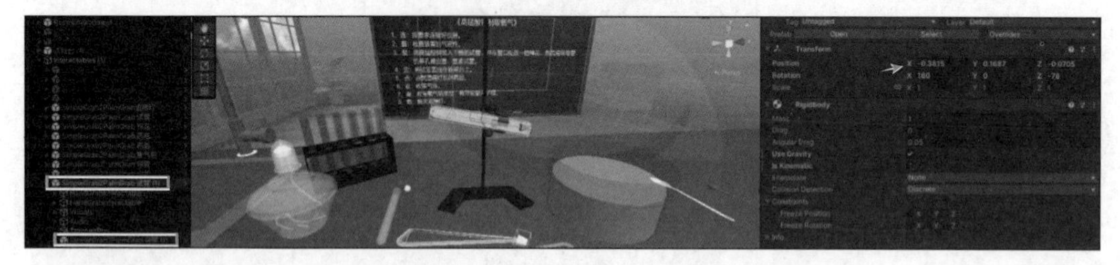

图 5-30　添加与铁架台交互的“试管（1）”对象

【步骤 6】设置“试管（1）”与铁架台交互。将“试管（1）”拖曳到“铁架台 5”上的 Stand Trigger 脚本中进行赋值，如图 5-31 所示。

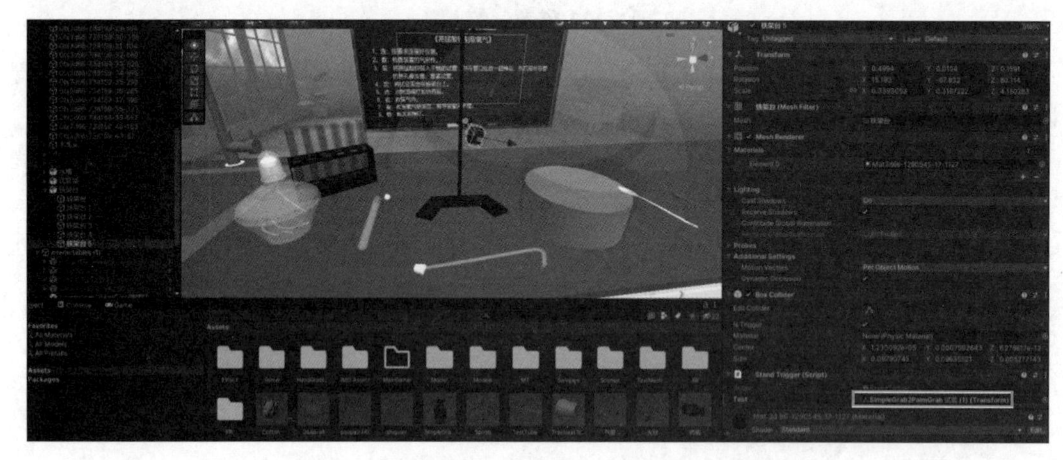

图 5-31　设置“试管（1）”与铁架台交互

3）添加药瓶

【步骤 1】利用 Ctrl+D 组合键复制 SimpleGrab2PalmGrab，修改名称为“SimpleGrab2PalmGrab 药瓶”。将药瓶预制体拖曳到 Visuals 下，然后将原来的 Fire 物体隐藏掉，如图 5-32 所示。

图 5-32　添加药瓶

【步骤 2】修改药瓶参数。取消勾选 Is Kinematic，勾选 Use Gravity 让其受到物理控制，并相应修改位置参数，如图 5-33 所示。

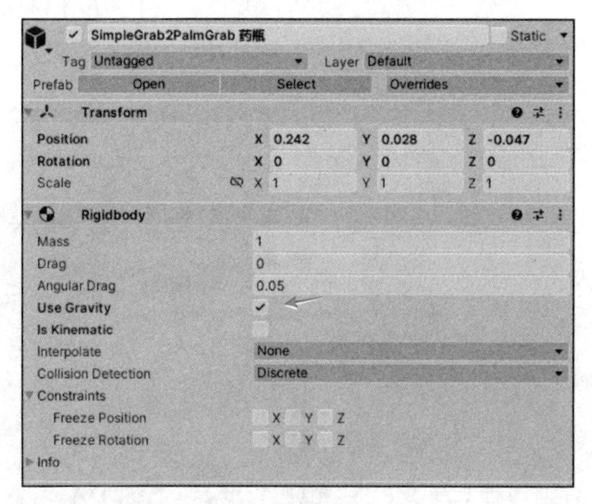

图 5-33　修改药瓶参数

【步骤 3】添加交互脚本。将 V Controller 和 Medicine Bottle 脚本挂载给“Simple Grab2PalmGrab 药瓶”对象，并且将瓶盖拖曳过来进行赋值，如图 5-34 所示。

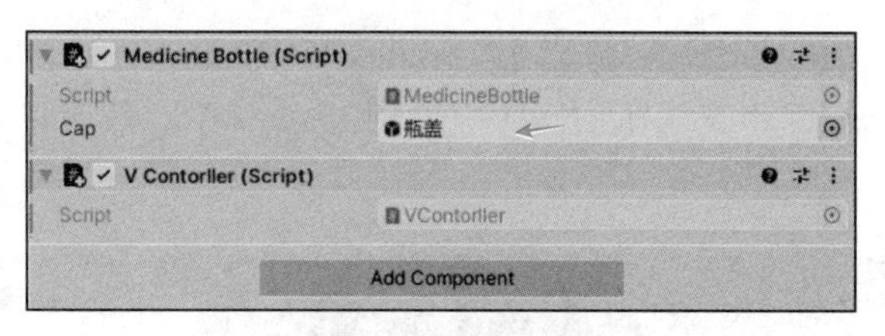

图 5-34　添加交互脚本

【步骤 4】设置药瓶抓取状态。将“SimpleGrab2PalmGrab 药瓶”对象拖曳过来，然后分别设置抓取和释放的状态，如图 5-35 所示。

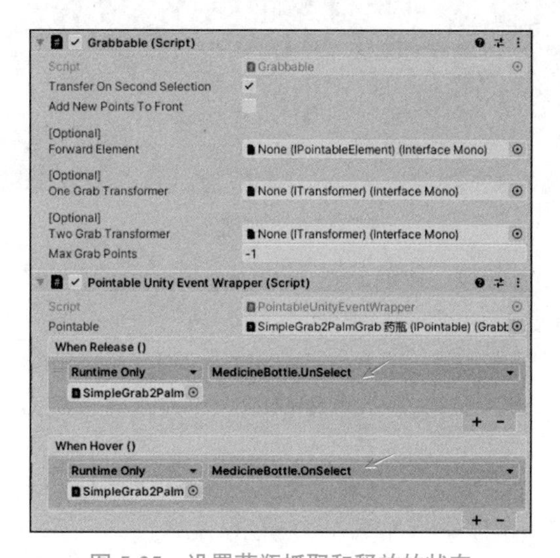

图 5-35　设置药瓶抓取和释放的状态

【步骤 5】修改抓握药瓶的手势。选择 XR → Interaction → Hand Grab Pose Recorder 命令，重新录制手势抓握的动作集，在运行状态下单击 Space 按钮开始录制，录制完成后单击 Save To Collection 生成手势集合文件，然后单击 Load From Collection 将动作加载到药瓶物体上，对手部关节以及手势进行微调以达到抓握的最佳效果，如图 5-36 所示。

图 5-36　修改抓握药瓶的手势

4）添加集气瓶

【步骤 1】利用 Ctrl+D 组合键复制 SimpleGrab2PalmGrab，修改名称为“SimpleGrab2PalmGrab 集气瓶”，将集气瓶预制体拖曳到 Visuals 下，然后将原来的 Fire 物体隐藏掉，如图 5-37 所示。

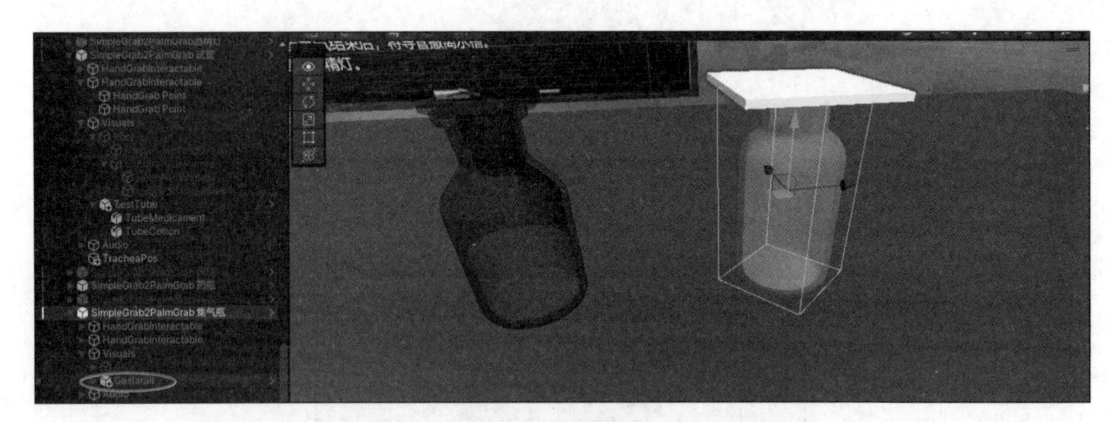

图 5-37　添加集气瓶

【步骤 2】修改集气瓶参数。取消勾选 Is Kinematic，勾选 Use Gravity 让其受到物理控制，并相应修改位置参数，如图 5-38 所示。

【步骤 3】添加交互脚本。将 V Controller 和 Gasjar 脚本挂载给“SimpleGrab2PalmGrab 集气瓶”对象，然后将试验台 Box、Interactables，以及水槽下的 Gasjar 各对象拖曳过来进行赋值，如图 5-39 所示。

【步骤 4】设置集气瓶抓握状态。将“SimpleGrab2PalmGrab 集气瓶”对象拖曳过来，然后分别设置抓取和释放的状态，如图 5-40 所示。

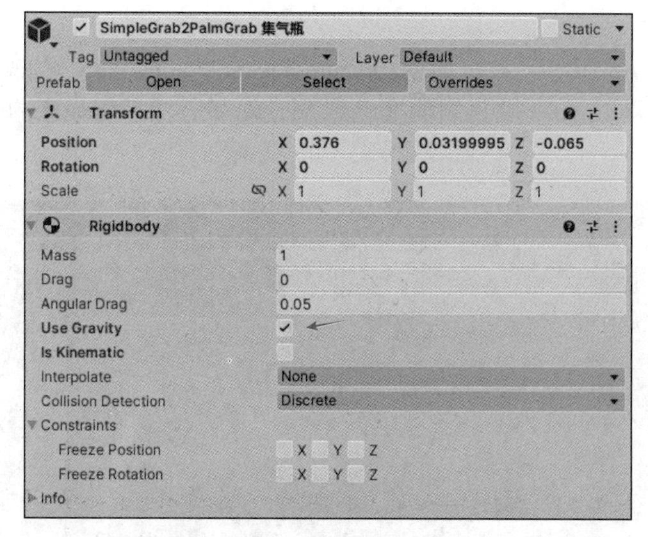

图 5-38 修改集气瓶参数

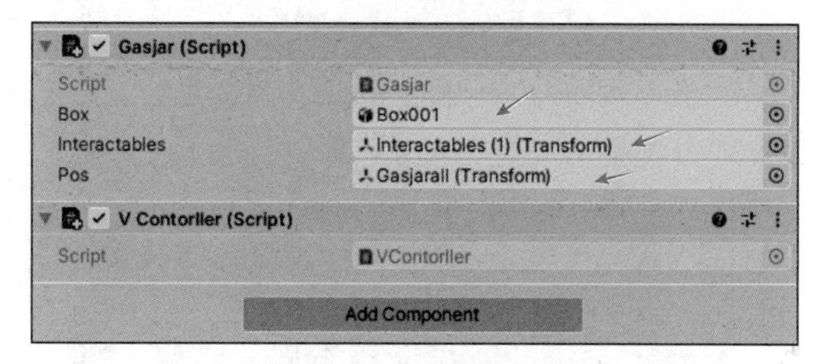

图 5-39 添加交互脚本

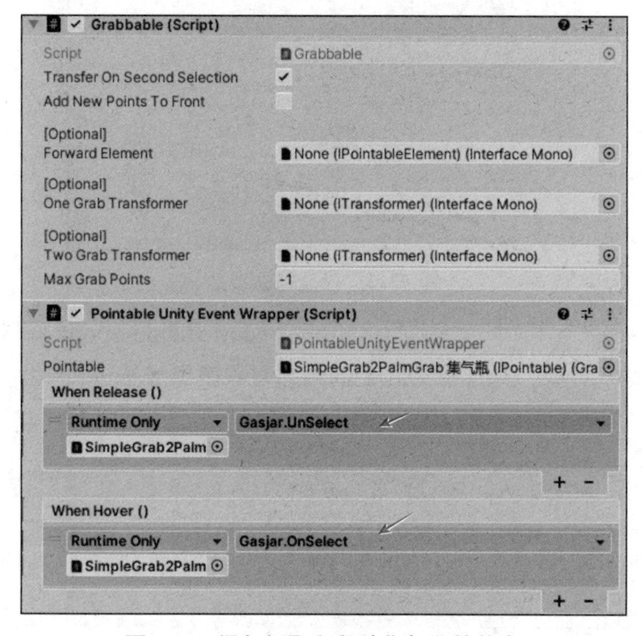

图 5-40 添加抓取和释放集气瓶的状态

5）添加药匙

【步骤 1】利用 Ctrl+D 组合键复制 SimpleGrab2PalmGrab，修改名称为“Simple Grab2PalmGrab 药匙”，将药匙预制体拖曳到 Visuals 下，然后将原来的 Fire 物体隐藏掉，如图 5-41 所示。

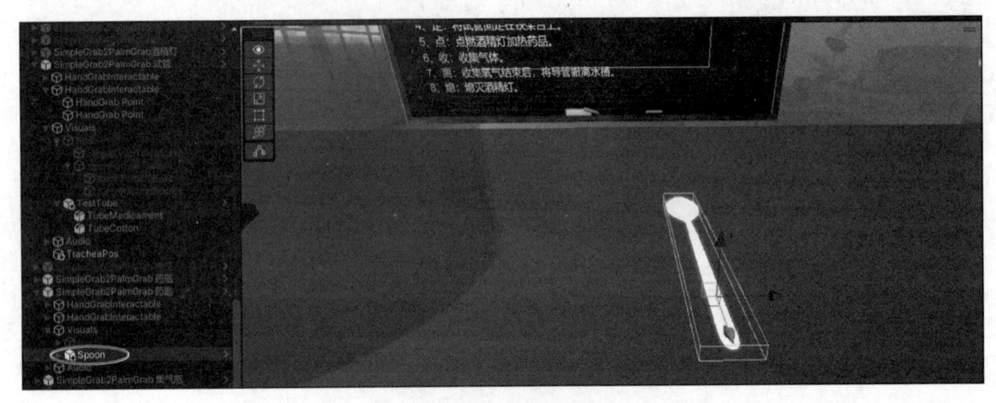

图 5-41　添加药匙

【步骤 2】修改药匙参数。取消勾选 Is Kinematic，勾选 Use Gravity 让其受到物理控制，并相应修改位置参数，如图 5-42 所示。

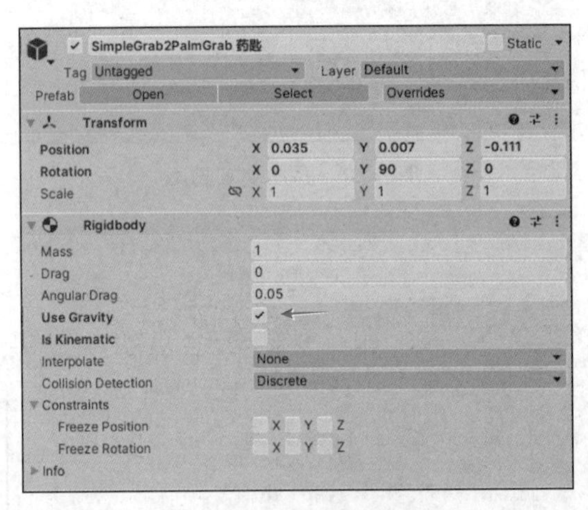

图 5-42　修改药匙参数

【步骤 3】添加交互脚本。将 V Controller 和 Medicine Spoon 脚本挂载给“Simple Grab2PalmGrab 药匙”对象，并且将药匙下的药品对象拖曳过来进行赋值，如图 5-43 所示。

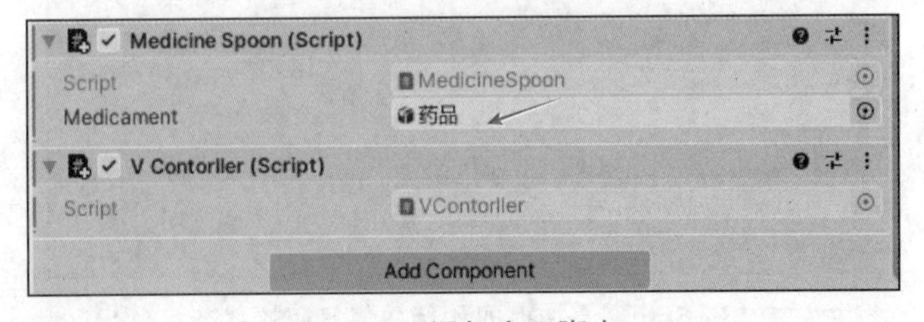

图 5-43　添加交互脚本

【步骤 4】设置药匙抓握状态。将“SimpleGrab2PalmGrab 药匙”对象拖曳过来，然后分别设置抓取和释放的状态，如图 5-44 所示。

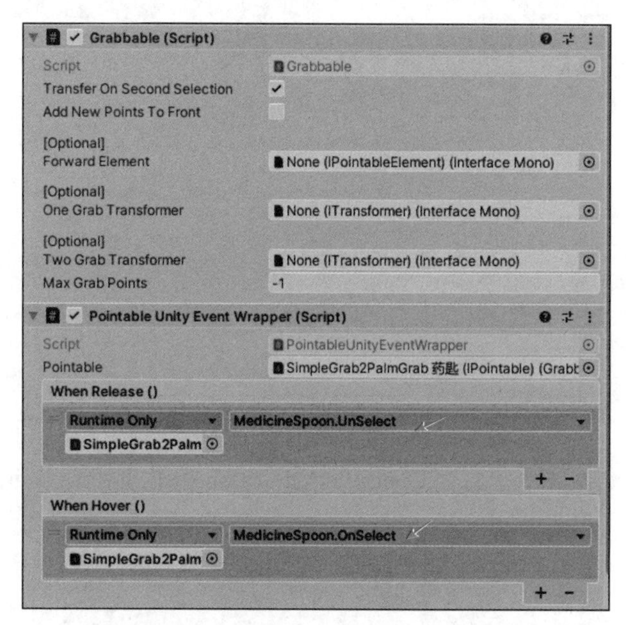

图 5-44　设置抓取和释放药匙的状态

6）添加棉花

【步骤 1】利用 Ctrl+D 组合键复制 SimpleGrab2PalmGrab，修改名称为“SimpleGrab2PalmGrab 棉花”，将棉花预制体拖曳到 Visuals 下，然后将原来的 Fire 物体隐藏掉，如图 5-45 所示。

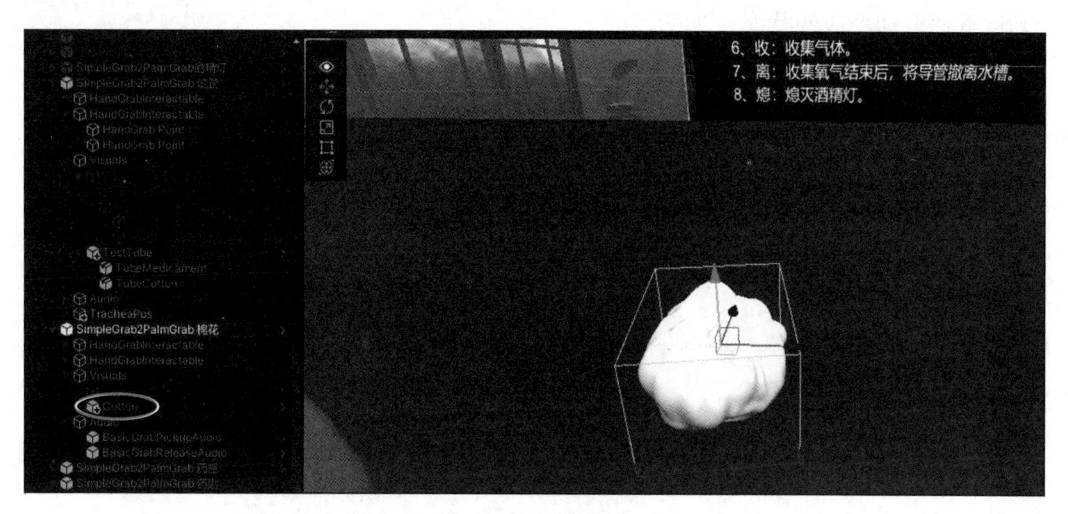

图 5-45　添加棉花

【步骤 2】修改棉花参数。取消勾选 Is Kinematic，勾选 Use Gravity 让其受到物理控制，并且将棉花对象 Position 属性的 *Y* 轴锁定，如图 5-46 所示。

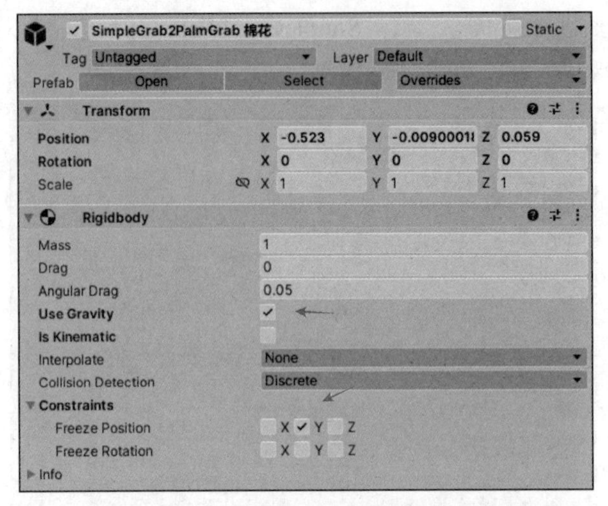

图 5-46 修改棉花参数

【步骤 3】添加交互脚本。将 V Controller 和 Cotton 脚本挂载给“SimpleGrab2PalmGrab 棉花”对象，如图 5-47 所示。

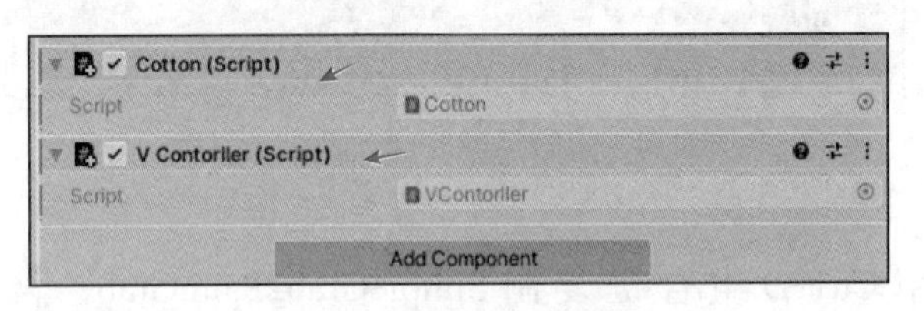

图 5-47 添加交互脚本

【步骤 4】设置棉花抓握状态。将“SimpleGrab2PalmGrab 棉花”对象拖曳过来，然后分别设置抓取和释放的状态，如图 5-48 所示。

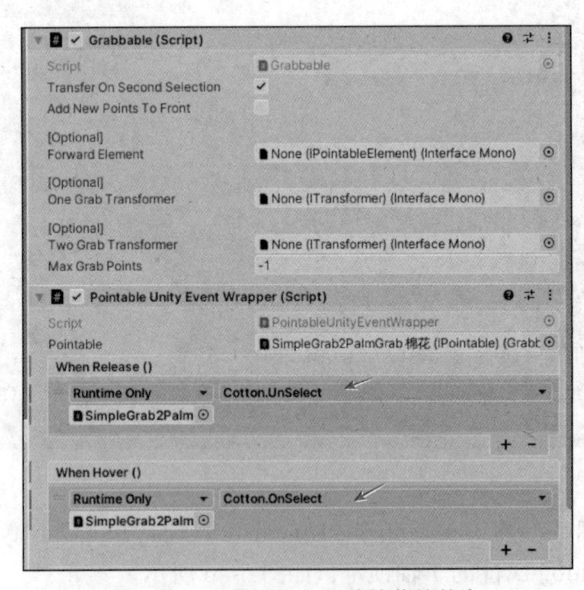

图 5-48 设置抓取和释放棉花的状态

7）添加导管

【步骤 1】利用 Ctrl+D 组合键复制 SimpleGrab2PalmGrab，修改名称为“SimpleGrab2PalmGrab 导管”。将气管预制体拖曳到 Visuals 下，然后将原来的 Fire 物体隐藏掉，如图 5-49 所示。

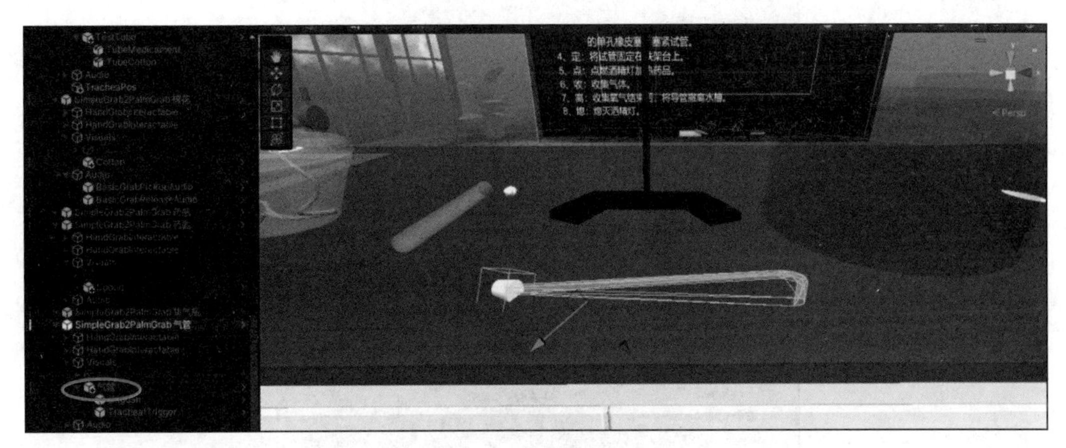

图 5-49　添加导管

【步骤 2】修改导管参数。取消勾选 Is Kinematic，勾选 Use Gravity 让其受到物理控制，如图 5-50 所示。

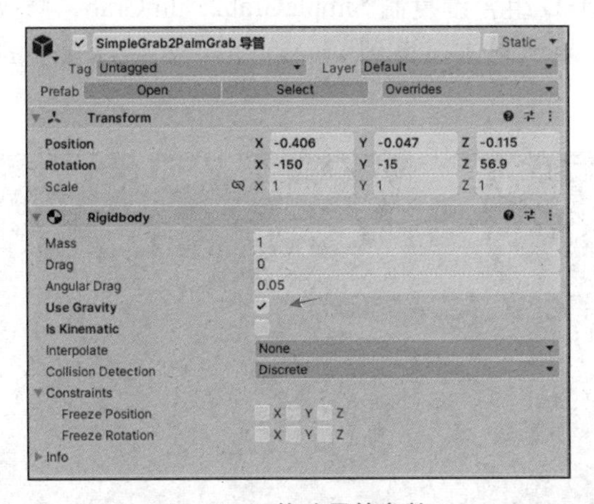

图 5-50　修改导管参数

【步骤 3】添加交互脚本。将 V Controller 和 Trachea 脚本挂载给“SimpleGrab2PalmGrab 导管”对象，并且将 Interactables (1) 与 TracheaPos 拖曳过来进行赋值，如图 5-51 所示。

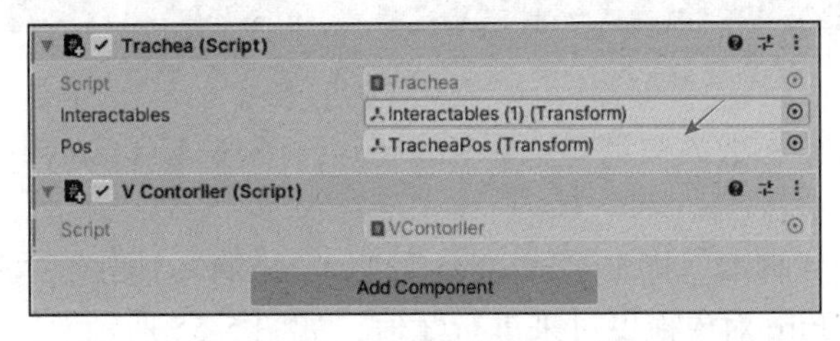

图 5-51　添加交互脚本

【步骤 4】设置导管抓握状态。将“SimpleGrab2PalmGrab 气管”对象拖曳过来，然后分别设置抓取和释放的状态，如图 5-52 所示。

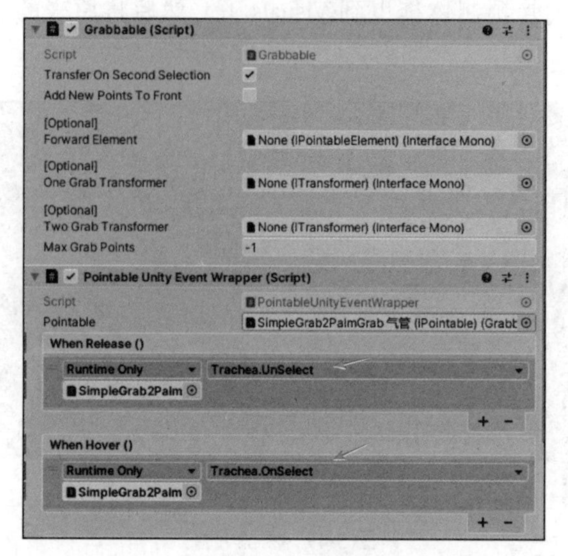

图 5-52　设置抓取和释放导管的状态

8）添加火柴和 XR Origin

【步骤 1】利用 Ctrl+D 组合键复制 SimpleGrab2PalmGrab，修改名称为“SimpleGrab2 PalmGrab 火柴”，将火柴预制体拖曳到 Visuals 下，然后将原来的 Fire 物体隐藏掉，如图 5-53 所示。

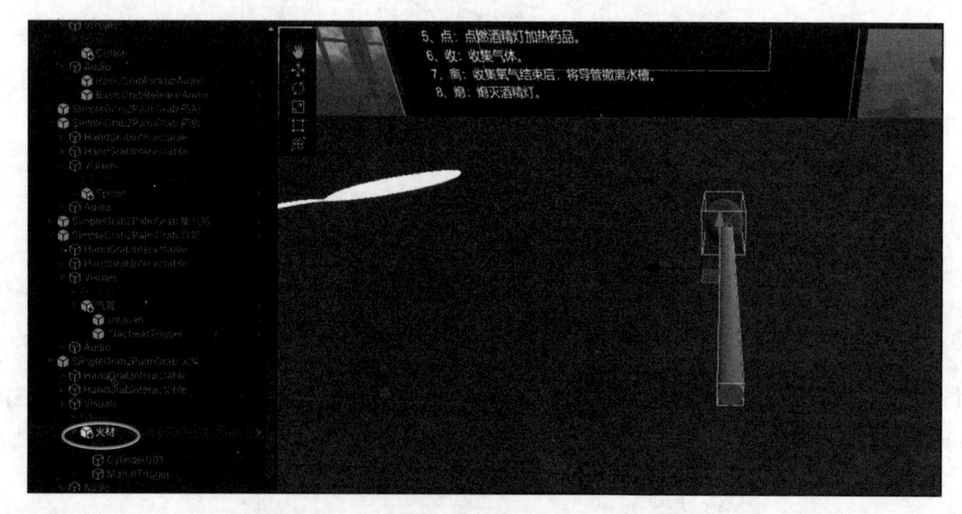

图 5-53　添加火柴

【步骤2】修改火柴参数。取消勾选 Is Kinematic，勾选 Use Gravity 让其受到物理控制，如图 5-54 所示。

【步骤 3】添加交互脚本。将 V Controller 和 Matches 脚本挂载给“SimpleGrab2PalmGrab 火柴”对象，然后将 Fire 对象拖曳过来进行赋值，如图 5-55 所示。

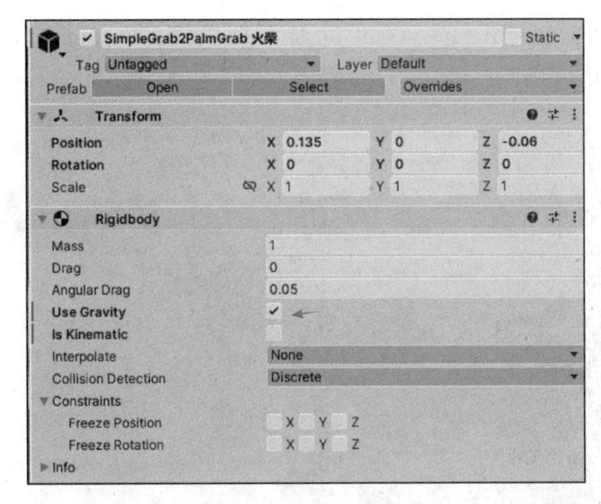

图 5-54 修改火柴参数

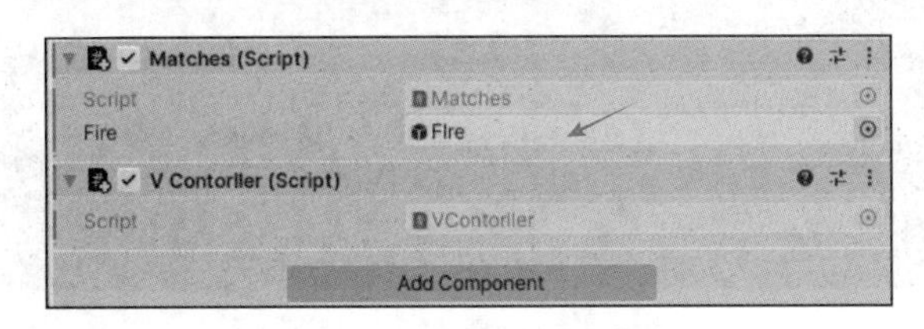

图 5-55 添加交互脚本

【步骤 4】设置火柴抓握状态。将“SimpleGrab2PalmGrab 火柴”对象拖曳过来，然后分别设置抓取和释放的状态，如图 5-56 所示。

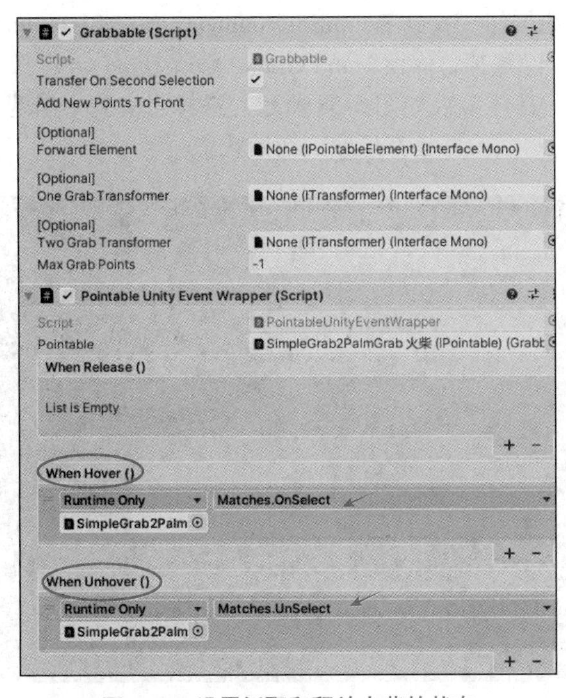

图 5-56 设置抓取和释放火柴的状态

【步骤 5】添加 XR Origin。在 Asset 目录下搜索 XR Origin，并将该预制体拖曳到 Hierarchy 窗口中，如图 5-57 所示。

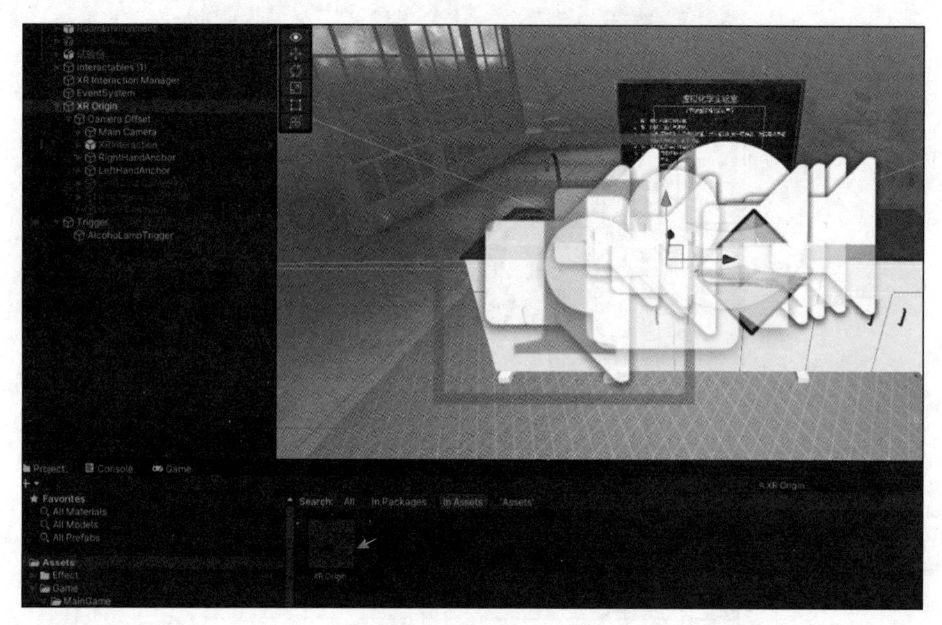

图 5-57　添加 XR Origin

4. 为实验添加还原功能

在实际化学实验操作中，如果遇到操作错误需要重新开始，因此在本项目中也需要设置还原的功能，具体步骤如下。

【步骤 1】添加还原按钮。找到 RoomEnvironment 子物体 ExamplesMenu，然后将菜单中其他的手势触碰键都隐藏掉，保留 Hand Grab。修改 Hand Grab 按钮的 Text 为“还原”，然后调整按钮的位置，具体参数如图 5-58 所示。这样当实验中出现一些误操作时，就可以单击“还原”按钮，将实验器具都还原到初始状态。

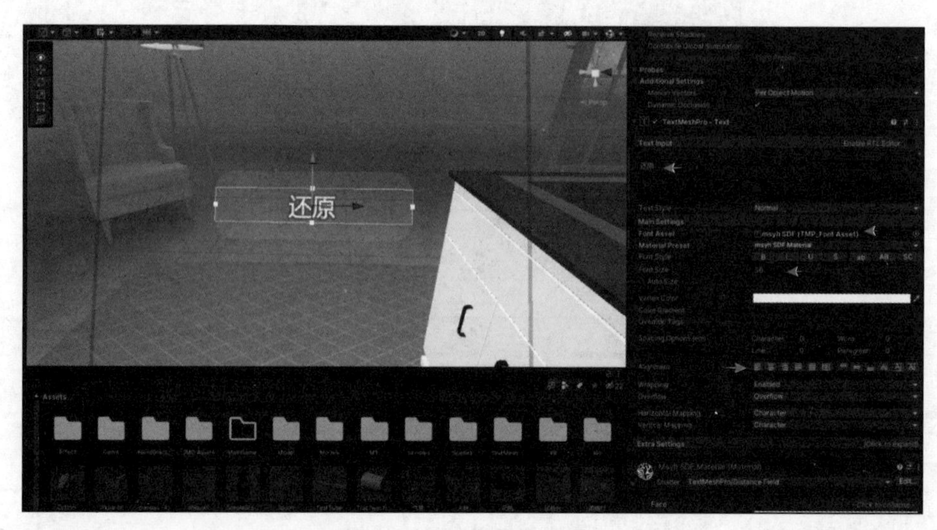

图 5-58　添加还原按钮

【步骤 2】添加还原脚本。选择 Hand Grab 将 Interactables 拖曳过来并且选择 Manager 中的 Restore 方法，如图 5-59 所示。

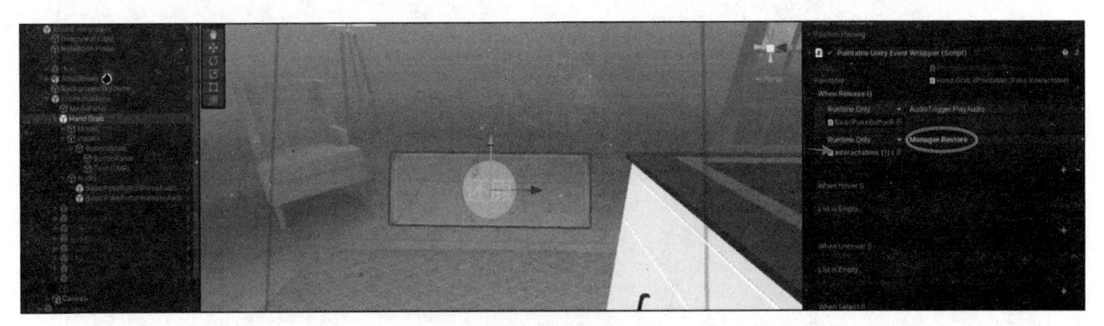

图 5-59　添加还原脚本

任务 5.4　构 建 调 试

将虚拟化学实验室场景编译打包为 apk 文件，安装到 GSXR 一体机上运行，这样就可以进行体验手势交互项目了。

构建调试. mp4

【步骤 1】开启手势配置。在 Project Settings 中找到 XR Plug-in Management 下的 GSXR，在 HandTrackingSupport 选项中的下拉列表选择 Controllers And Hands，这样打包应用后就可以使用手势操作了，如图 5-60 所示。

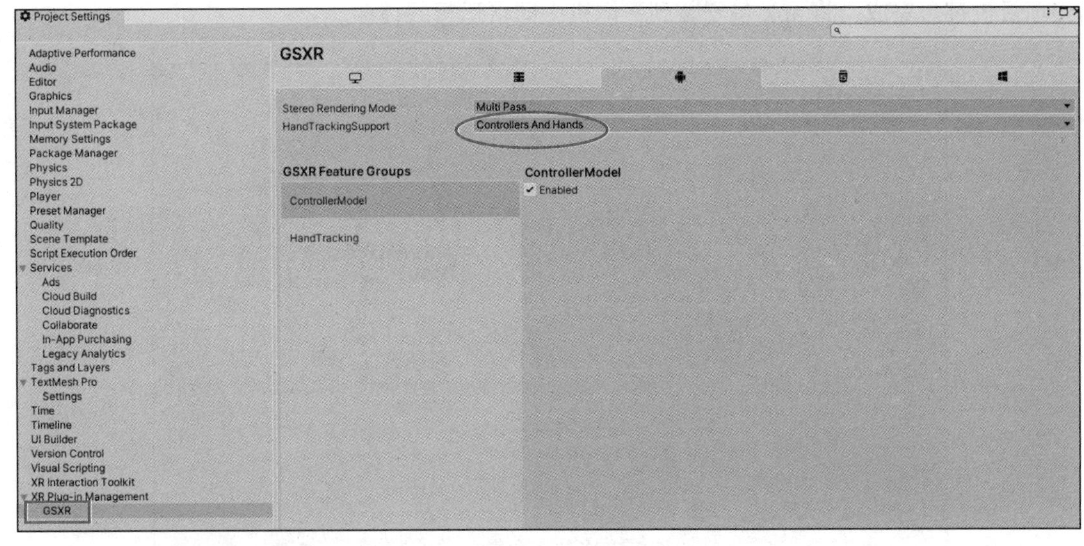

图 5-60　开启手势配置

【步骤 2】在 Unity 菜单栏中选择 File→Build Settings。

【步骤 3】在打开的 Build Settings 窗口中，单击 Add Open Scene 按钮，将化学实验室场景添加到场景列表中，如图 5-61 所示。

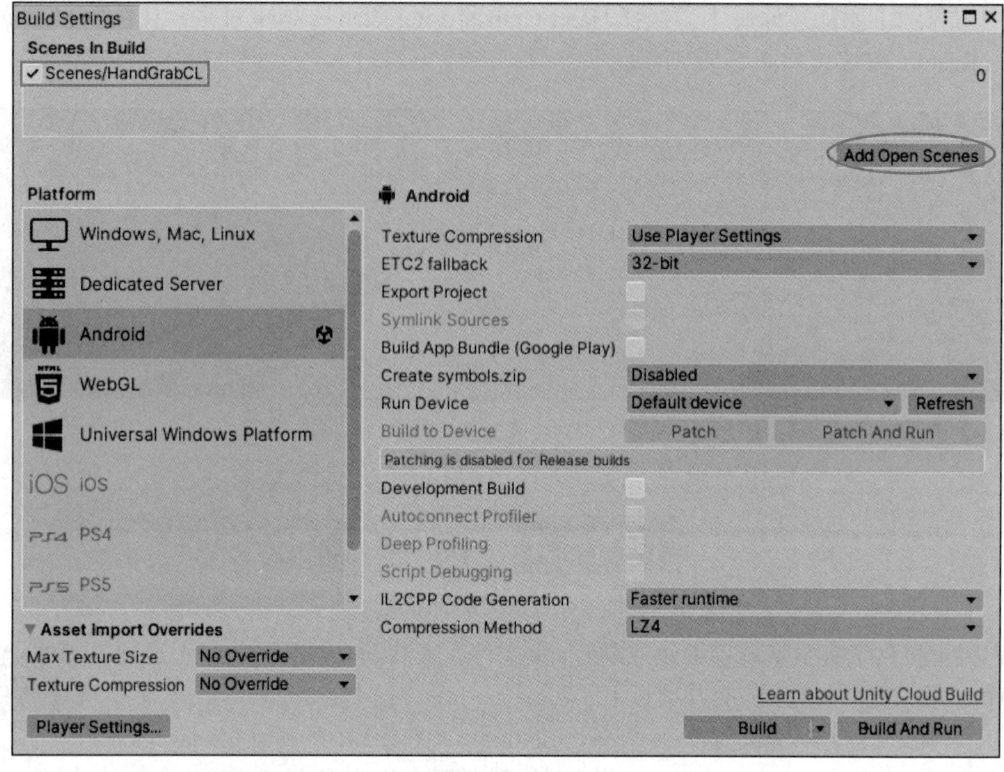

图 5-61　添加打包场景

【步骤 4】单击 Build 按钮，如图 5-62 所示。在弹出的对话框中选择 apk 包的储存位置，将项目包打包完成。将 apk 包安装到一体机中即可运行并体验。

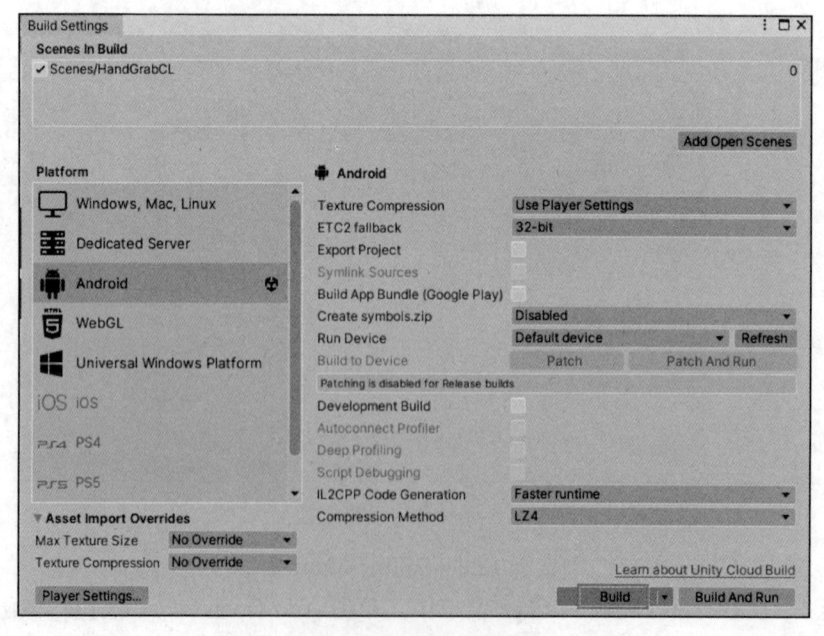

图 5-62　项目打包

任务 5.5 项目运行

将项目打包并安装到 NOLO Sonic 2 设备之后，就可以体验用手势来做实验了。

【步骤 1】开启手势交互。设备开机后，使用手柄选择“快捷设置”→“更多设置”→“实验室”→“打开手势操控”。然后放下手柄，静置几秒后向前伸出双手即可看见虚拟手势。关于开启手势交互在项目 3 已经做了详细的步骤说明，这里不再赘述。开启手势交互后，界面如图 5-63 所示。

项目运行. mp4

图 5-63 开启手势交互后的界面

【步骤 2】打开项目应用。点击“我的应用”，在应用中找到“虚拟化学实验室”，打开后即可进入场景，如图 5-64 所示。

图 5-64 进入化学实验室场景

【步骤 3】用药匙挖取高锰酸钾。用左手拿起实验台上的药瓶，然后用右手拿起药匙，做挖取的动作后就可以看见已经从瓶子里面取到了高锰酸钾，如图 5-65 和图 5-66 所示。

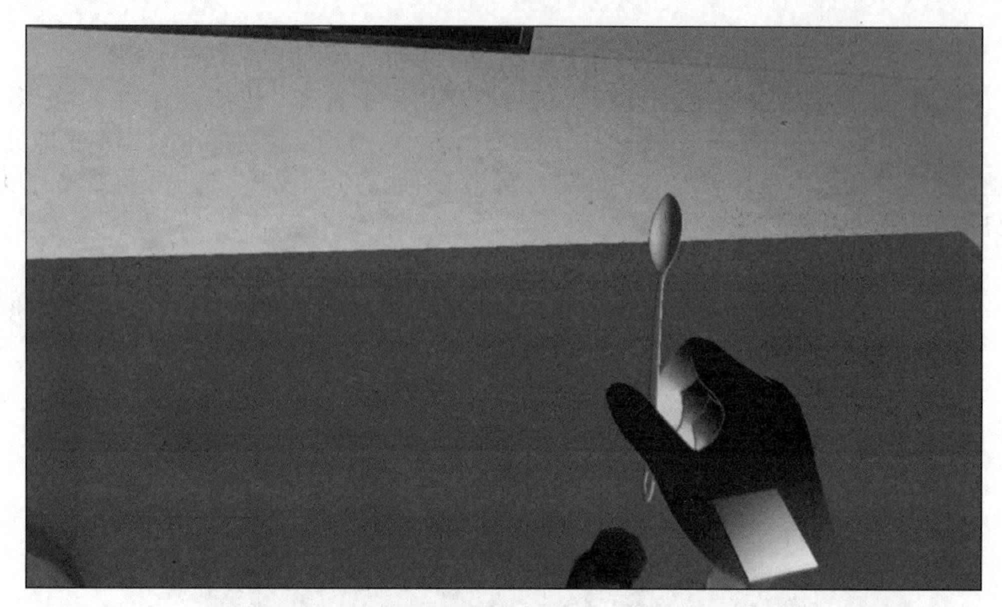

图 5-65　拾起药匙

图 5-66　挖取高锰酸钾

【步骤 4】将高锰酸钾装入试管。左手拾起试管，让试管底部与右手所持药匙中的药品保持重合后，即可将高锰酸钾装入试管中，如图 5-67 所示。

图 5-67　将高锰酸钾装入试管

【步骤 5】用棉花塞住管口。拾取实验台上的棉花，与试管口重合后将棉花塞入管口，如图 5-68 所示。

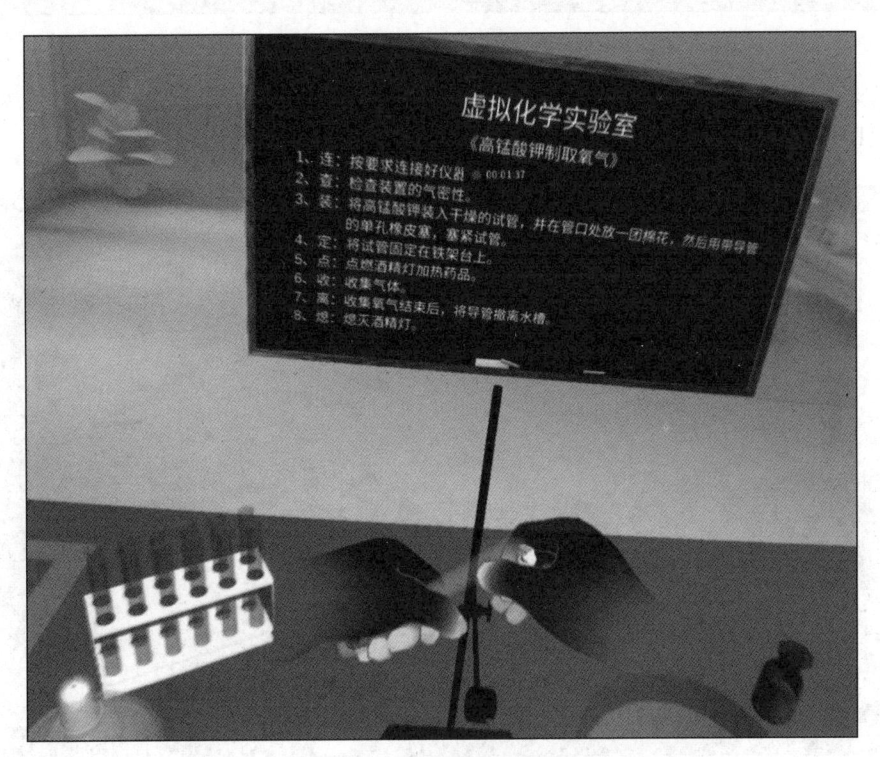

图 5-68　用棉花塞住管口

【步骤 6】将试管连接导管并固定在铁架台上。右手拾取带导管的单孔橡皮塞，用其塞住试管口，并将整个装置固定在试管架上，如图 5-69 所示。

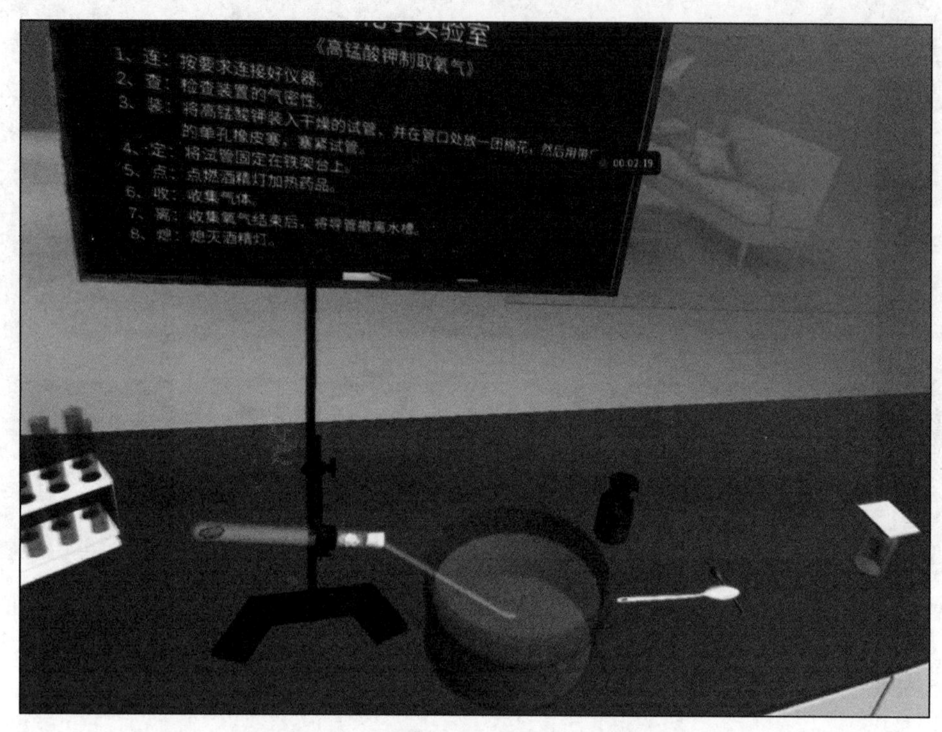

图 5-69　将试管连接导管并固定在铁架台上

【步骤 7】将集气瓶放入水槽中。右手拾取桌面上的集气瓶倒立放入水槽中，如图 5-70 与图 5-71 所示。

图 5-70　拾取集气瓶

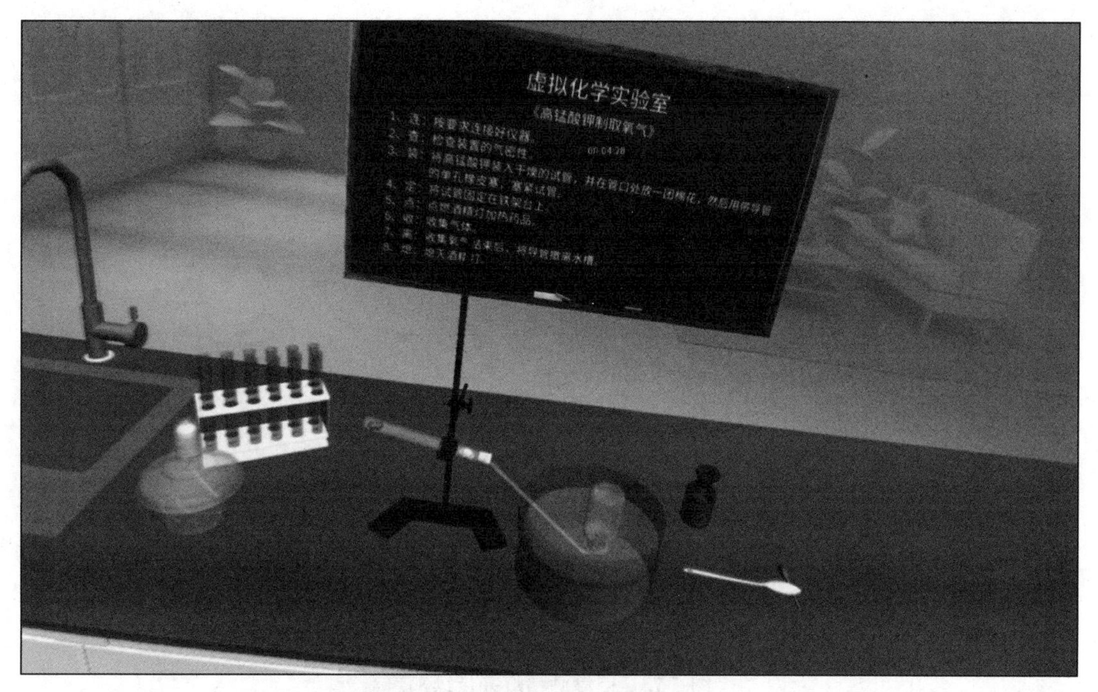

图 5-71　将集气瓶倒立放入水槽

【步骤 8】将酒精灯放置在试管底部并点燃。拾取桌面上的火柴将酒精灯点燃，放置在试管底部位置，对高锰酸钾进行持续加热，如图 5-72 与图 5-73 所示。

图 5-72　拾取火柴

图 5-73　点燃酒精灯并持续加热

【步骤 9】气体收集。待试管加热一会后，即可看见集气瓶中不断冒出气泡，这就是气体收集的过程，如图 5-74 所示。

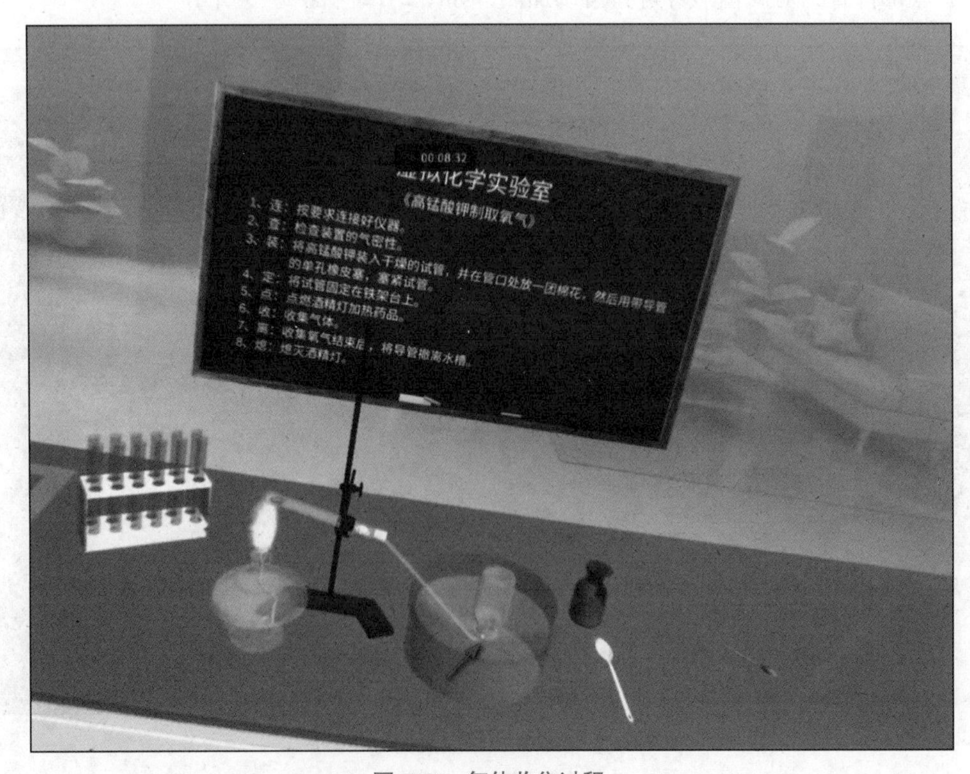

图 5-74　气体收集过程

【步骤 10】将集气瓶与导管撤离。待气体收集完成后，将集气瓶从水槽中拿出并将导管撤离，如图 5-75 所示。

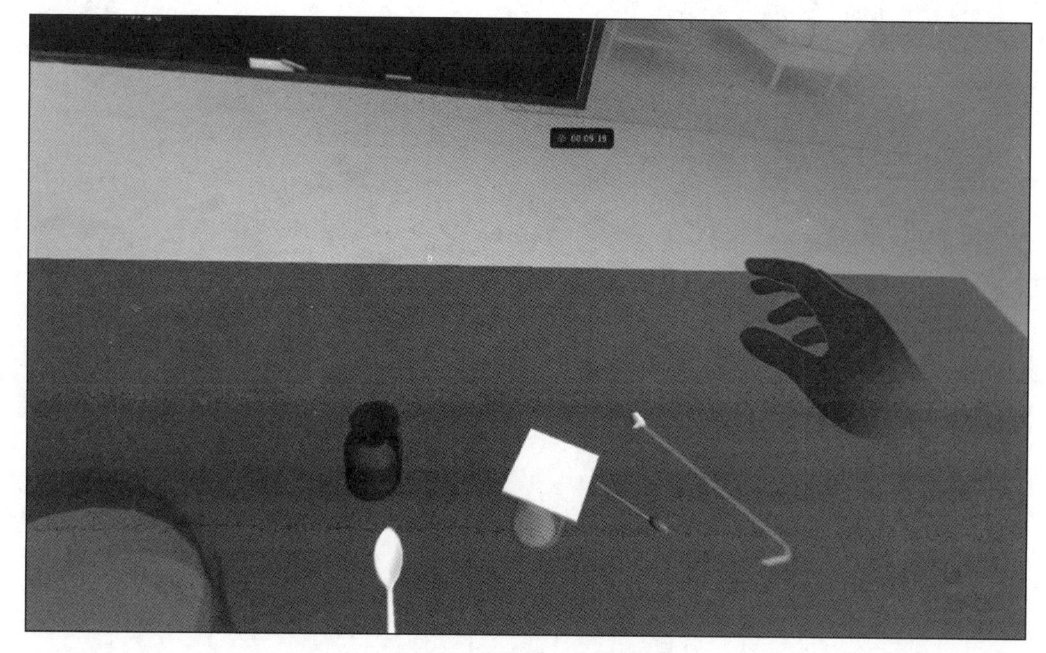

图 5-75 撤离集气瓶和导管

【步骤 11】撤离试管并熄灭酒精灯。将试管移出后，熄灭酒精灯，至此整个实验就完成了，如图 5-76 所示。

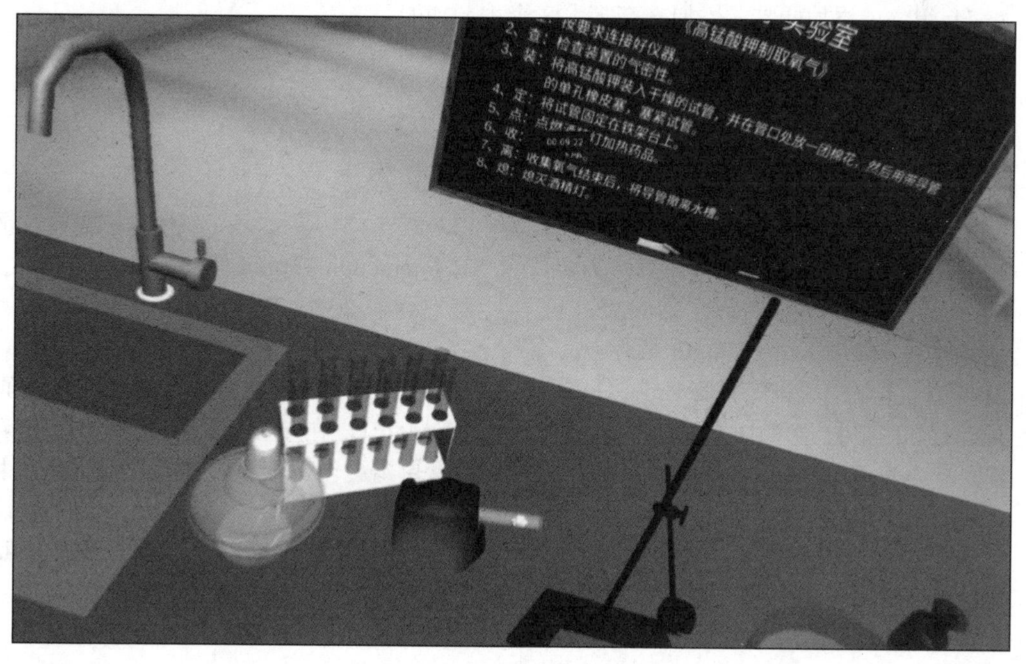

图 5-76 撤离试管并熄灭酒精灯

GSXR 工程应用案例——火把节民俗 VR 体验之 Torch Festival

任务 6.1 内容策划

本项目主要介绍如何搭建 Torch Festival 项目的场景，并详细介绍如何应用 XR Interaction Toolkit 插件实现 Torch Festival 项目中 2 个模块的各种功能。其中，粒子动画模块包括火把粒子特效、碰撞粒子特效、昆虫动画 3 个主要功能；物体交互模块包括给物体添加交互组件、添加标签、添加交互脚本 3 个主要功能。

任务 6.2 开发准备

在开发 XR 应用前，需要设置项目工程和 SDK 支持包。本项目中首先需要配置 GSXR Unity XR Plugin 插件包，其次需要配置 XR Interaction Toolkit 插件包，最后需要在 Unity 中配置 XR 预设。具体步骤依次如下。

1. 导入 GSXR Unity Plugin 插件包

【步骤 1】新建项目。打开 Unity Hub，单击“新项目”按钮，弹出创建新项目的页面，在页面上方的下拉菜单中选择编辑器版本：2021.3.14f1c1。在左侧模板中选择 3D，将项目名称修改为 Torch Test。选择项目保存路径，最后单击“创建项目”按钮，完成新项目的创建，如图 6-1 所示。

【步骤 2】下载 GSXR Unity Plugin 插件包。打开 GSXR 官方网站，下载 GSXR Unity SDK，找到如图 6-2 所示的插件 SDK 进行下载。当下载完成后，解压文件可以看到该工具包中的内容。

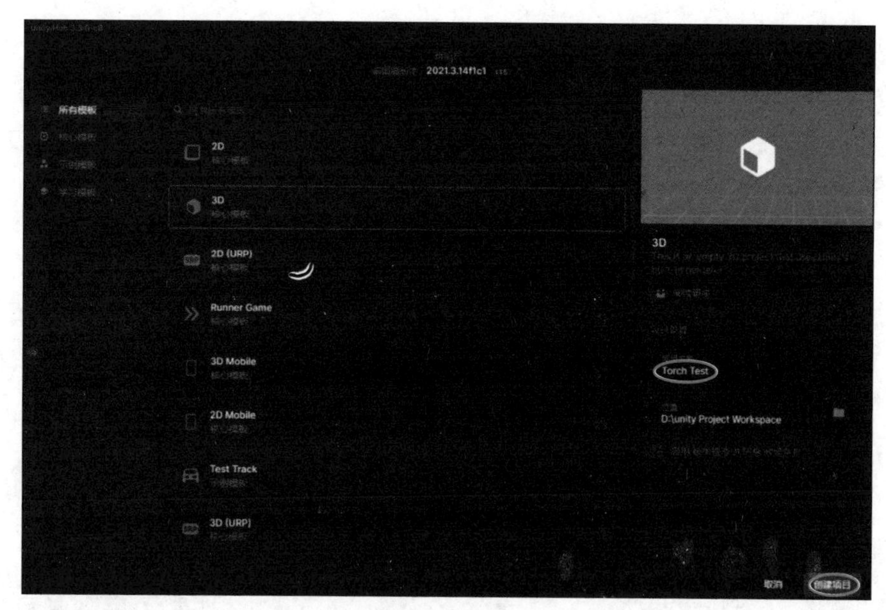

图 6-1　新建项目

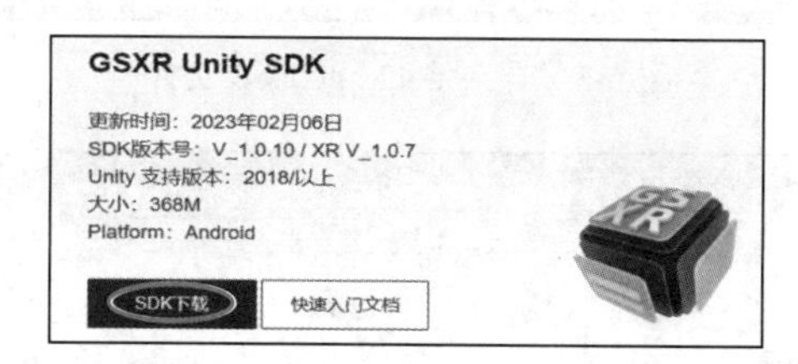

图 6-2　下载 GSXR Unity SDK

【步骤 3】导入 GSXR Unity XR Plugin 插件包。在 Unity 菜单中选择 Window→Package Manager，如图 6-3 所示，在弹出的 Package Manager 窗口中，单击“+”，选择 Add package from disk（从磁盘中添加包），如图 6-4 所示。选择 GSXR Unity XR Plugin 的 package.json

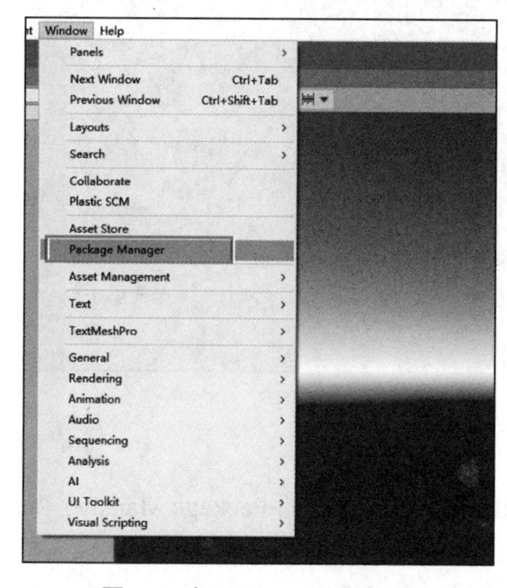

图 6-3　打开 Package Manager

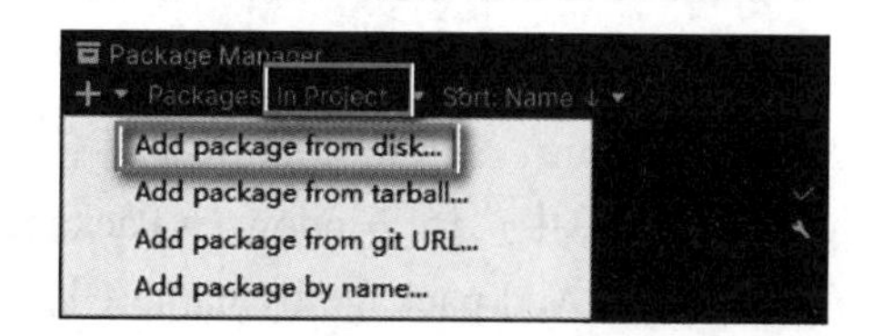

图 6-4　从磁盘添加包

文件进行导入，如图 6-5 所示。导入完成后单击 Reimport 将 GSXRSamples 导入，如图 6-6 所示。

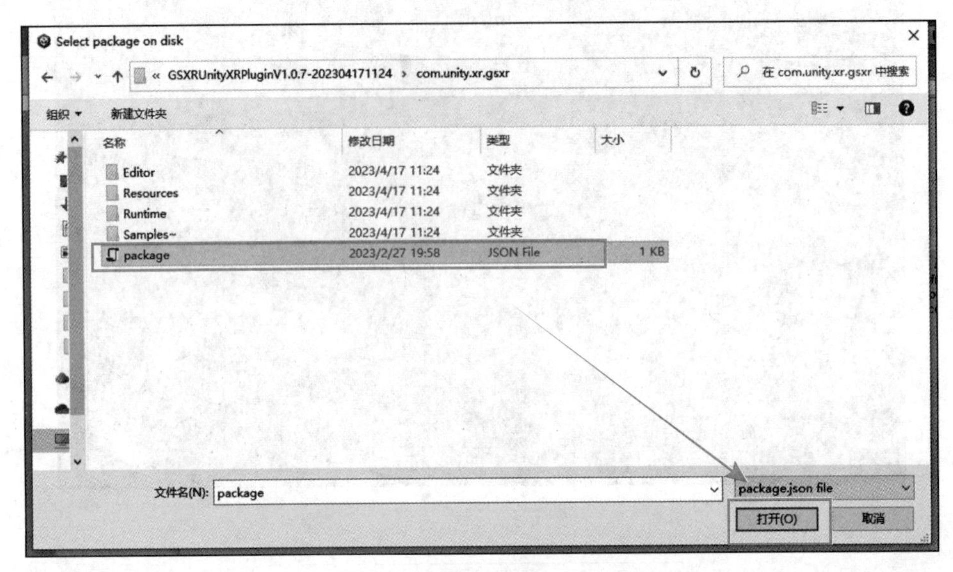

图 6-5　导入 package.json 文件

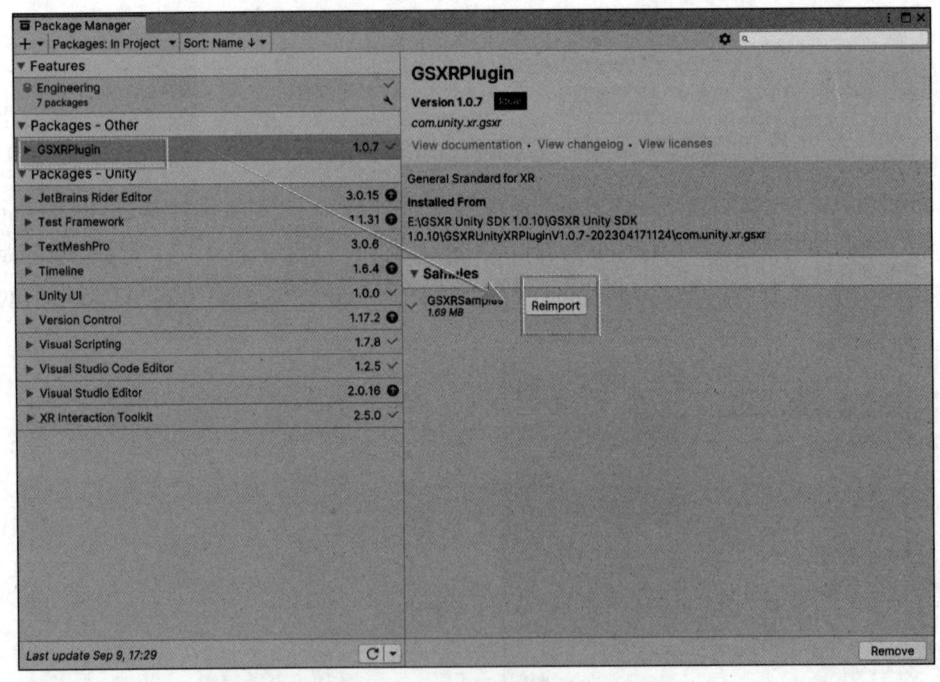

图 6-6　导入 GSXRSamples

2. 导入 XR Interaction Toolkit 插件包

在 Unity 菜单中选择 Window → Package Manager，在弹出的 Package Manager 窗口中，单击“+”，选择 Add package by name（通过名称添加包），如图 6-7 所示。在输入框中输

入 com.unity.xr.interaction.toolkit，单击 Add 按钮添加插件，如图 6-8 所示。然后选择 XR Interaction Toolkit 的 Starter Assets 和 XR Device Simulator，单击 Reimport 按钮进行导入，如图 6-9 所示。

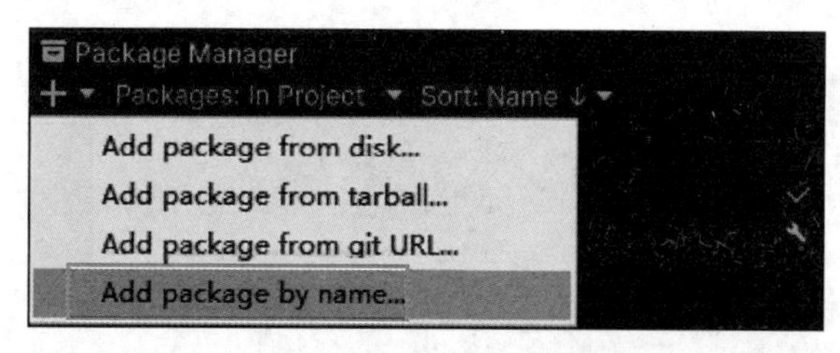

图 6-7　通过名称添加包

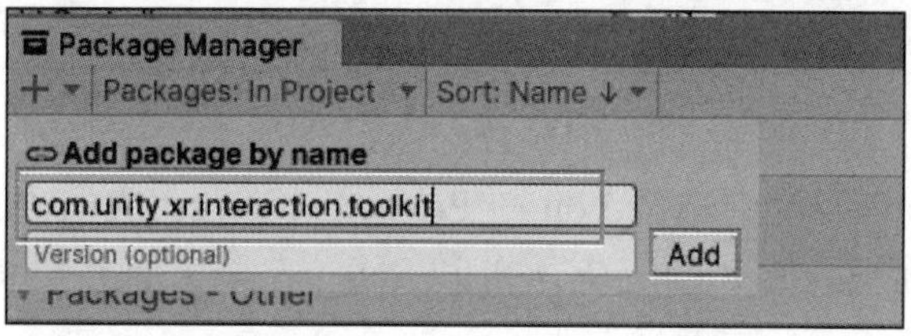

图 6-8　搜索并添加 XR Interaction Toolkit 插件包

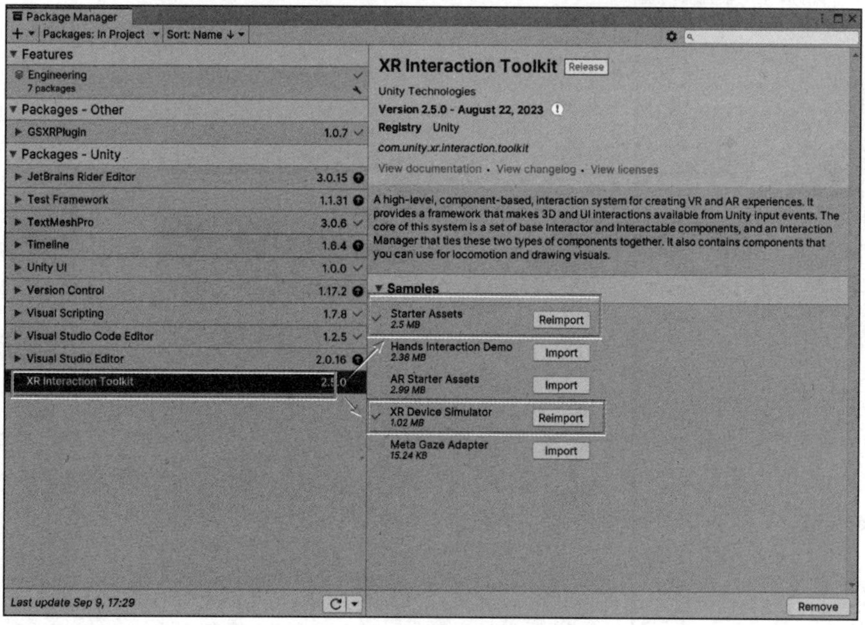

图 6-9　导入所需的 Samples

3. 配置 XR 预设

【步骤 1】配置 XR 预设（Preset）。在 Unity 项目窗口中选择 Assets → Samples → XR Interaction Toolkit → Starter Assets → Presets，选中 XR Interaction Toolkit 自带的每一个 Controller 对象的 Preset，单击 Add to ActionBasedContinuousMoveProvider default 按钮，添加到 Preset Manager 系统的默认配置中，如图 6-10 所示。

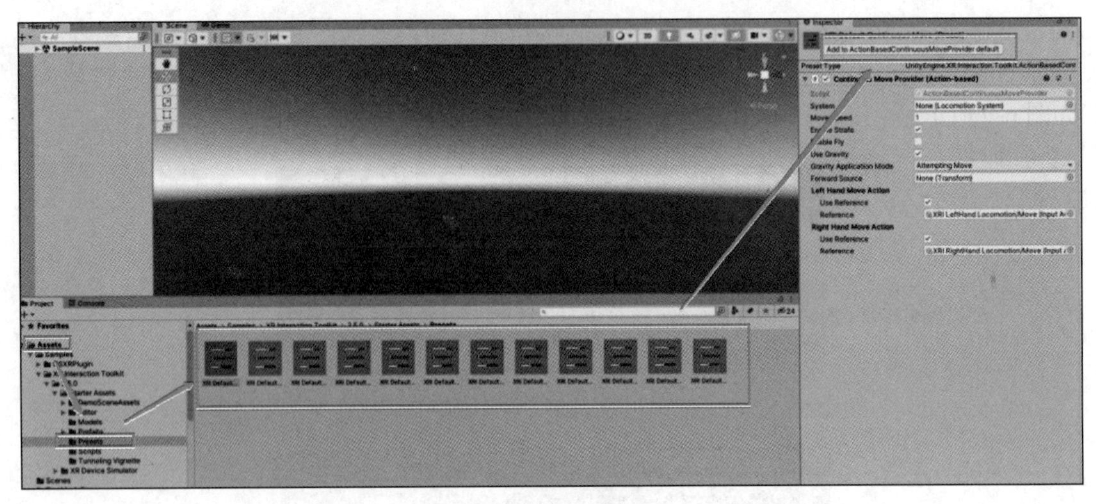

图 6-10　添加 XR Preset

【步骤 2】在 Unity 菜单中选择 Edit → Project Settings，在打开的窗口中单击 Preset Manager，打开预设面板，给 Right（右手）和 Left（左手）加上 Filter 名称，如图 6-11 和图 6-12 所示。

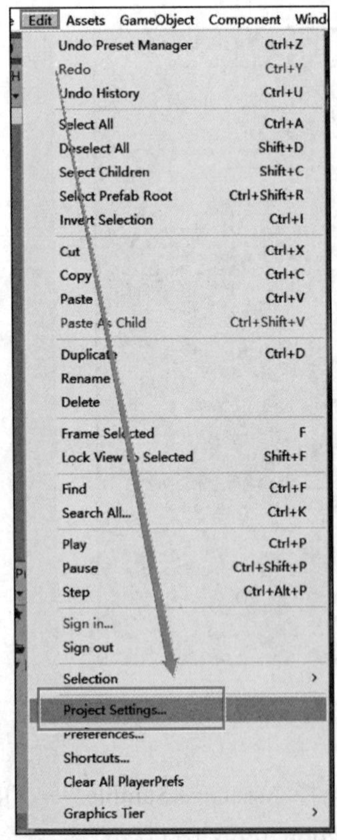

图 6-11　选择 Project Settings 选项

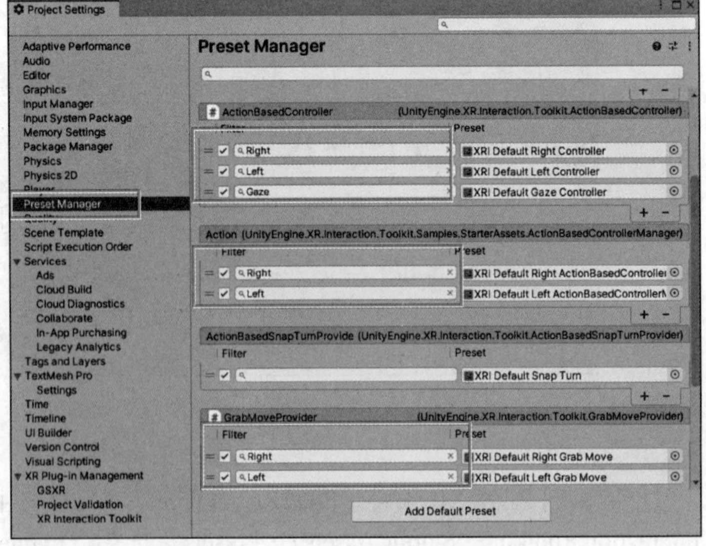

图 6-12　在 Preset Manager 中添加 Filter

任务 6.3 搭建场景

搭建场景.mp4

为了完成项目整体开发，需要在虚拟环境中设置基础交互场景、UI 界面以及第一人称玩家，具体步骤依次如下。

1. 搭建场景环境

【步骤 1】导入资源包。将本书提供的场景资源包 torch.unitypackage 拖入 Assets 中的 Scenes 文件夹，单击 Import 按钮进行导入，如图 6-13 所示。

【步骤 2】等待进度条加载完成后，在 Project 窗口的 Assets 中找到 MedievalVillage 文件夹下的 Scenes 文件夹，双击 Demo 场景，打开项目初始场景，如图 6-14 所示。

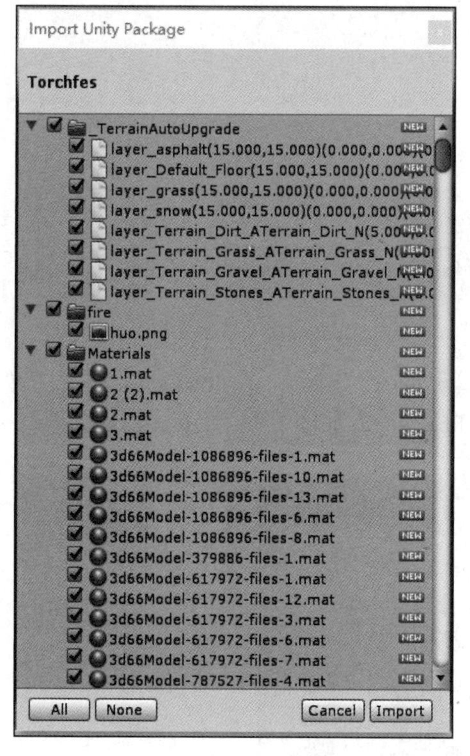

图 6-13 导入资源包

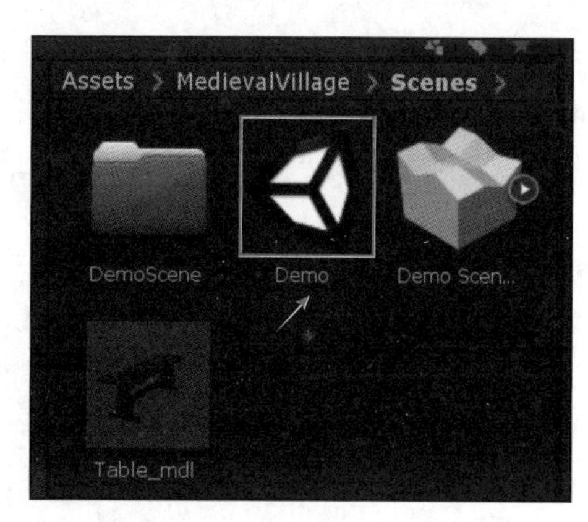

图 6-14 打开项目初始场景

2. 创建项目 UI 界面

【步骤 1】设置图片资源类型。在 Project 窗口中，选择 Assets → UI 中的“开场 1”，在其 Inspector 窗口中单击 Texture Type，在下拉菜单中选择 Sprite (2D and UI)，单击右下角的 Apply 按钮，应用图片素材，如图 6-15 所示。其他需要作为 UI 的图片素材均需要执行此步骤。

【步骤 2】新建画布。在 Hierarchy 窗口的空白处右击，在弹出的菜单中选择 XR → UICanvas，新建一个画布，将其重命名为“开场”，如图 6-16 所示。

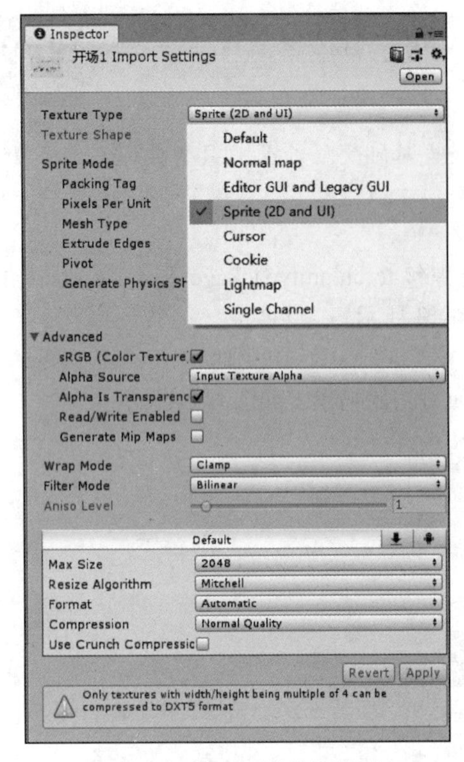

图 6-15　修改图片资源类型

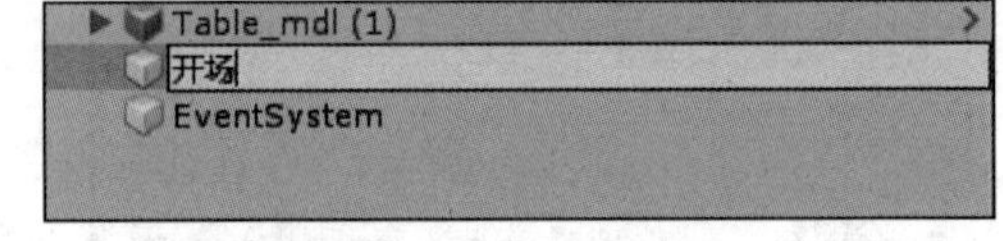

图 6-16　新建画布

【步骤 3】修改 Canvas 的渲染模式。选中“开场 1”对象，在 Inspector 窗口中单击 Canvas → Render Mode，在下拉列表中选择 World Space，如图 6-17 所示。

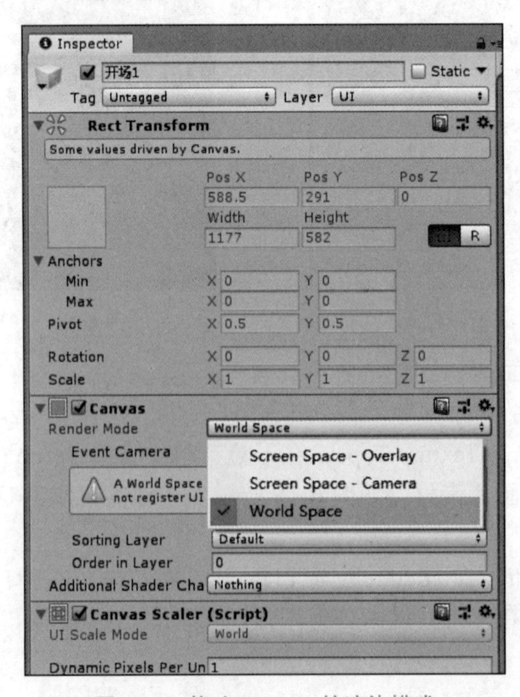

图 6-17　修改 Canvas 的渲染模式

【步骤 4】调整 Canvas 的位置及大小。选中“开场”对象，在 Inspector 窗口中修改其位置、大小等参数，如图 6-18 所示。

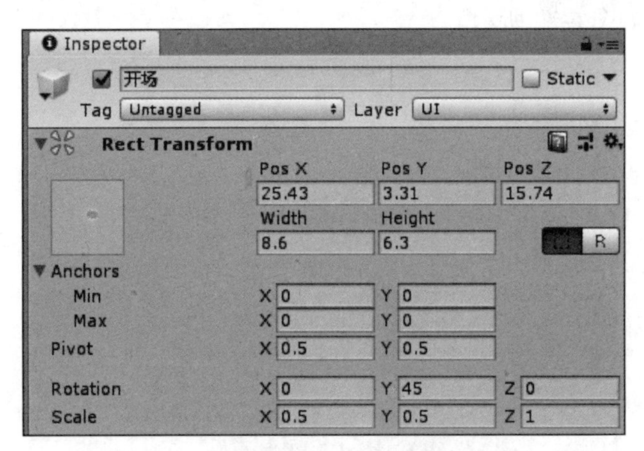

图 6-18　调整 Canvas 的位置及大小

【步骤 5】在 Inspector 窗口中单击最下方的 Add Component 按钮，在弹出的搜索框中搜索 Tracked Device Graphic Raycaster，添加组件，参数保持默认设置即可，如图 6-19 所示。

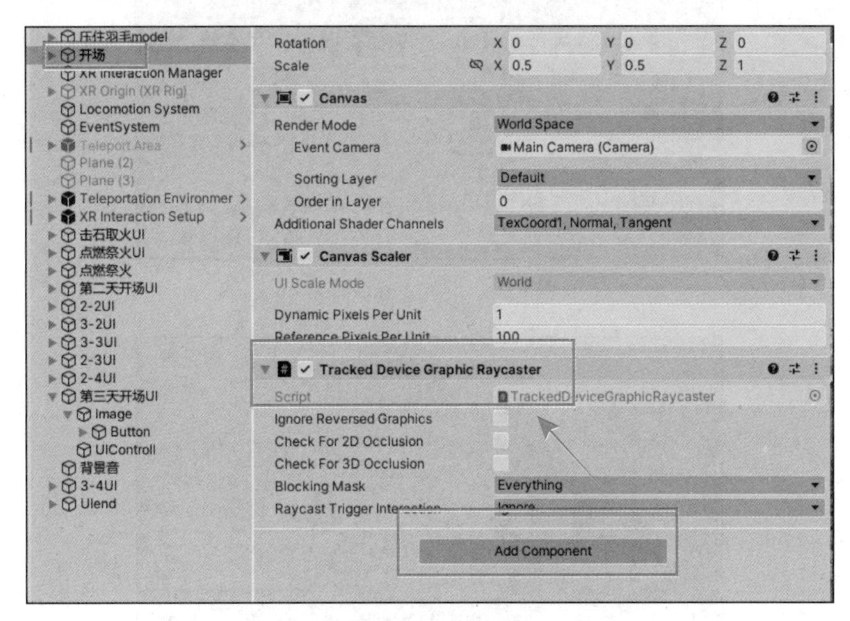

图 6-19　添加组件

【步骤 6】创建 Panel。在 Hierarchy 窗口选中“开场”对象，右击，在弹出的菜单中选择 UI→Panel，将其重命名为“开场 1”，如图 6-20 所示。

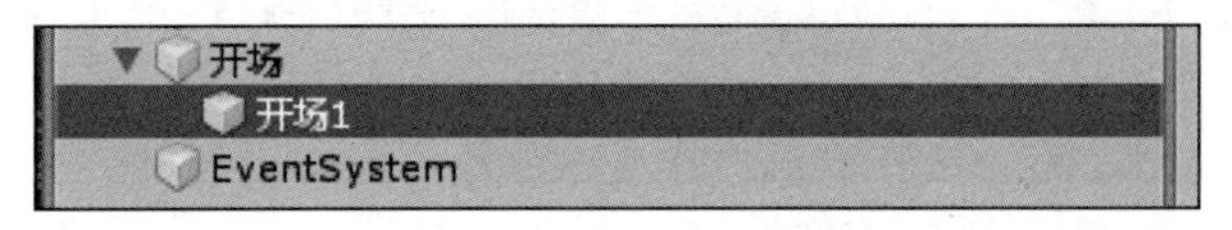

图 6-20　创建 Panel

【步骤 7】修改 Panel 组件的属性。选中“开场 1”对象，在 Inspector 窗口中，将其 Image (Script) 的 Source Image 替换为“开场 1”，如图 6-21 所示。将其 Color 的 A（Alpha）的值修改为 255，如图 6-22 所示。

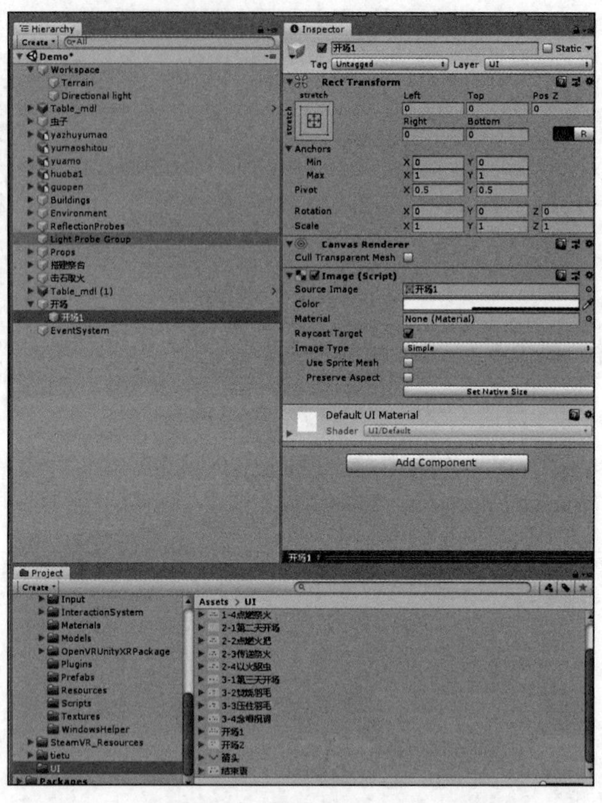

图 6-21　替换 Panel 图片

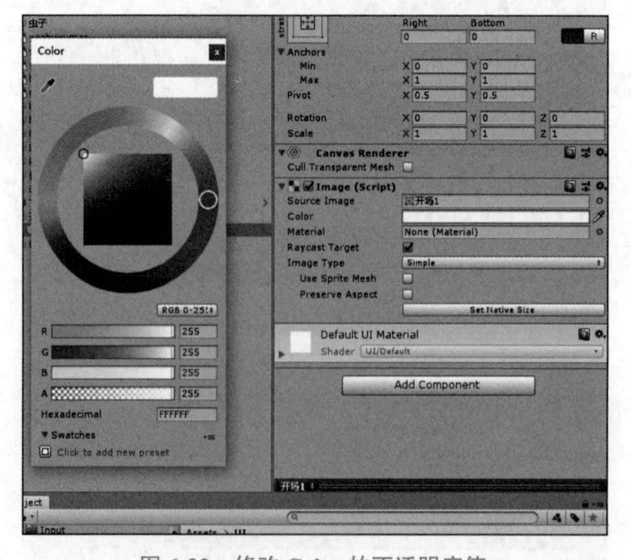

图 6-22　修改 Color 的不透明度值

【步骤 8】添加按钮。以开场按钮为例，对于需要进行按钮交互的 UI 元素，在 Hierarchy 窗口中选择“开场 UI”→“开场”，右击，在弹出的菜单中选择 UI → Button，如图 6-23 所示。如果要删除 Button 下的 Text，只需右击 Text 在弹出的窗口中选择 Delete 命令即可，如图 6-24 所示。

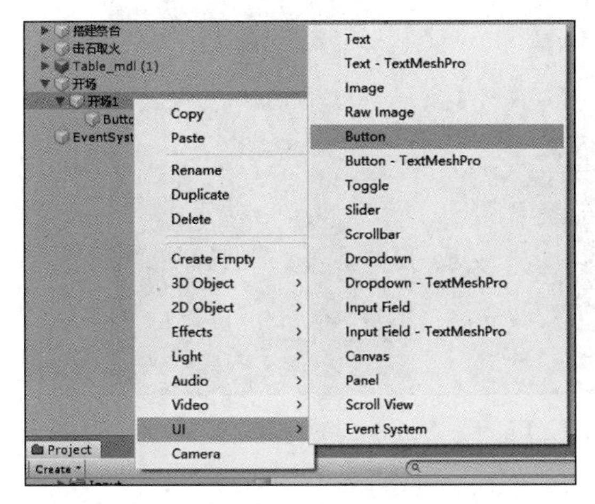

图 6-23　新建 Button

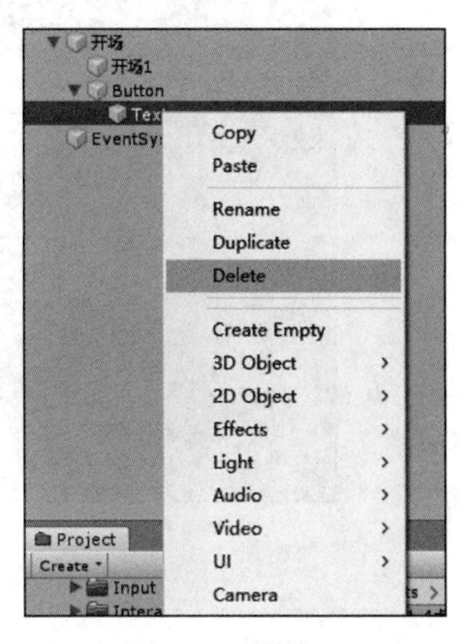

图 6-24　删除 Text

【步骤 9】在 Project 窗口中的 Assets → UI 文件夹下单击“箭头”文件，按住不动，将其拖动到 Button 的 Inspector 窗口中的 Image → Source Image 处，单击 Set Native Size，如图 6-25 所示。在 Inspector 窗口中设置其大小和位置，如图 6-26 所示。

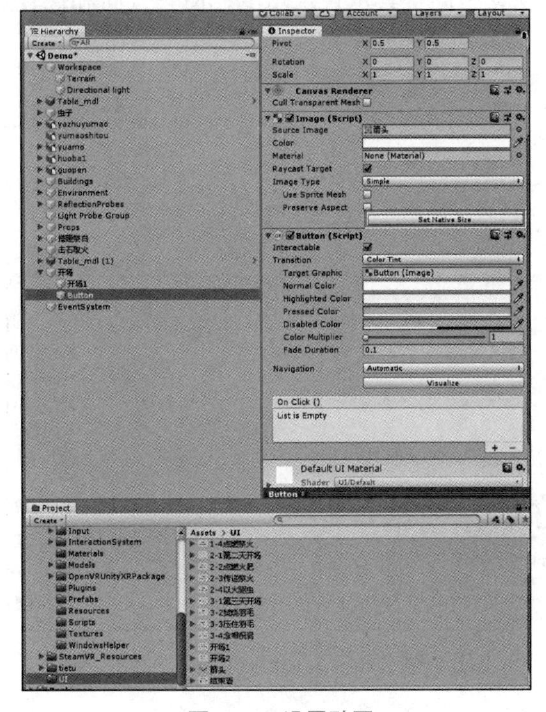

图 6-25　设置贴图

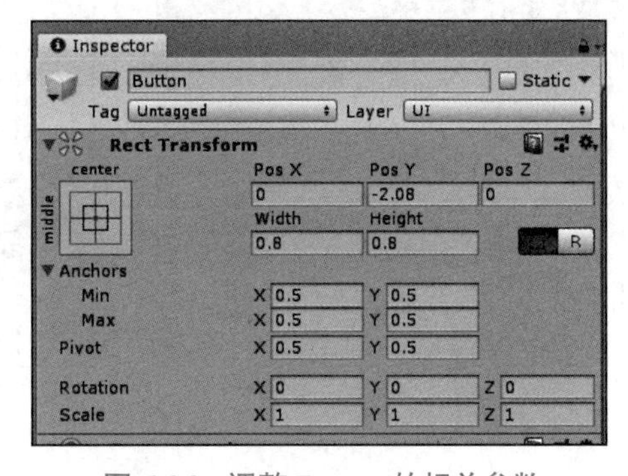

图 6-26　调整 Button 的相关参数

【步骤 10】布置 UI。重复以上步骤，设置全部 UI 及按钮，布置完成后，效果如图 6-27 所示，完成后待后续待用。

图 6-27　UI 布置

3. 创建第一人称玩家

【步骤 1】删除原相机。在 Hierarchy 窗口中选中原有 Camera，右击删除，如图 6-28 所示。

【步骤 2】添加 XR Interaction Setup。由于之前已经导入了 XR InteractionToolkit 的样例及资源，因此在 Project 窗口的搜索框中直接搜索 XR Interaction Setup，选中后拖到 Hierarchy 窗口中即可，如图 6-29 所示。在场景中调整其位置及角度，使其方向和位置处于用户的初始化视角，效果如图 6-30 所示。

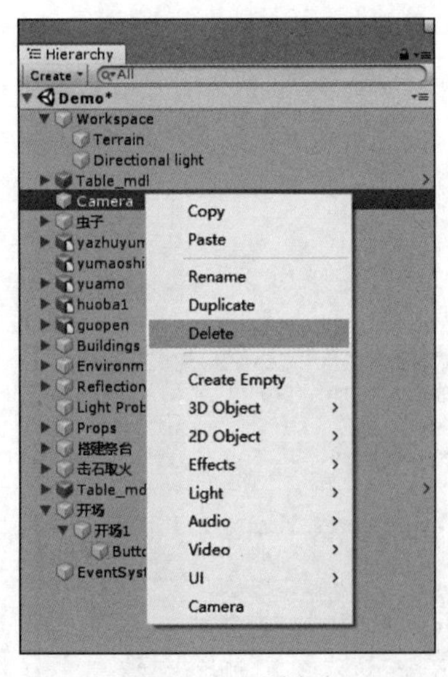

图 6-28　删除相机

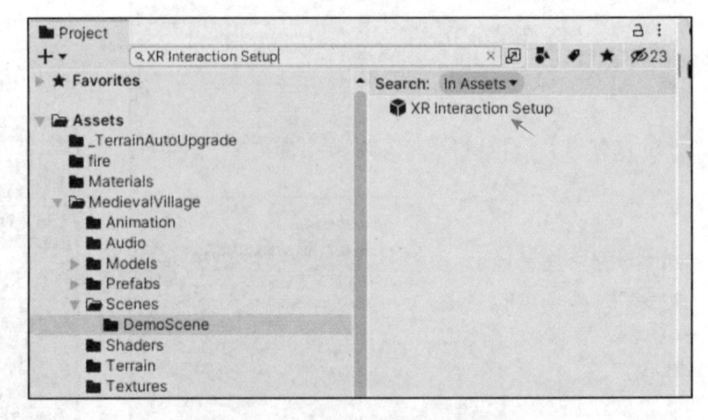

图 6-29　添加 XR Interaction Setup

图 6-30 效果图

【步骤 3】添加 XR Controller 组件。在 Hierarchy 窗口中选择刚才添加的 XR Interaction Setup 并打开其子物体，找到 Left Controller 下的 Ray Interactor，然后单击 Add Component 按钮，为其添加 XR Controller (Device-based) 脚本，从而使射线可与 UI 进行交互，如图 6-31 所示。左手控制器添加完之后需要在右手控制器下也进行同样的操作，如图 6-32 所示。

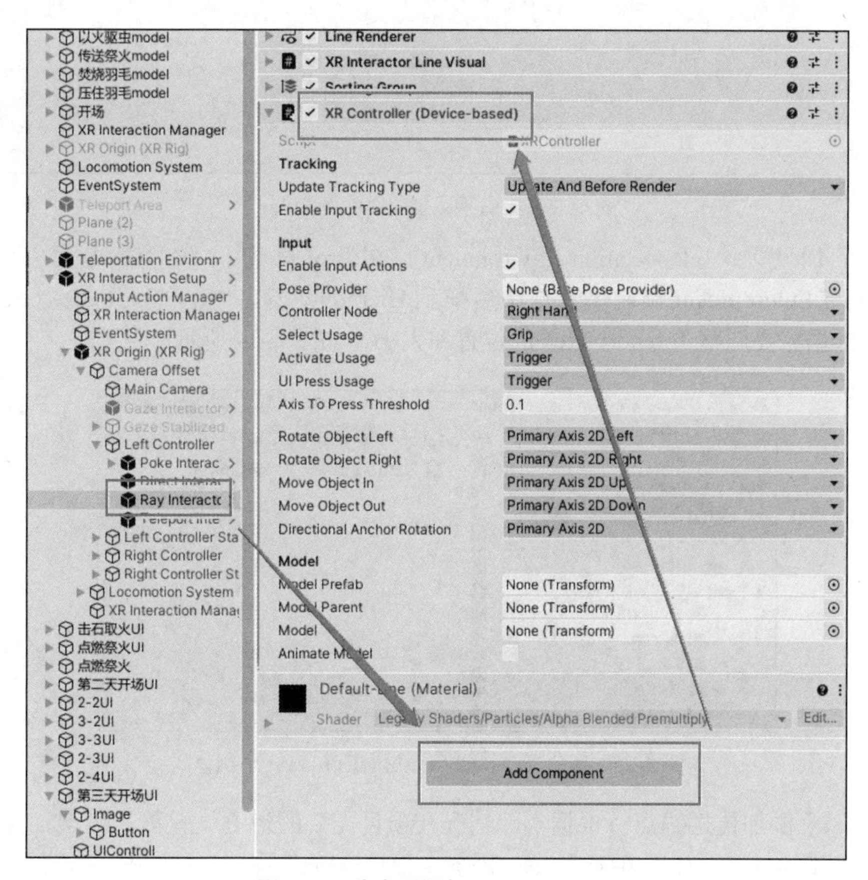

图 6-31 为左手添加 XR Controller

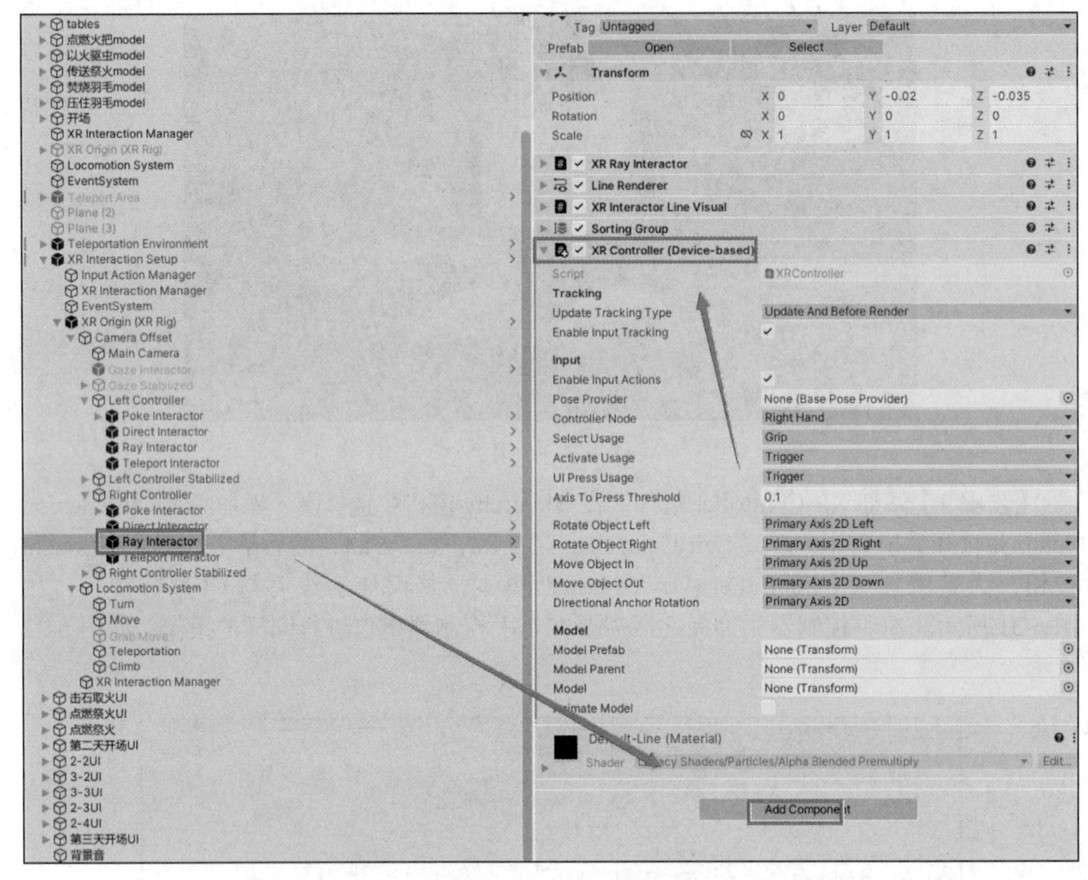

图 6-32　为右手添加 XR Controller

【步骤 4】添加 Teleportation Environment。在 Project 窗口的搜索框中直接搜索 Teleportation Environment 预制体，选中后拖到 Hierarchy 窗口中，如图 6-33 所示。然后，在场景中根据需要调整 Teleport Area 的位置和大小，如图 6-34 所示。

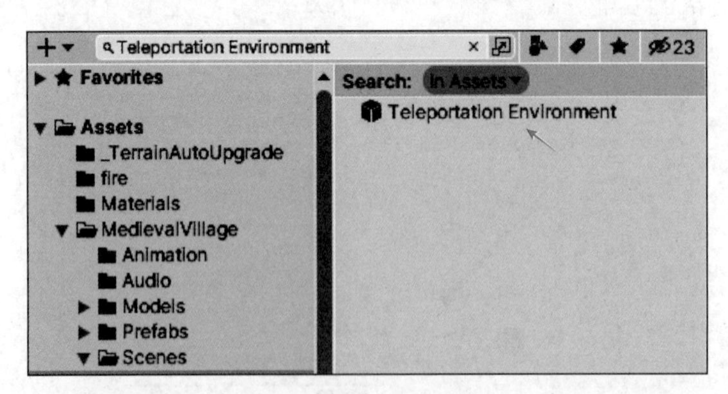

图 6-33　添加 Teleportation Environment 预制体

【步骤 5】添加传送锚点。根据实际情况在项目需要的地方设置传送锚点，实现传送。为传送锚点添加材质，如图 6-35 所示。添加全部传送锚点后，效果如图 6-36 所示。

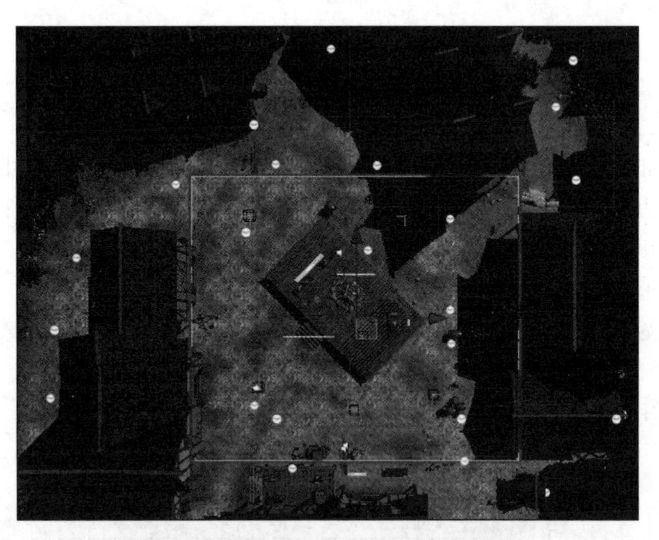

图 6-34 调整 Teleport Area 的位置和大小

图 6-35 添加材质

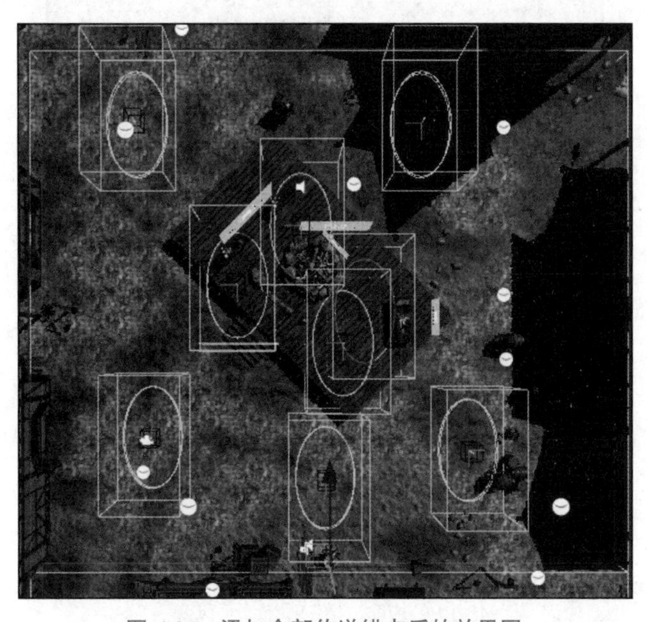

图 6-36 添加全部传送锚点后的效果图

任务 6.4　粒子设计及动画设计

粒子设计及动画设计.mp4

当玩家在前面已经完成的项目交互场景中进行体验时，需要获得相应的视觉和听觉反馈信息来帮助玩家推进交互体验，因此需要针对项目中一些交互物体设计相关粒子和动画效果，具体步骤依次如下。

1. 火把粒子特效

【步骤 1】新建空物体。以祭火为例，在 Hierarchy 窗口的空白处右击，选择 Create Empty，将名称修改为“点燃祭火”，用来存放接下来制作的粒子特效，方便后面步骤的管理和调用，如图 6-37 所示。

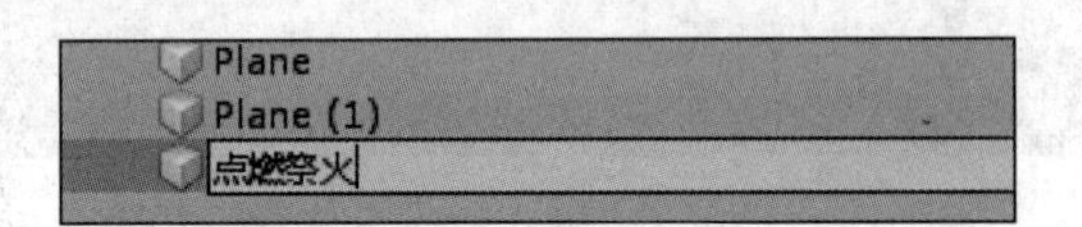

图 6-37　修改名称

【步骤 2】新建材质球。在 Project 窗口中双击进入 Assets → fire 文件夹，在空白处右击，在弹出的菜单中选择 Material → Create，添加材质球，如图 6-38 所示。双击将材质球的名称更改为 flame，如图 6-39 所示。

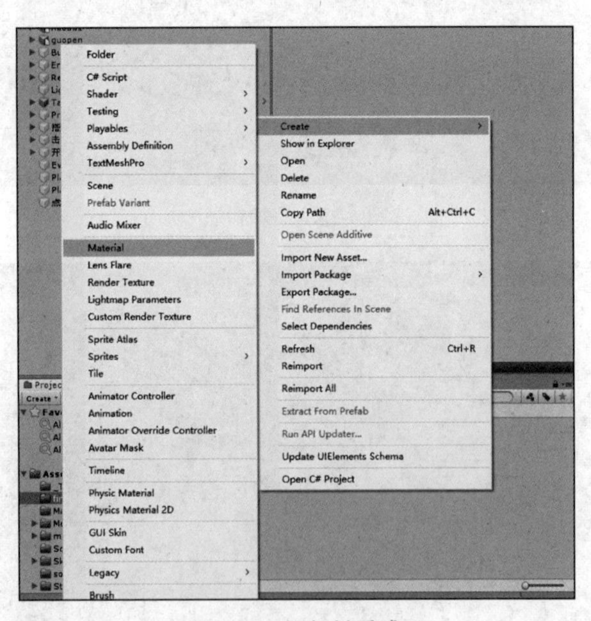

图 6-38　添加材质球

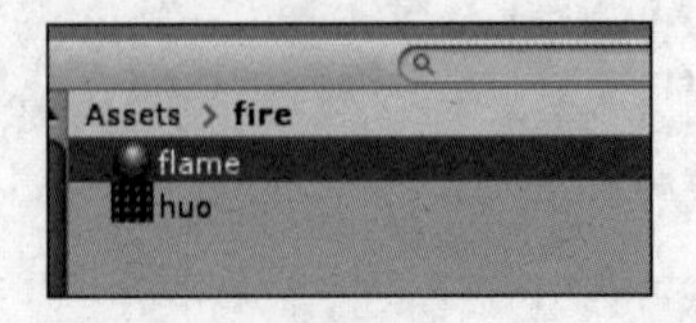

图 6-39　将材质球命名为 flame

【步骤 3】在 Inspector 窗口中单击 Shader，在下拉菜单中选择 Legacy Shaders → Particles → Additive，如图 6-40 所示。

【步骤 4】完成上一步后，单击 Inspector 窗口右侧的 None → Select 按钮，在弹出的 Select Texture 面板中搜索 huo，如图 6-41 所示。单击选择该图片，将其赋予该材质，效果如图 6-42 所示。

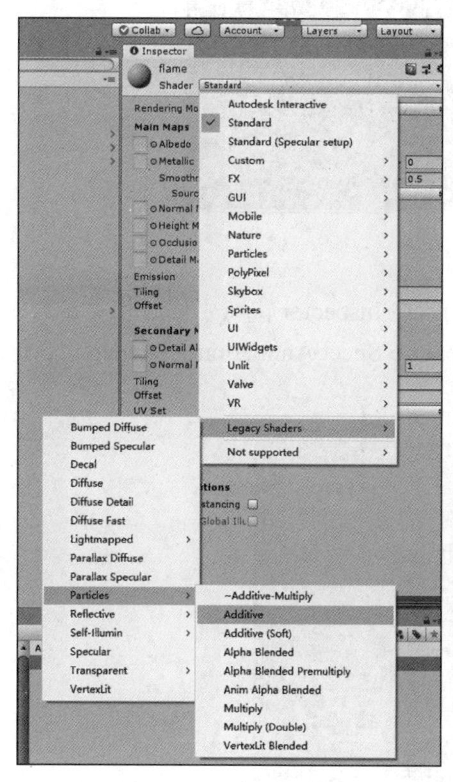

图 6-40 添加 Additive

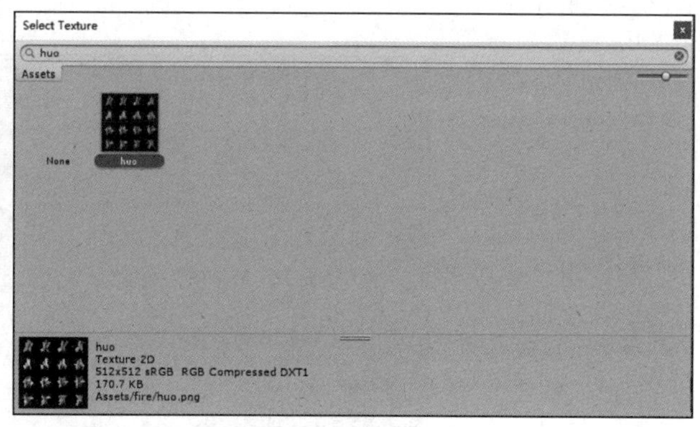

图 6-41 搜索 huo

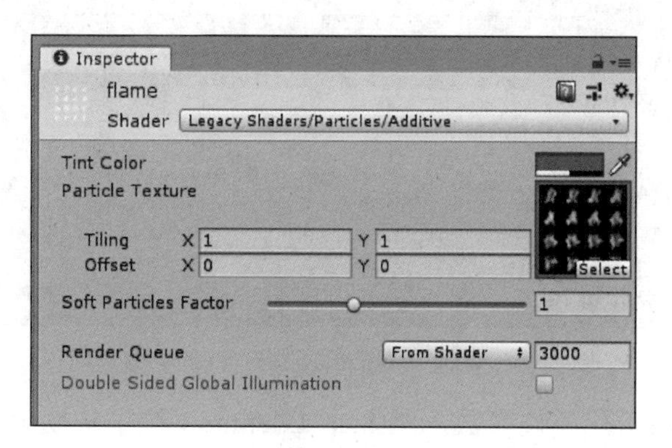

图 6-42 效果图

【步骤 5】添加火焰粒子系统。在新建的“点燃祭火”下右击，选择 Effects → Particle System，新建粒子系统，如图 6-43 所示。

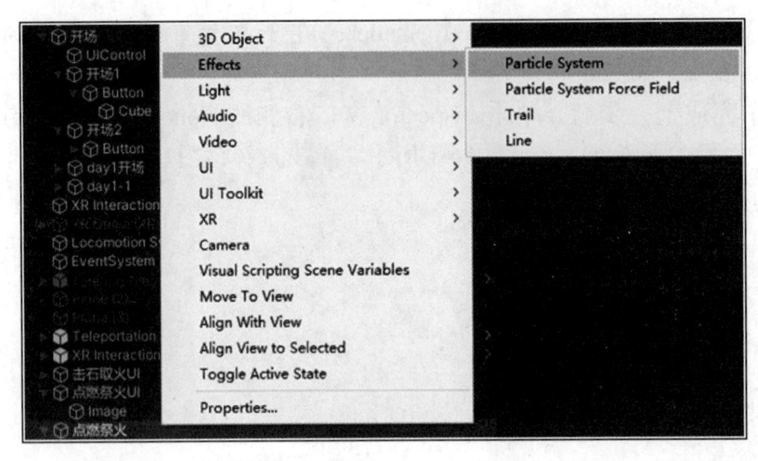

图 6-43 新建 Particle System

【步骤 6】选中新建的粒子系统 Particle System (1)，在 Inspector 窗口中修改相关参数，勾选如下参数选项：Emission、Shape、Collision、Texture Sheet Animation、Renderer，如图 6-44 所示。

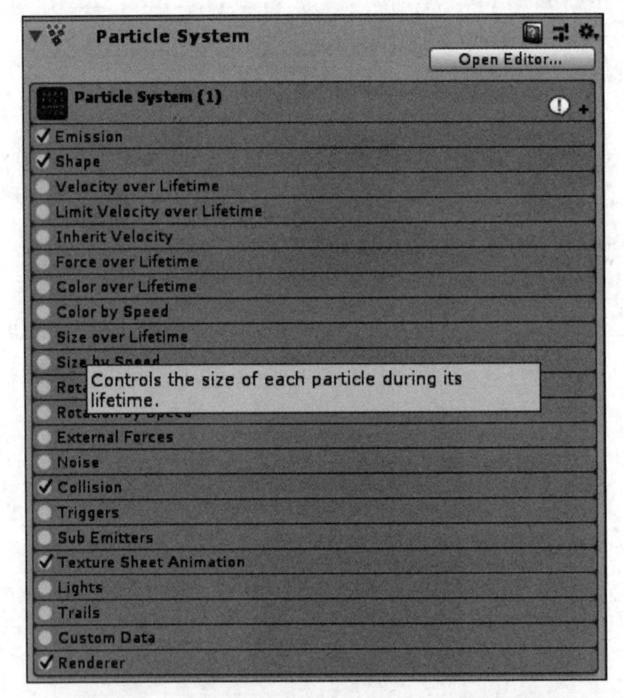

图 6-44 勾选 Particle System (1) 的参数选项

【步骤 7】修改初始化模块参数。将 Start Lifetime（粒子从发生到消失的时间）的参数值修改为 0.84；单击 Start Size（粒子的初始大小）右侧的倒三角，打开下拉列表，选择 Random Between Two Constants，完成后将数值修改为 0.5~0.8，如图 6-45 所示。修改 Shape 参数的值，如图 6-46 所示。修改 Texture Sheet Animation 参数的值，如图 6-47 所示。修改 Renderer 参数的值，如图 6-48 所示。

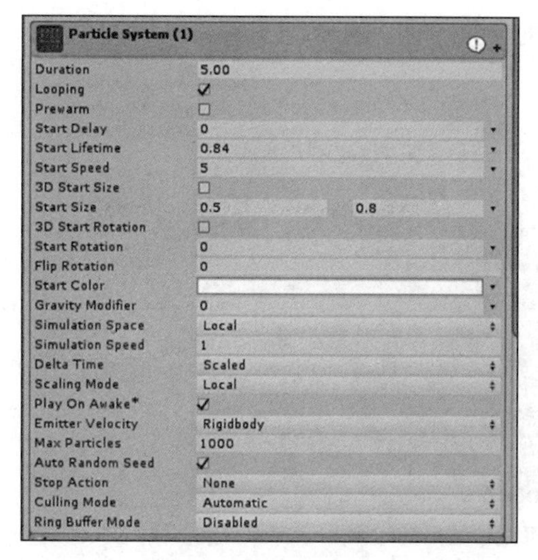

图 6-45　修改 Particle System 参数的值

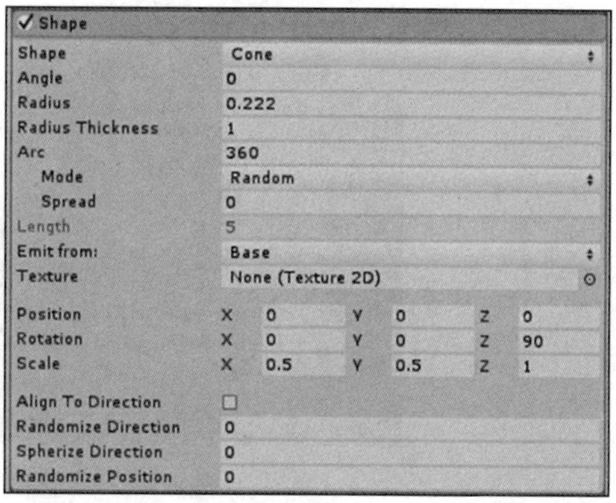

Shape
Shape Cone
Angle 0
Radius 0.222
Radius Thickness 1
Arc 360
Mode Random
Spread 0
Length 5
Emit from: Base
Texture None (Texture 2D)
Position X 0 Y 0 Z 0
Rotation X 0 Y 0 Z 90
Scale X 0.5 Y 0.5 Z 1
Align To Direction
Randomize Direction 0
Spherize Direction 0
Randomize Position 0

图 6-46　修改 Shape 参数的值

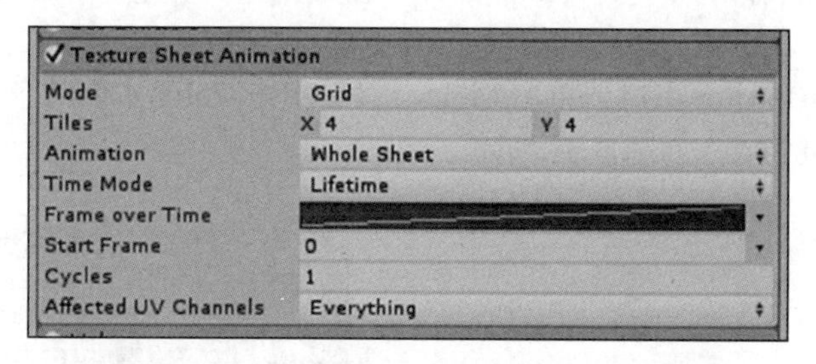

图 6-47　修改 Texture Sheet Animation 参数的值

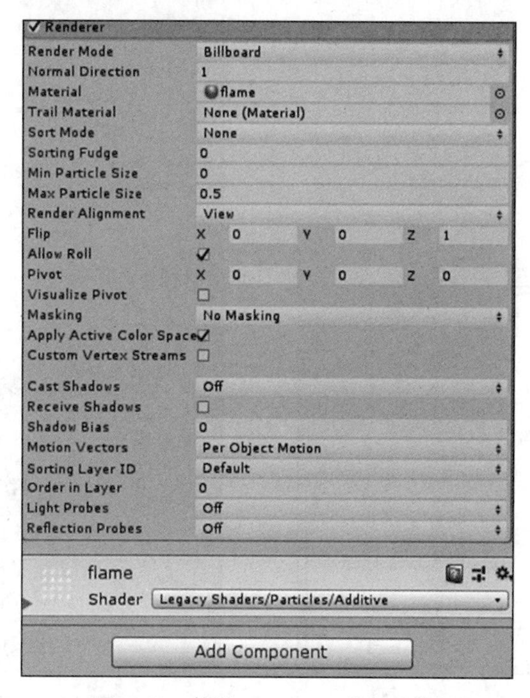

图 6-48　修改 Renderer 参数的值

【步骤 8】调整粒子系统。调整粒子系统的位置，使其处于祭火模型的中间位置，效果如图 6-49 所示。

图 6-49　调整粒子系统位置后的效果

【步骤 9】在“点燃祭火”下右击，选择 Light → Point Light，新建点光源，如图 6-50 所示。

【步骤 10】在 Inspector 窗口下单击 Light，然后单击 Color 右侧的色框，在 Hexadecimal 处将数值修改为 E0821A，如图 6-51 所示。

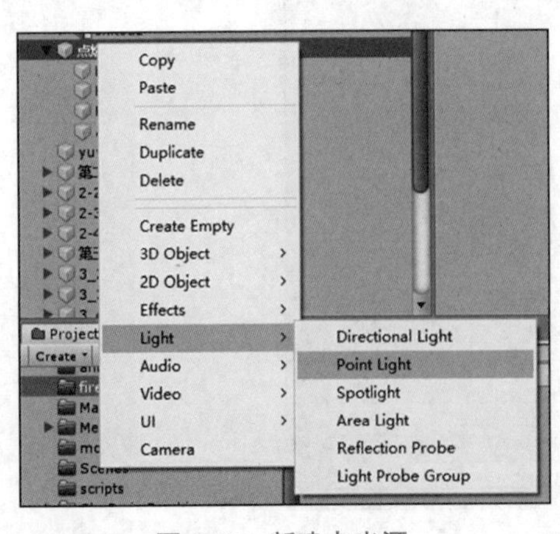

图 6-50　新建点光源

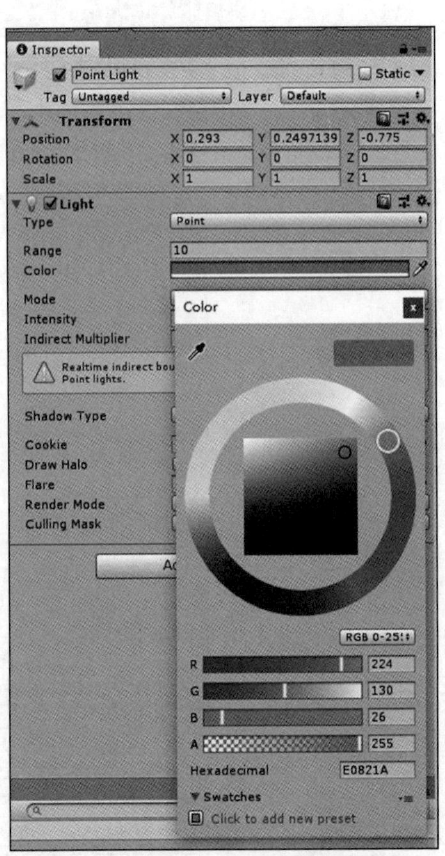

图 6-51　修改 Color

【步骤 11】调整点光源的位置到祭火模型的中间位置，使火焰效果更为逼真，效果如图 6-52 所示。

图 6-52　调整光源位置

2. 碰撞粒子特效

【步骤 1】添加碰撞粒子系统。在“点燃祭火”下右击，选择 Effects → Particle System，新建粒子系统，如图 6-43 所示。

【步骤 2】选中新建的粒子系统 Particle System (2)，在 Inspector 窗口中修改相关参数，勾选如下参数选项：Emission、Shape、Limit Velocity over Lifetime、Color over Lifetime、Collision、Renderer，如图 6-53 所示。

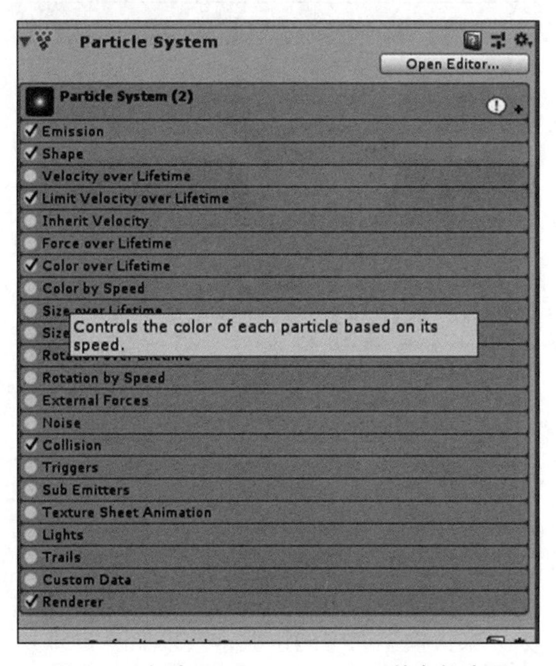

图 6-53　勾选 Particle System (2) 的参数选项

【步骤 3】修改不同模块的参数。初始化和 Emission 模块的参数值不变。修改 Shape 参数的值，如图 6-54 所示。修改 Color over Lifetime 参数的值，如图 6-55 所示。修改 Collision 参数的值，如图 6-56 所示。

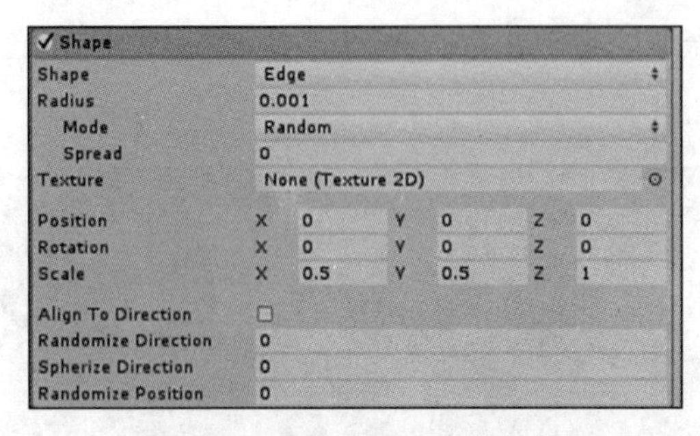

图 6-54　修改 Shape 参数的值

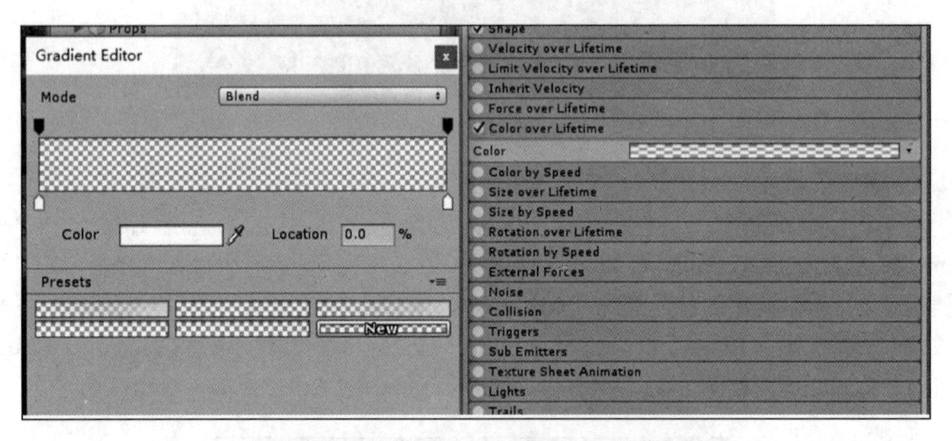

图 6-55　修改 Color over Lifetime 参数的值

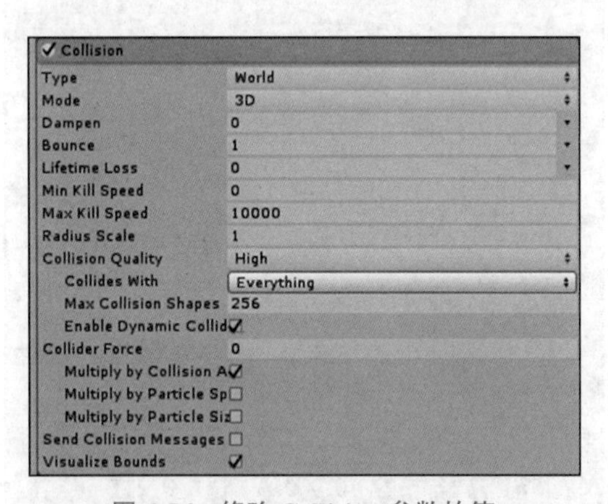

图 6-56　修改 Collision 参数的值

【步骤 4】调整粒子系统。在 Inspector 窗口中修改 Transform 的 Scale 值，分别为 X：2.4，Y：0.1，Z：2.4，使其覆盖火焰粒子，达到更好的碰撞效果，如图 6-57 所示。调整粒子系统的位置，使其处于祭火模型的中间位置，效果如图 6-58 所示。

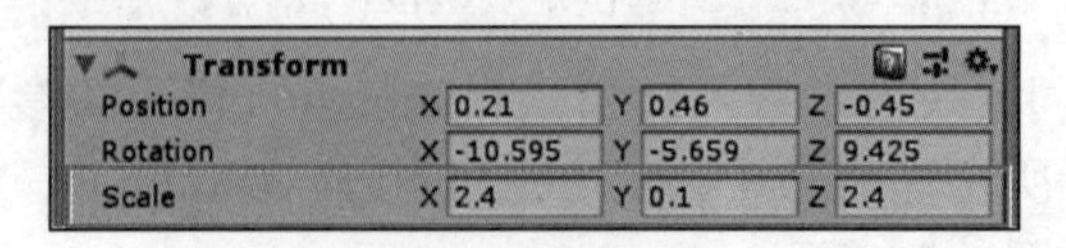

图 6-57　修改粒子系统的参数值

图 6-58 调整粒子系统位置后的效果

【步骤 5】调整场景整体的粒子系统。将整体的粒子系统调整至图 6-59 所示的位置。对象的从属关系如图 6-60 所示。

图 6-59 调整整体粒子系统位置

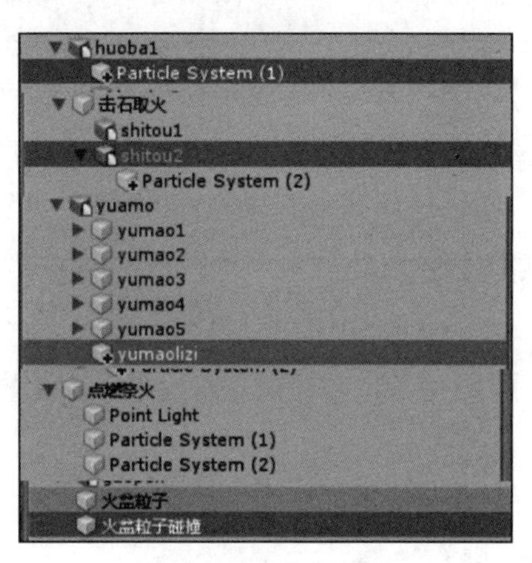

图 6-60 对象的从属关系

3. 昆虫动画

【步骤 1】创建动画。在场景中选择需要做动画的昆虫模型，在最上方的菜单栏中选择 Window→Animation→Animation，打开 Animation 窗口，如图 6-61 所示。

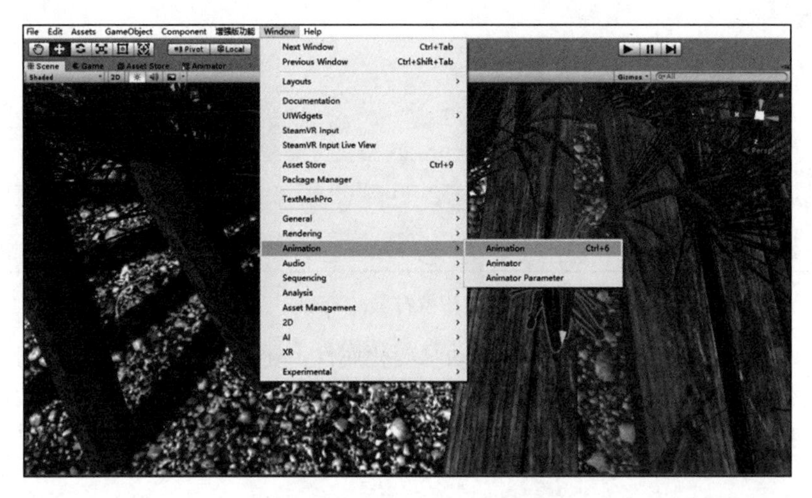

图 6-61 打开 Animation 窗口

【步骤 2】打开 Animation 窗口后，单击右侧界面中间的 Create 按钮，为该模型添加 Animation Clip，如图 6-62 所示。

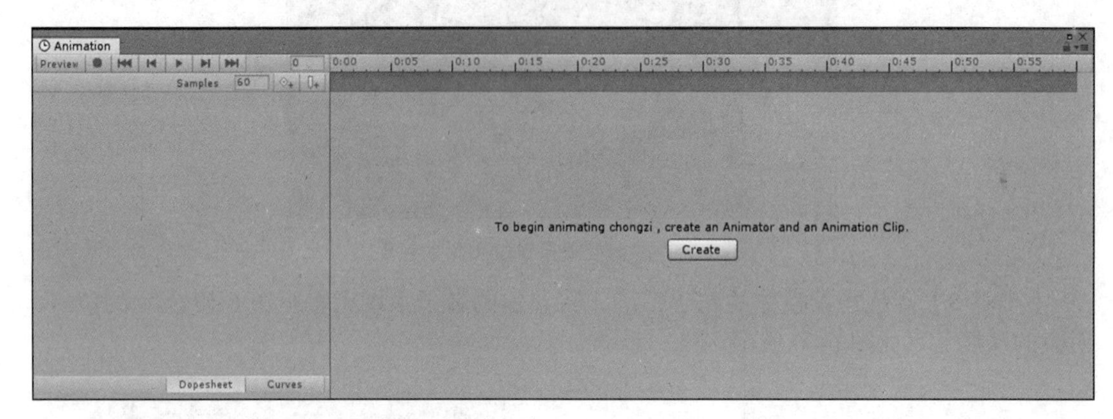

图 6-62　添加 Animation Clip

【步骤 3】在弹出的对话框中选择之前在 Assets 中创建的 animation 文件夹，更改文件名后，保存该文件，如图 6-63 所示。

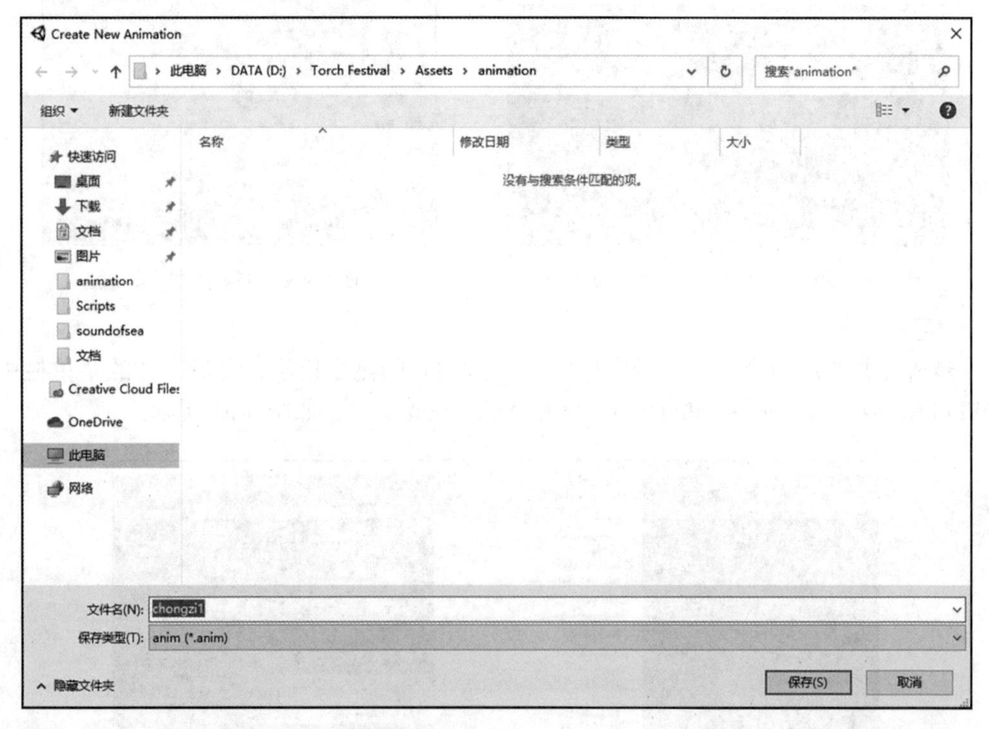

图 6-63　保存 Animation

【步骤 4】单击 Add Property 以添加动画变化属性，昆虫动画仅需要实现对昆虫进行位移及旋转的效果，因此单击 Transform 下的 Position 和 Rotation 后面的“+”按钮，为昆虫模型添加位移及旋转动画，如图 6-64 所示。

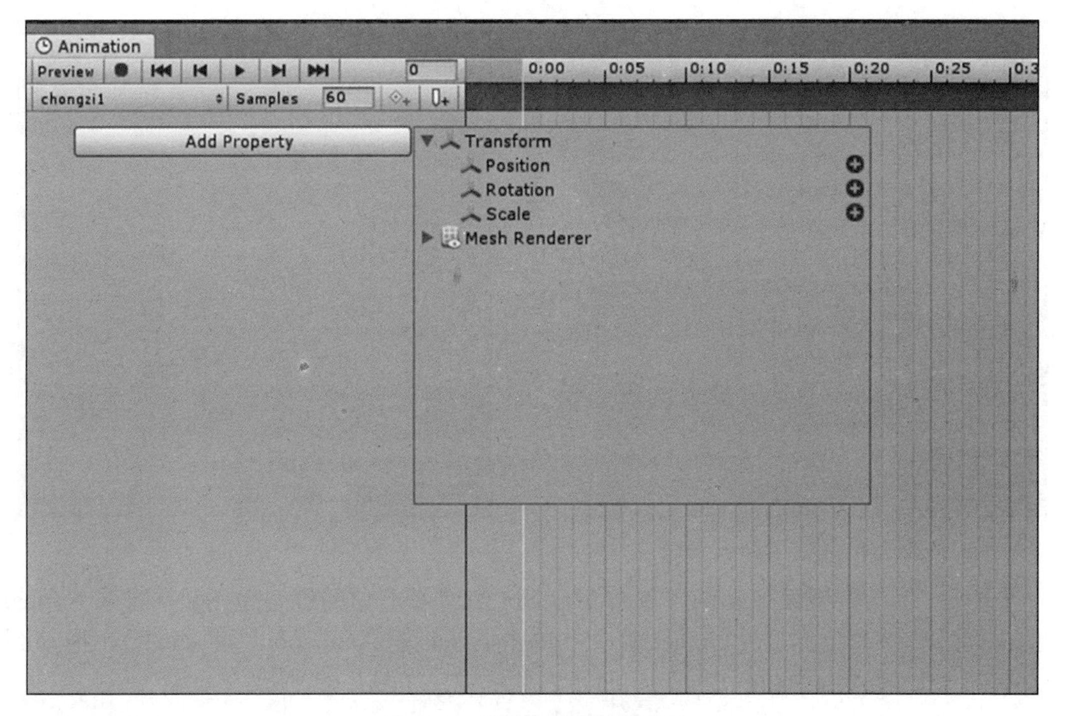

图 6-64　为昆虫模型添加动画

【步骤 5】在时间轴中将关键帧拖到需要的位置后，Inspector 窗口中对应属性的底色会变为蓝色，在此处可以修改模型属性的值，在场景中观察模型更改后的状态，会发现更改完成后，队形属性的底色变为红色。找到期望的数值后，将 Animation 窗口中对应属性的值更改为该数值。在此场景中，预期的动画效果为昆虫模型沿 Z 轴旋转 18°，分别沿 X 轴和 Y 轴移动一定的距离，因此在窗口左侧将 Rotation: Z 修改为 200，将 Position: X 修改为 –1，将 Position: Z 修改为 –7，按 Ctrl+S 组合键进行保存，单击上方的播放按钮即可预览动画效果，如图 6-65 所示。

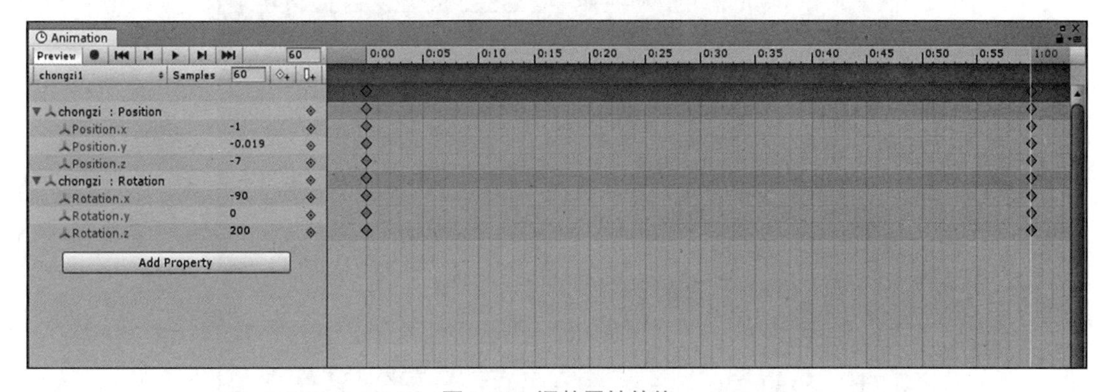

图 6-65　调整属性的值

【步骤 6】退出 Animation 窗口后，单击 Inspector 窗口右上角的倒三角按钮，进入 Debug 模式，如图 6-66 所示。勾选 Legacy 选项，如图 6-67 所示。

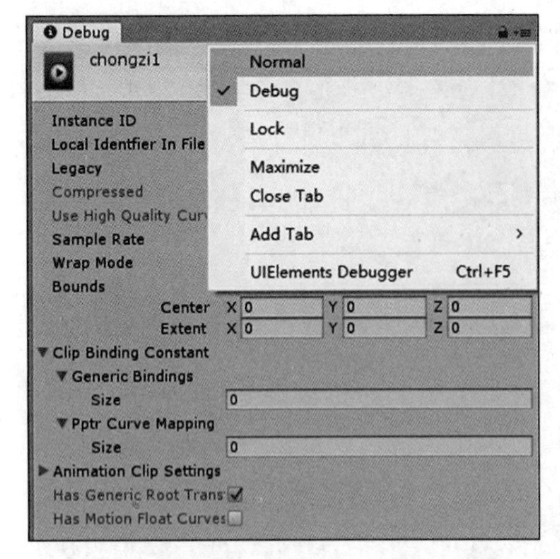

图 6-66　进入 Debug 模式

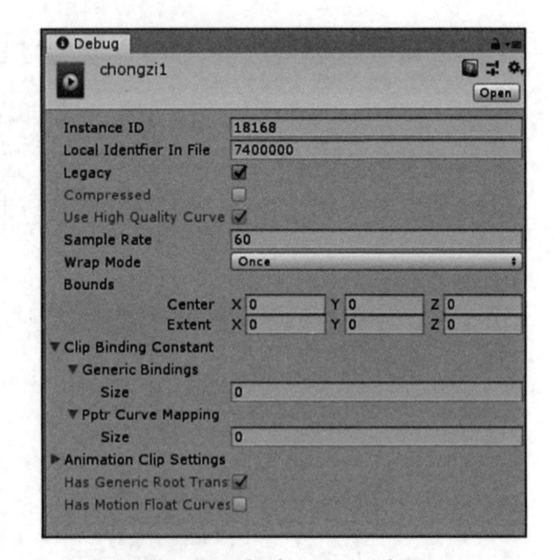

图 6-67　勾选 Legacy 选项

【步骤 7】为模型添加动画。单击 Inspector 窗口右上角的倒三角按钮，进入 Normal 模式，如图 6-68 所示。在 Project 窗口中单击 Assets → Animation，将 chongzi1 拖动到 Inspector 窗口的 Animation → Animation 的右侧框中，如图 6-69 所示。

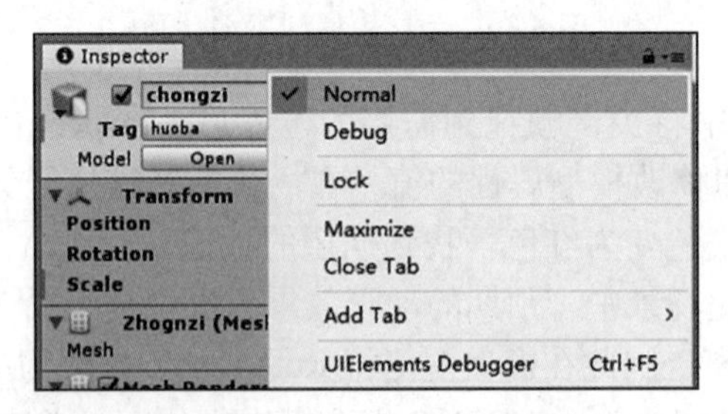

图 6-68　进入 Normal 模式

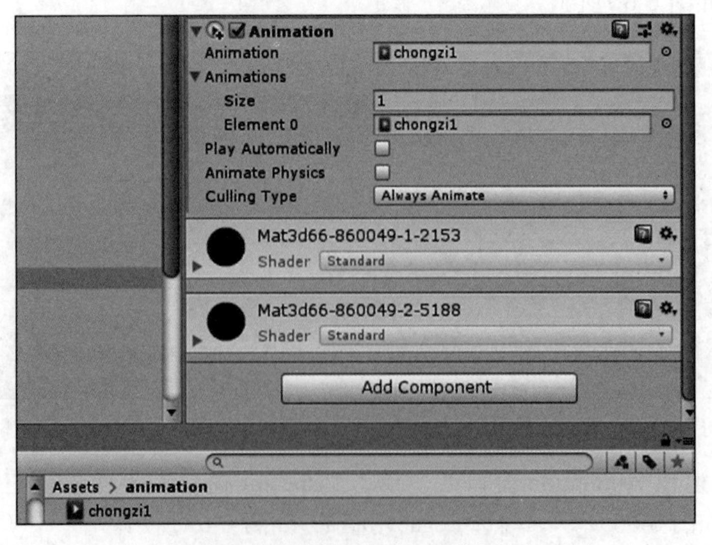

图 6-69　添加 chongzi1 动画

【步骤 8】对其他两个昆虫模型重复上述操作，并根据需要调整位移和旋转角度，如图 6-70 所示。

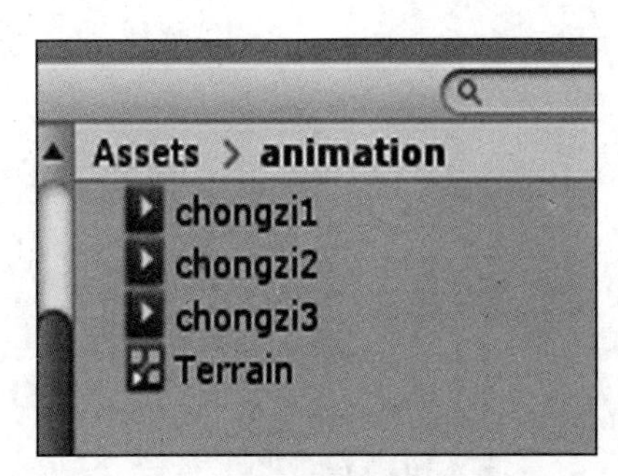

图 6-70　添加其他两个昆虫模型

【步骤 9】添加音效。在 Hierarchy 窗口的空白处右击，在弹出的菜单中选择 Audio → Audio Source，如图 6-71 所示。将新创建的 Audio Source 重命名为“背景音”，如图 6-72 所示。

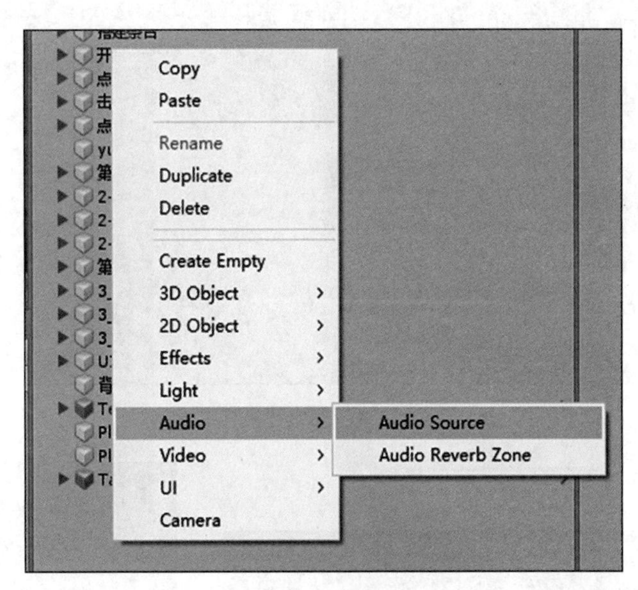

图 6-71　新建 Audio Source

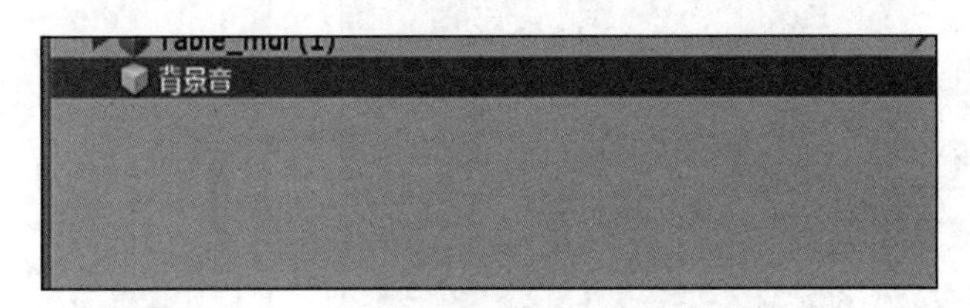

图 6-72　将 Audio Source 重命名为“背景音”

【步骤 10】在 Project 窗口中单击 Assets → sounds →背景音，将其拖动到 Inspector 窗口的 Audio Source → AudioClip 处，如图 6-73 所示。重复上述操作，添加其余的音效，音效添加的效果如图 6-74 所示。对象的从属关系如图 6-75 所示。

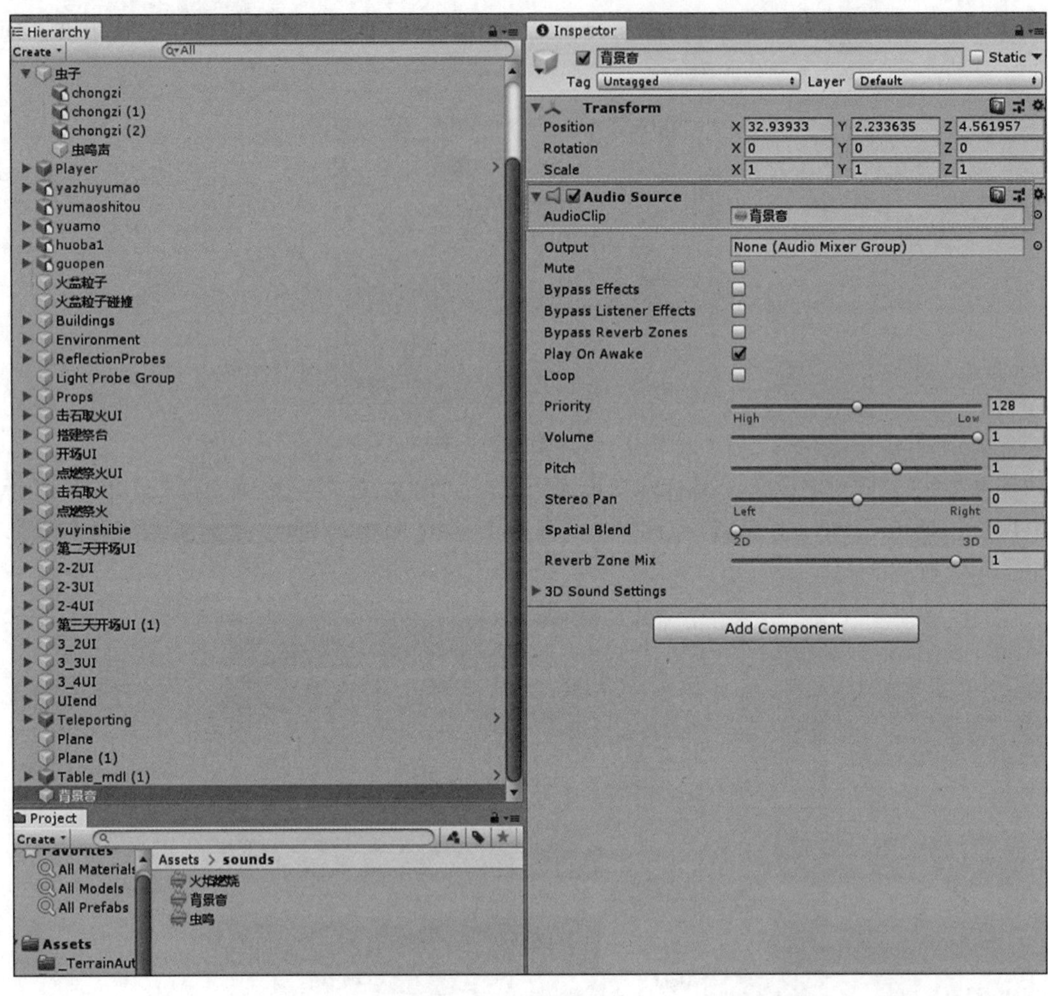

图 6-73　添加背景音

图 6-74　整体音效的添加效果

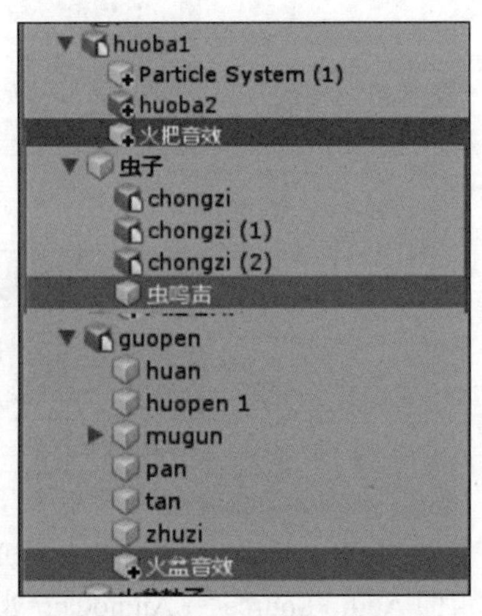

图 6-75　对象的从属关系

【步骤 11】需要注意的是，除背景音外，其余音效都需要做近大远小的声音效果，需要在 Inspector 窗口中将 Audio Source → Spatial Blend 处的滑块拖到最右侧“3D”处，如图 6-76 所示。

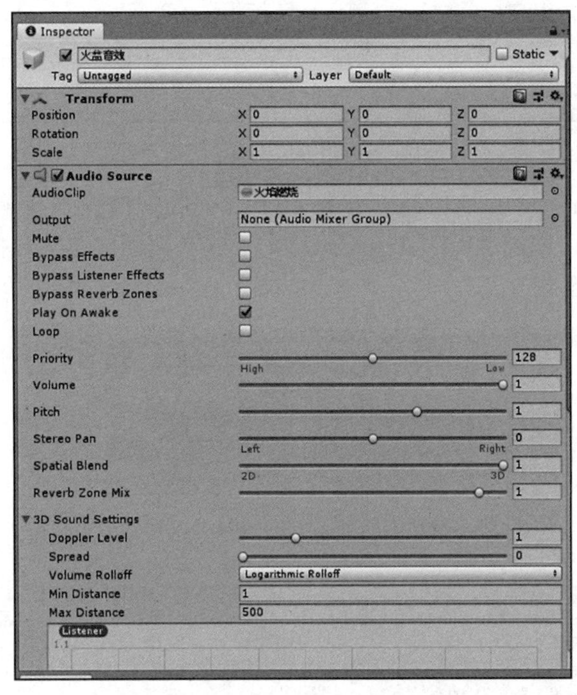

图 6-76　将 Spatial Blend 修改为 3D

任务 6.5　交 互 设 计

交互设计.mp4

为了能够更加自然、真实地进行项目体验，需要为不同物体添加相应的事件和物理属性，同时对于可交互的物体需要配置交互脚本，最后需要将程序打包输出进行测试。具体步骤依次如下。

1. 给物体添加交互组件

【步骤 1】添加交互组件。以搭建祭台的石头模型为例，单击 Inspector 窗口最下方的 Add Component 按钮，在弹出的搜索框中搜索 Rigidbody，添加 Ridigbody，参数保持默认设置即可，如图 6-77 和图 6-78 所示。

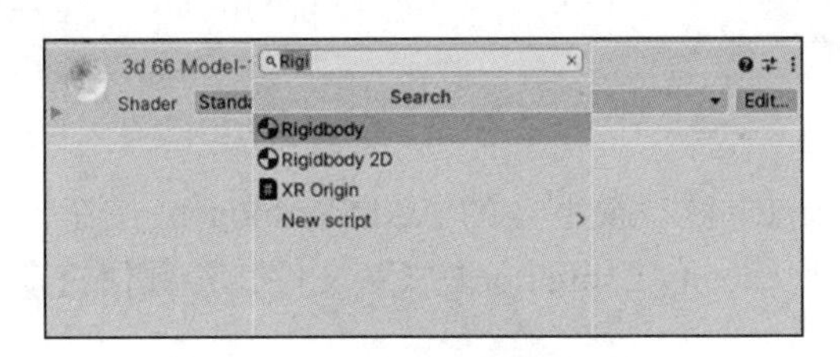

图 6-77　添加 Rigidbody 组件

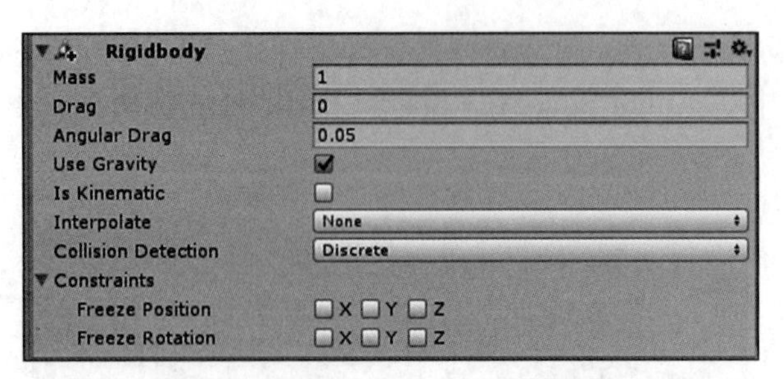

图 6-78　Rigidbody 参数的默认设置

【步骤 2】单击 Inspector 窗口最下方的 Add Component 按钮，在弹出的搜索框中搜索 XR Grab Interactable，添加 XR Grab Interactable 的 C# 文件，参数保持默认设置即可，如图 6-79 和图 6-80 所示。

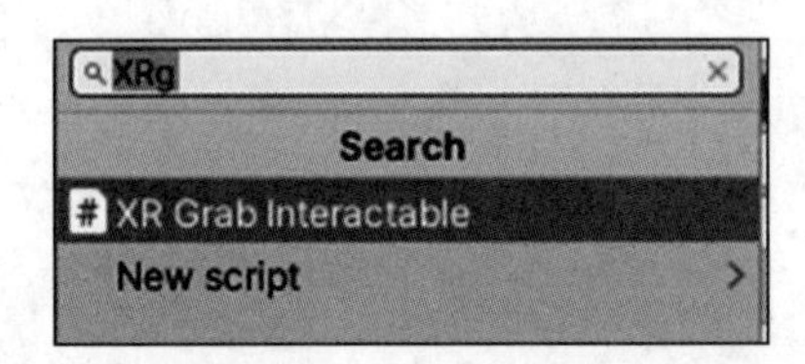

图 6-79　添加 XR Grab Interactable 组件

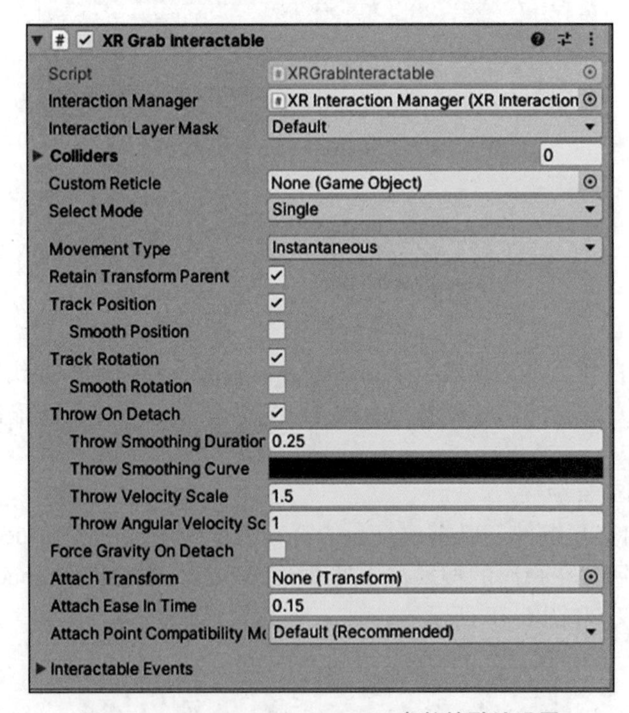

图 6-80　XR Grab Interactable 参数的默认设置

【步骤 3】单击 Inspector 窗口最下方的 Add Component 按钮，在弹出的搜索框中搜索 Velocity Estimator，添加 Velocity Estimator 的 C# 文件，参数保持默认设置即可，如图 6-81 所示。

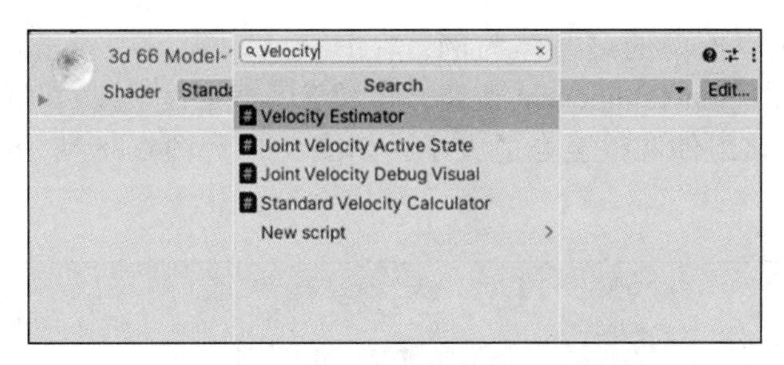

图 6-81　添加 Velocity Estimator 组件

【步骤 4】此场景中需要进行交互的对象模型均需要进行添加交互组件的操作，所有模型的名称如图 6-82～图 6-84 所示。

图 6-82　可交互的 Shitou 2 模型

图 6-83　可交互的 huoba 2 模型

图 6-84　可交互的 yumao 模型

【步骤 5】添加碰撞体。同样以建祭台的石头模型为例，单击 Inspector 窗口最下方的 Add Component 按钮，在弹出的搜索框中搜索 Mesh Collider，选中后单击，勾选 Convex 选项，如图 6-85 和图 6-86 所示。

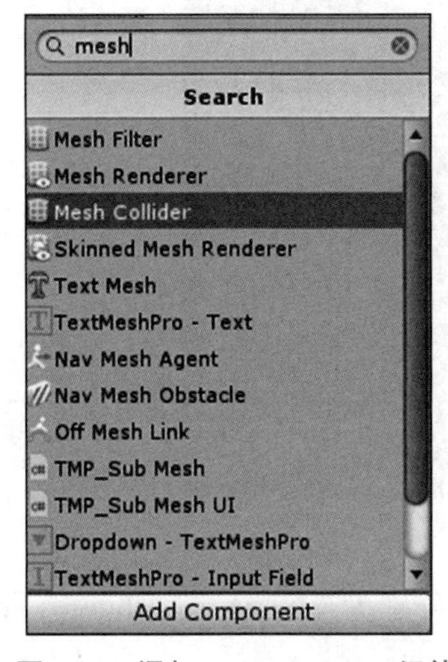

图 6-85　添加 Mesh Collider 组件

图 6-86　勾选 Convex 选项

【步骤 6】以昆虫模型的碰撞体为例，在 Hierarchy 窗口中单击“虫子”，在右侧的 Inspector 窗口中单击 Add Component 按钮，在弹出的搜索框中搜索 Box Collider，选中后单击，在场景中将该组件调整至合适大小，如图 6-87 和图 6-88 所示，调整后的效果如图 6-89 所示。

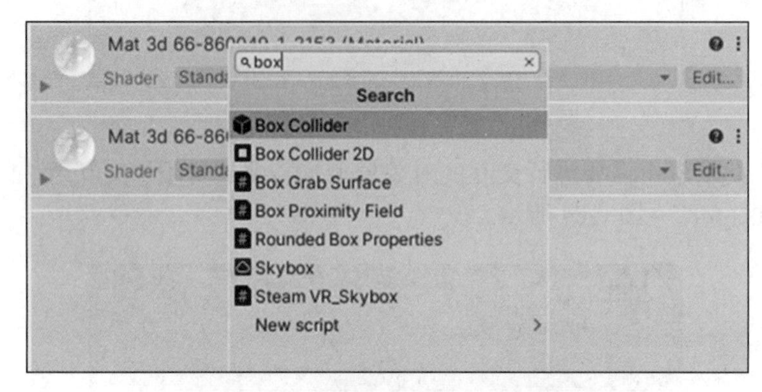

图 6-87　添加 Box Collider 组件

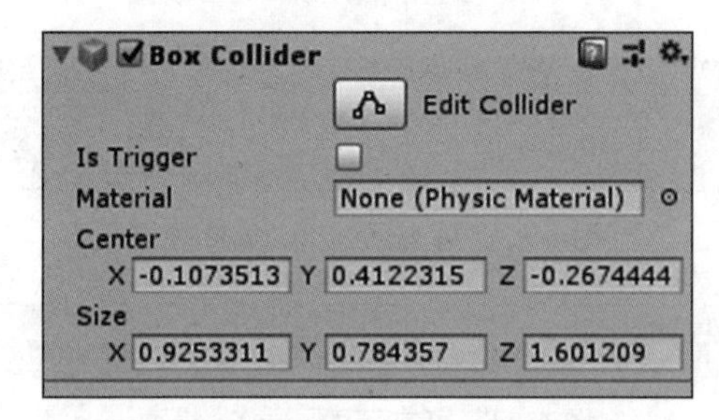

图 6-88　调整 Box Collider 参数

图 6-89　调整后的效果

【步骤 7】场景中需要添加 Mesh Collider 的对象名称分别为 gouhuo_xiaoshitou、gouhuo_shitou、shitou1、huoba1、yumaoshitou，如图 6-90 所示。

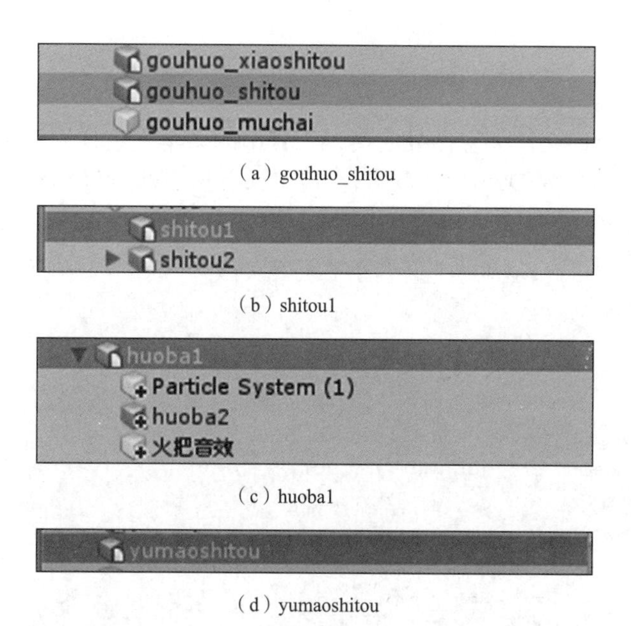

（a）gouhuo_shitou

（b）shitou1

（c）huoba1

（d）yumaoshitou

图 6-90　需要添加的 **Mesh Collider** 对象

【步骤 8】场景中需要添加 Box Collider 的对象名称如图 6-91 所示。

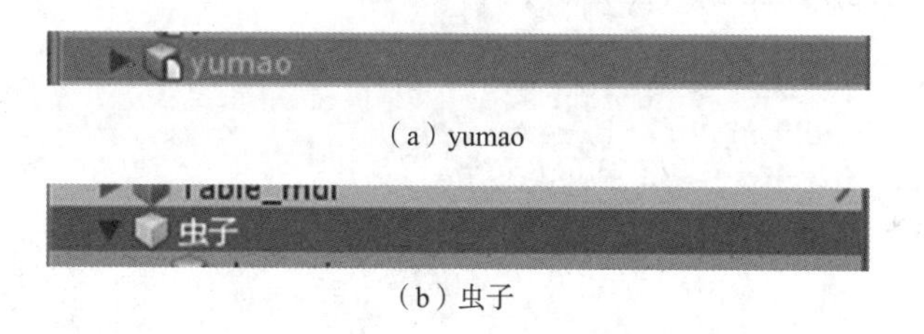

（a）yumao

（b）虫子

图 6-91　需要添加的 **Box Collider** 对象

【步骤 9】添加 Tag。在 Inspector 窗口中单击 Tag，在下拉列表中选择 Add Tag，在 Tag 一栏下单击“+”按钮，添加以下 Tag，以便后续进行判断和调用，如图 6-92 和图 6-93 所示。

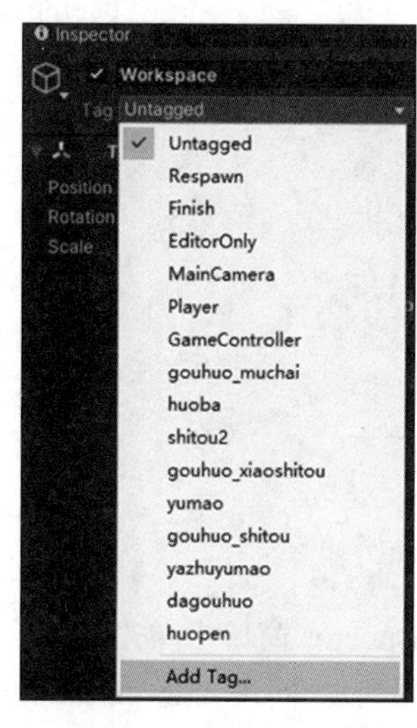

图 6-92　添加 **Tag**

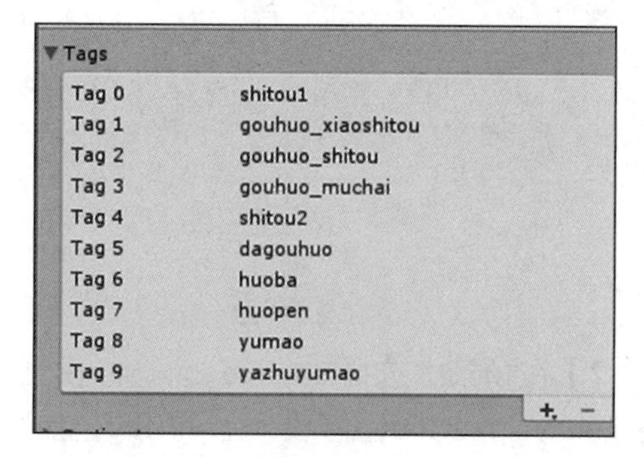

图 6-93　需要添加的 **Tag** 名称

2. 添加交互脚本

1）祭火——堆建祭台

【步骤 1】在 Scripts 文件夹空白处右击，在弹出的菜单中选择 Create → C# Scripts，新建一个 C# 文件，并命名为 Duijitai，双击打开文件，进入 Visual Studio 2017，代码如下。

```
using System.Collections;
using System.Collections.Generic;
using UnityEngine;

public class Duijitai : MonoBehaviour
{
    public GameObject gouhuo_xiaoshitou;
    public GameObject gouhuo_shitou;
    public GameObject gouhuo_muchai;
    public GameObject gouhuo;

    public GameObject dayone_2;

    void Start()
    {
        gouhuo.SetActive(false);

        dayone_2.SetActive(false);
        gouhuo_muchai.SetActive(true);
        gouhuo_shitou.SetActive(true);
        gouhuo_xiaoshitou.SetActive(true);

    }

    void Update()
    {

    }
    void OnCollisionEnter(Collision collision)
    {
        if(collision.collider.tag == "gouhuo_shitou")
        {
            gouhuo.SetActive(true);

            dayone_2.SetActive(true);
            gouhuo_muchai.SetActive(false);
            gouhuo_shitou.SetActive(false);
            gouhuo_xiaoshitou.SetActive(false);
        }
    }
}
```

【步骤 2】在场景中选择 gouhuo_muchai 模型，在 Inspector 窗口中单击 Tag，在下拉列表中选择 gouhuo_muchai，修改模型的 Tag，如图 6-94 所示，同理，将 gouhuo_xiaoshitou

模型和 gouhuo_shitou 模型的 Tag 分别修改为 gouhuo_xiaoshitou 和 gouhuo_shitou，如图 6-95 和图 6-96 所示。

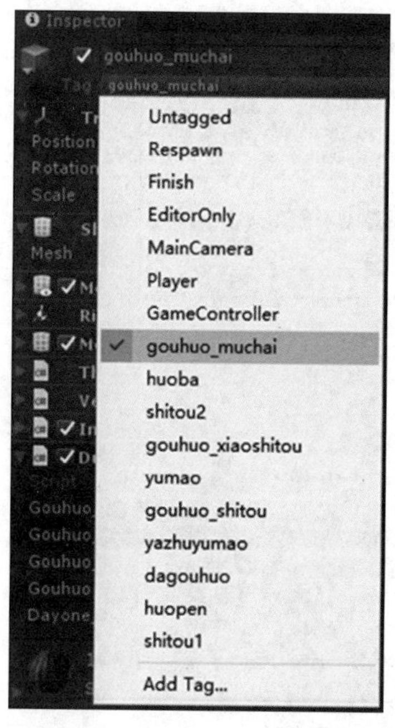

图 6-94　修改 gouhuo_muchai 模型的 Tag

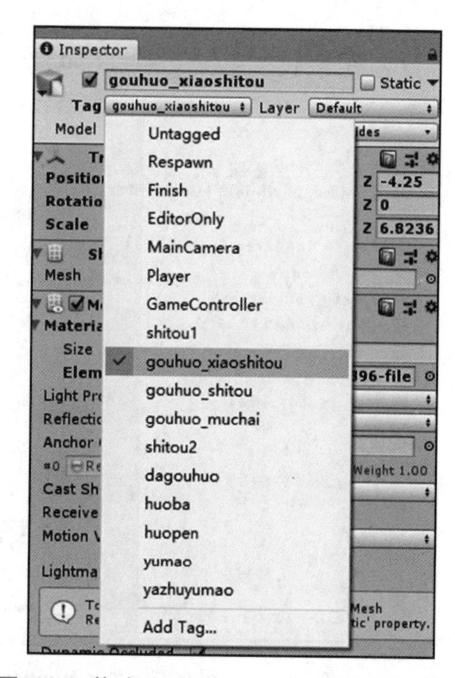

图 6-95　修改 gouhuo_xiaoshitou 模型的 Tag

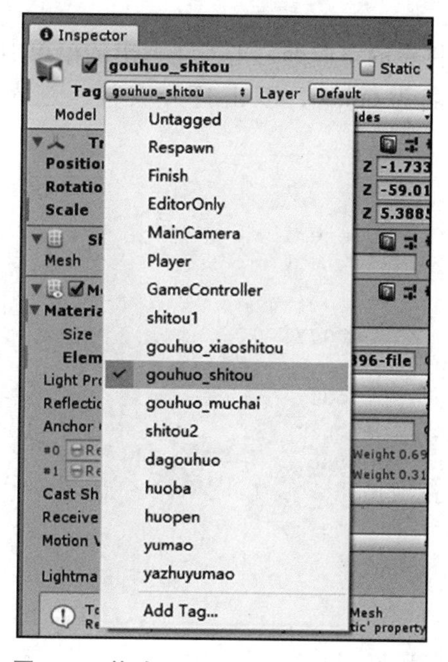

图 6-96　修改 gouhuo_shitou 模型的 Tag

【步骤 3】在 Hierarchy 窗口中选中 gouhuo_muchai，将 Duijitai 文件赋予物体 gouhuo_muchai，将 gouhuo_xiaoshitou、gouhuo_shitou、gouhuo_muchai、gouhuo、“击石取火 UI”

这 5 个对象拖到 Inspector → gouhuo_muchai(Script) 下，一一匹配，如图 6-97 所示。

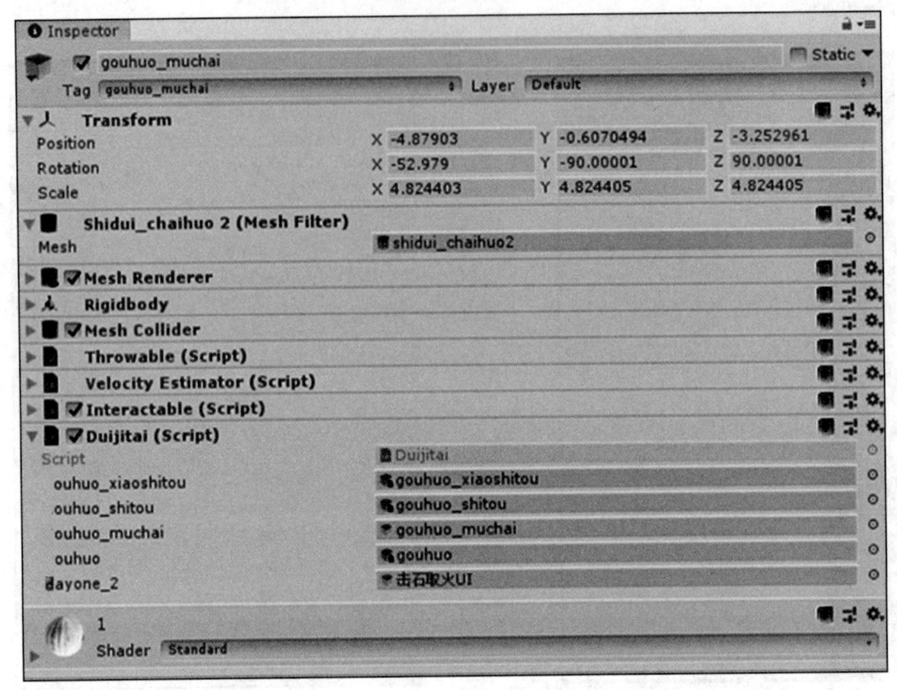

图 6-97　为 gouhuo_muchai 添加可交互脚本

2）祭火——击石取火

【步骤 1】在 Scripts 文件夹的空白处右击，在弹出的菜单中选择 Create → C# Scripts，新建一个 C# 文件，并命名为 quhuo，双击打开文件，进入 Visual Studio 2017，代码如下。

```
using System.Collections;
using System.Collections.Generic;
using UnityEngine;

public class quhuo : MonoBehaviour
{
    public GameObject shitou1;
    public GameObject shitou2;
    public GameObject huomiao;
    public GameObject dayone_2;
    public GameObject dayone_3;

    void Start()
    {
        huomiao.SetActive(false);
        dayone_3.SetActive(false);
    }

    void Update()
```

```
    {

    }

    private void OnCollisionEnter(Collision collision)
    {
        if(collision.collider.tag =="shitou2")
        {
            huomiao.SetActive(true);
            dayone_2.SetActive(false);
            dayone_3.SetActive(true);
        }
    }
}
```

【步骤 2】在场景中选择 shitou2 模型，在 Inspector 窗口中单击 Tag，在下拉列表中选择 shitou2，修改模型的 Tag，如图 6-98 所示。

【步骤 3】在 Hierarchy 窗口中选中 shitou1，将 quhuo 文件赋予对象 shitou1，将 shitou1、shitou2、Particle System（2）、“击石取火 UI”，以及“点燃祭火 UI”这 5 个对象拖到 Inspector → quhuo(Script) 下，一一匹配，如图 6-99 所示。

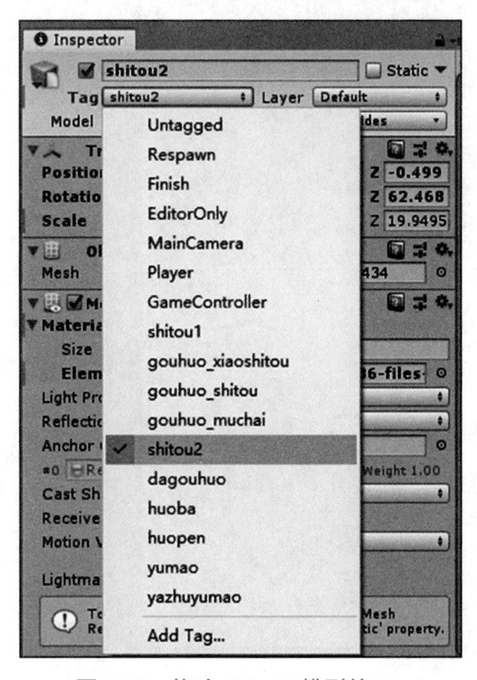

图 6-98 修改 shitou2 模型的 Tag

图 6-99 为 shitou1 添加可交互脚本

3）祭火——点燃祭火

【步骤 1】在 Scripts 文件夹的空白处右击，在弹出的菜单中选择 Create → C# Scripts，新建一个 C# 文件，并命名为 dianranjihuo，双击打开文件，进入 Visual Studio 2017，代码如下。

```
using System.Collections;
using System.Collections.Generic;
using UnityEngine;

public class dianranjihuo : MonoBehaviour
{
    public GameObject dagouhuo;
    public GameObject dayone_3;
    public GameObject shitou;
    public GameObject pointlight;
    public GameObject pointlight1;
    public GameObject UI;
    public GameObject sound;
    public GameObject UI2_2;

    void Start()
    {
        dagouhuo.SetActive(false);
        pointlight.SetActive(false);
        pointlight1.SetActive(false);
        UI.SetActive(false);
        sound.SetActive(false);
        UI2_2.SetActive(false);
    }

    void Update()
    {

    }
    private void OnCollisionEnter(Collision collision)
    {
        if(collision.collider.tag =="dagouhuo")
        {
            dagouhuo.SetActive(true);
            dayone_3.SetActive(false);
            shitou.SetActive(false);
            pointlight.SetActive(true);
            pointlight1.SetActive(true);
            UI.SetActive(true);
            sound.SetActive(true);
            UI2_2.SetActive(true);
        }
    }
}
```

【步骤 2】在场景中选择 gouhuo 模型，在 Inspector 窗口中单击 Tag，在下拉列表中选择 dagouhuo，修改模型的 Tag，如图 6-100 所示。

【步骤 3】在 Hierarchy 窗口中选中 shitou2，将 dianranjihuo 文件赋予对象 shitou2，将 Particle System (2)、“点燃祭火 UI”、shitou2、Point Light、Particle System (1)、“第二天开

场 UI”、audio、2-2UI 这 8 个对象拖到 Inspector → dianranjihuo(Script) 下，一一匹配，如图 6-101 所示。

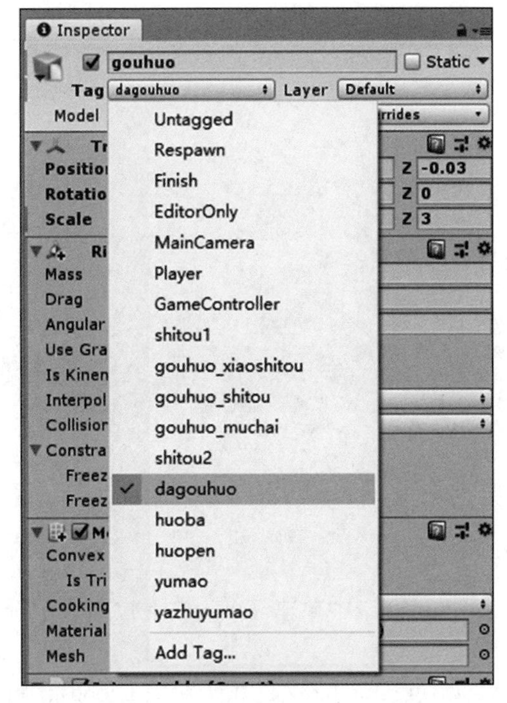

图 6-100　修改 gouhuo 模型的 Tag

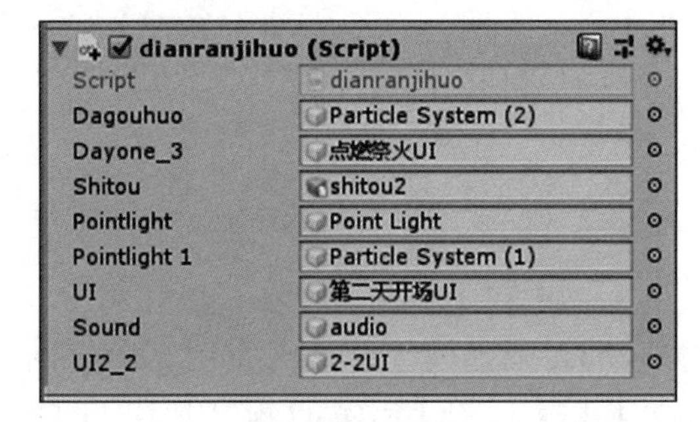

图 6-101　为 shitou2 添加可交互脚本

4）传火——点燃火把

【步骤 1】在 Scripts 文件夹的空白处右击，在弹出的菜单中选择 Create → C# Scripts，新建一个 C# 文件，并命名为 dianranhuoba，双击打开文件，进入 Visual Studio 2017，代码如下。

```
using System.Collections;
using System.Collections.Generic;
using UnityEngine;

public class dianranhuoba : MonoBehaviour
{
    public GameObject huoba;
    public GameObject UI2_2;
    public GameObject UI2_3;
    public GameObject sound;

   public void Awake()
   {
        //huo.GetComponent<ParticleSystem>().Stop();
   }

    void Start()
```

```
    {
        UI2_3.SetActive(false);
        sound.SetActive(false);
    }

    void Update()
    {

    }
    public void OnParticleCollision(GameObject huo)
    {

        if (huo.tag =="huoba")
        {
            UI2_2.SetActive(false);
            UI2_3.SetActive(true);
            huoba.GetComponent<ParticleSystem>().Play();
            sound.SetActive(true);
        }
    }
}
```

【步骤 2】在场景中选择 huoba1 模型，在 Inspector 窗口中单击 Tag，在下拉列表中选择 huoba，修改模型的 Tag，如图 6-102 所示。

【步骤 3】在 Hierarchy 窗口中选中 huoba1，将 dianranhuoba 文件赋予对象 huoba1，将 Particle System (1)、2-2UI、2-3UI、“火把音效”这 4 个对象拖到 Inspector → dianranhuoba (Script) 下，一一匹配，如图 6-103 所示。

图 6-102　修改 huoba1 模型的 Tag

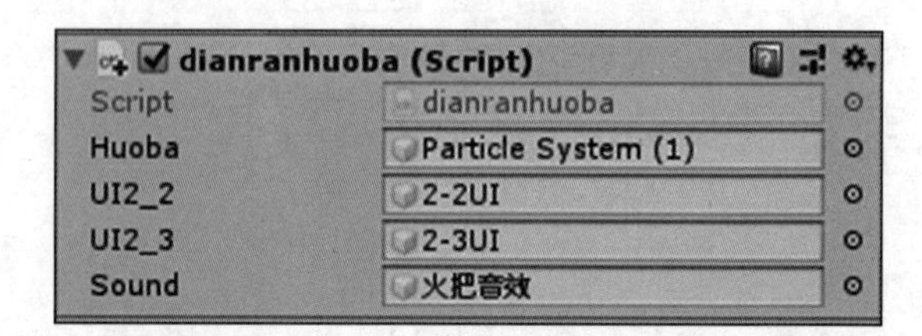

图 6-103　为 huoba1 添加可交互脚本

5）传火——传送祭火

【步骤 1】在 Scripts 文件夹的空白处右击，在弹出的菜单中选择 Create → C# Scripts，新建一个 C# 文件，并命名为 dianranhuodui，双击打开文件，进入 Visual Studio 2017，代码如下。

```
using System.Collections;
using System.Collections.Generic;
using UnityEngine;

public class dianranhuodui : MonoBehaviour
{
    public GameObject huopenlizi;
    public GameObject UI2_3;
    public GameObject UI2_4;
    public GameObject sound;
    void Start()
    {
        huopenlizi.SetActive(false);
        UI2_4.SetActive(false);
        sound.SetActive(false);
    }

    void Update()
    {

    }
    public void OnParticleCollision(GameObject huo)
    {
        if(huo.tag =="huopen")
        {
            UI2_3.SetActive(false);
            UI2_4.SetActive(true);
            huopenlizi.SetActive(true);
            sound.SetActive(true);
        }
    }
}
```

【步骤 2】在场景中选择“火盆粒子碰撞”粒子系统，在 Inspector 窗口中单击 Tag，在下拉列表中选择 huopen，修改模型的 Tag，如图 6-104 所示。

【步骤 3】在 Hierarchy 窗口中选中 huoba1，将 dianranhuodui 文件赋予对象 huoba1，将“火盆粒子”、2-3UI、2-4UI、“火盆音效”这 4 个对象拖到 Inspector → dianranhuodui (Script) 下，一一匹配，如图 6-105 所示。

6）传火——以火驱虫

【步骤 1】在 Scripts 文件夹的空白处右击，在弹出的菜单中选择 Create → C# Scripts，新建一个 C# 文件，并命名为 quchong，双击打开文件，进入 Visual Studio 2017，代码如下。

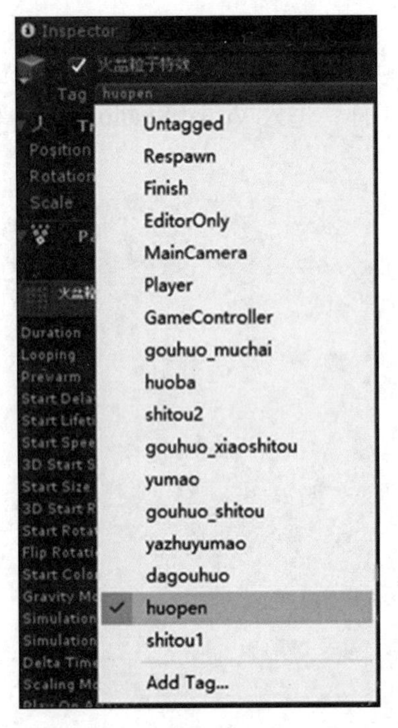

图 6-104　修改火盆粒子碰撞模型的 Tag

图 6-105　为 huoba1 添加可交互脚本

```
using System.Collections;
using System.Collections.Generic;
using UnityEngine;

public class quchong : MonoBehaviour
{
    public Animation anim;
    public Animation anim1;
    public Animation anim2;
    public GameObject UI2_4;
    public GameObject UI3_1;
    public GameObject sound;

    void Start()
    {
        Animation anim = GetComponent<Animation>();
        anim.Stop();
        anim1.Stop();
        anim2.Stop();
        UI3_1.SetActive(false);
    }

    void Update()
    {
    }
```

```
    private void OnCollisionEnter(Collision collision)
    {
        if(collision.collider.tag == "huoba")
        {
            sound.SetActive(false);
            anim.Play();
            anim1.Play();
            anim2.Play();
            UI2_4.SetActive(false);
            UI3_1.SetActive(true);
        }
    }
}
```

【步骤 2】在 Hierarchy 窗口中选中 huoba1，将 quchong 文件赋予对象 huoba1，将 chongzi (Animation)、chongzi (1) (Animation)、chongzi (2) (Animation)、2-4UI、“第三天开场 UI (1)”“虫鸣声”这 6 个对象拖到 Inspector → quchong（Script）下，一一匹配，如图 6-106 所示。

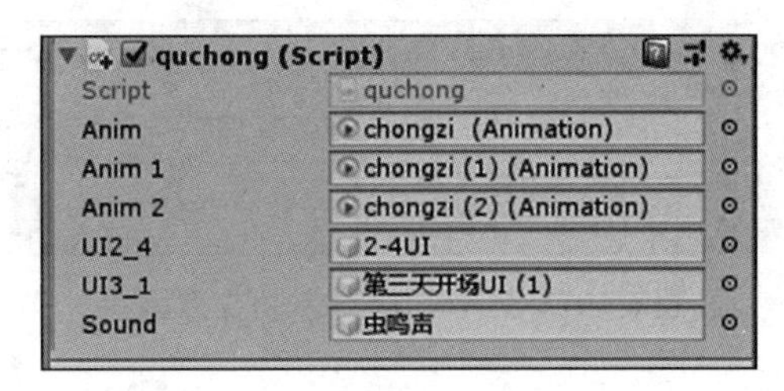

图 6-106　为 huoba1 添加可交互脚本

7）送火——焚烧羽毛

【步骤 1】在 Scripts 文件夹的空白处右击，在弹出的菜单中选择 Create → C# Scripts，新建一个 C# 文件，并命名为 dianranyumao，双击打开文件，进入 Visual Studio 2017，代码如下。

```
using System.Collections;
using System.Collections.Generic;
using UnityEngine;

public class dianranyumao : MonoBehaviour
{
    public GameObject yumaolizi;
    public GameObject UI3_2;
    public GameObject UI3_3;

    void Start()
    {
        UI3_3.SetActive(false);
    }
```

```
    void Update()
    {

    }
    private void OnParticleCollision(GameObject huo)
    {
        if(huo.tag == "huoba")
        {
            UI3_2.SetActive(false);
            UI3_3.SetActive(true);
            yumaolizi.GetComponent<ParticleSystem>().Play();
        }
    }
}
```

【步骤 2】在 Hierarchy 窗口中选中 yumao，将 dianranyumao 文件赋予对象 huoba1，将 yumaolizi、3_2UI、3_3UI 这 3 个对象拖到 Inspector→dianranyumao (Script) 下，一一匹配，如图 6-107 所示。

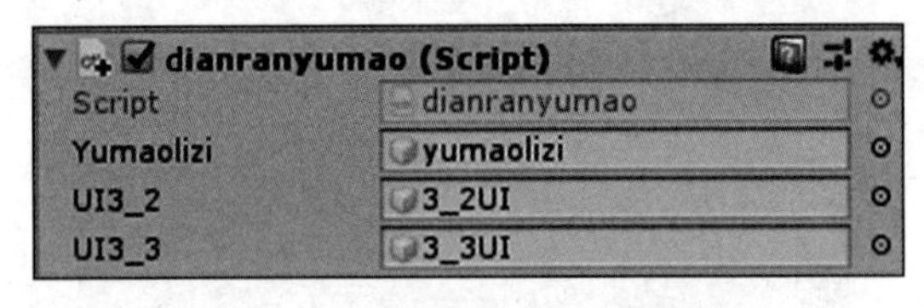

图 6-107　为 yumao 添加可交互脚本

8）送火——压住羽毛

【步骤 1】在 Scripts 文件夹的空白处右击，在弹出的菜单中选择 Create → C# Scripts，新建一个 C# 文件，并命名为 yazhuyumao，双击打开文件，进入 Visual Studio 2017，代码如下。

```
using System.Collections;
using System.Collections.Generic;
using UnityEngine;

public class yazhuyumao : MonoBehaviour
{
    public GameObject yayumao;
    public GameObject yumao;
    public GameObject huoba;
    public GameObject shitou;
    public GameObject UI3_3;
    public GameObject UI3_4;

    void Start()
    {
        yayumao.SetActive(false);
        yuamo.SetActive(true);
```

```
        huoba.SetActive(true);
        shitou.SetActive(true);
        UI3_4.SetActive(false);
    }

    void Update()
    {

    }
    private void OnCollisionEnter(Collision collision)
    {
        if(collision.collider.tag=="yazhuyumao")
        {
            yayumao.SetActive(true);
            yuamo.SetActive(false);
            huoba.SetActive(false);
            shitou.SetActive(false);
            UI3_3.SetActive(false);
            UI3_4.SetActive(true);
        }
    }
}
```

【步骤 2】在场景中选择 yumaoshitou 粒子系统，在 Inspector 窗口中单击 Tag，在下拉列表中选择 yazhuyumao，修改模型的 Tag，如图 6-108 所示。

【步骤 3】在 Hierarchy 窗口中选中 yumao，将 yazhuyumao 文件赋予对象 yumao，将 yazhuyumao、yumao、huoba1、yumaoshitou、3_3UI、3_4UI 这 4 个对象拖到 Inspector → yazhuyumao (Script) 下，一一匹配，如图 6-109 所示。

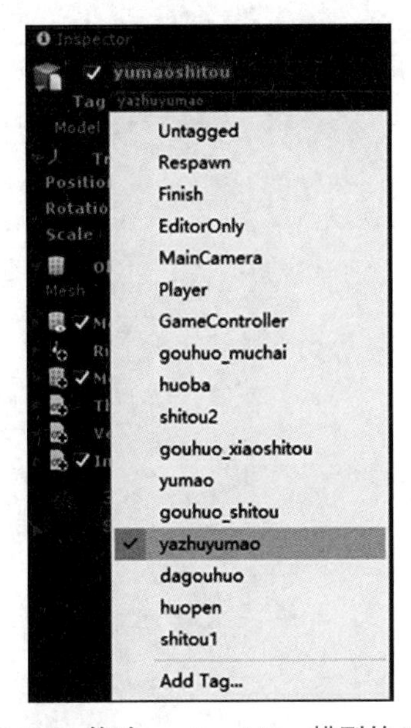

图 6-108 修改 yumaoshitou 模型的 Tag

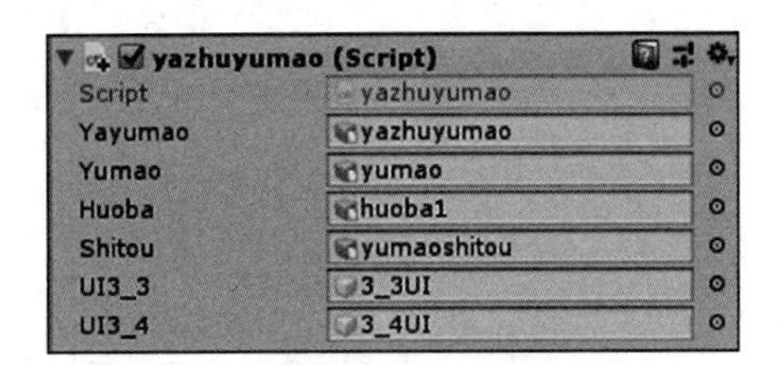

图 6-109 为 yumao 添加可交互脚本

3. 设置 Button 的单击事件

【步骤 1】在 Scripts 文件夹的空白处右击，在弹出的菜单中选择 Create → C# Scripts，新建一个 C# 文件，并命名为 UIcontroll，双击打开文件，进入 Visual Studio 2017，代码如下。

```
using System.Collections;
using System.Collections.Generic;
using UnityEngine;

public class UIcontroll : MonoBehaviour
{
    public GameObject kaichang;
    public GameObject kaichang2;
    public GameObject dayone_kaichang;
    public GameObject dayone_1;
    void Start()
    {
        kaichang.SetActive(true);
        kaichang2.SetActive(false);
        dayone_kaichang.SetActive(false);
        dayone_1.SetActive(false);
    }

    void Update()
    {

    }

    public void onego()
    {
        kaichang.SetActive(false);
        kaichang2.SetActive(true);
    }
    public void twogo()
    {
        kaichang2.SetActive(false);
        dayone_kaichang.SetActive(true);
    }
    public void threeego()
    {
        dayone_kaichang.SetActive(false);
        dayone_1.SetActive(true);
    }
    public void fourgo()
    {
        dayone_1.SetActive(false);
    }
}
```

【步骤 2】在 Hierarchy 窗口的“开场 UI”处右击，新建空对象，并命名为 UIcontroller。在 Hierarchy 窗口中选中 UIcontroller，将 UIcontroll 文件赋予对象 UIcontroller，将开场 1、开场 2、day1 开场、day1_1 这 4 个对象拖到 Inspector→UIcontroll (Script)，一一匹配，如图 6-110 所示。

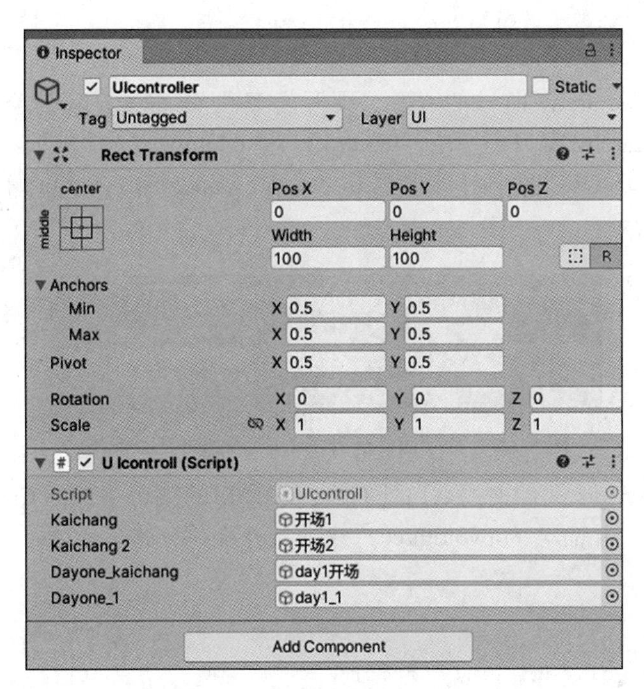

图 6-110 为“开场 UI”添加可交互脚本

【步骤 3】在 Scripts 文件夹的空白处右击，在弹出的菜单中选择 Create→C# Scripts，新建一个 C# 文件，并命名为 onetotwo，双击打开文件，进入 Visual Studio 2017，代码如下。

```
using System.Collections;
using System.Collections.Generic;
using UnityEngine;

public class onetotwo : MonoBehaviour
{
    public GameObject UI2_2;
    public GameObject UI2_1;

    void Start()
    {
        UI2_2.SetActive(false);
    }

    void Update()
    {
```

```
    }
    public void daytwo()
    {
        UI2_1.SetActive(false);
        UI2_2.SetActive(true);
    }
}
```

【步骤 4】在 Hierarchy 窗口的“第二天开场 UI”处右击，新建空对象，并命名为 UIcontroll。在 Hierarchy 窗口中选中 UIcontroll，将 onetotwo 文件赋予对象 UIcontroll，将 2-2UI、“第二天开场 UI”两个对象拖到 Inspector → onetotwo (Script) 下，一一匹配，如图 6-111 所示。

图 6-111　为“第二天开场 UI”添加可交互脚本

【步骤 5】在 Scripts 文件夹的空白处右击，在弹出的菜单中选择 Create → C# Scripts，新建一个 C# 文件，并命名为 twotothree，双击打开文件，进入 Visual Studio 2017，代码如下。

```
using System.Collections;
using System.Collections.Generic;
using UnityEngine;

public class twotothree : MonoBehaviour
{
    public GameObject UI3_2;
    public GameObject UI3_1;
    void Start()
    {
        UI3_2.SetActive(false);
    }

    void Update()
    {

    }
    public void daythree()
    {
        UI3_1.SetActive(false);
        UI3_2.SetActive(true);
    }
}
```

【步骤 6】在 Hierarchy 窗口的“第三天开场 UI (1)”处右击，新建空对象，并命名为 UIcontroll。在 Hierarchy 窗口中选中 UIcontroll，将 twotothree 文件赋予对象 UIcontroll，将 2_2UI、“第三天开场 UI (1)”两个对象拖到 Inspector→twotothree (Script) 下，一一匹配，如图 6-112 所示。

图 6-112　为“第三天开场 UI (1)”添加可交互脚本

【步骤 7】为按钮添加交互事件。在 Hierarchy 窗口中选中“开场 UI”→“开场”→Button，在右侧的 Inspector 窗口中 Button 下单击 On Click() 下的“+”，添加事件，如图 6-113 和图 6-114 所示。

图 6-113　添加按钮

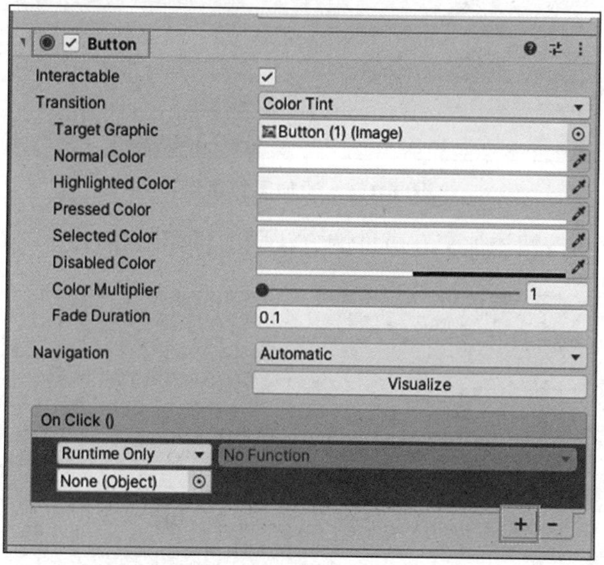

图 6-114　为按钮添加交互事件

【步骤 8】单击 On Click() 下的 None (Object) 处，在弹出的 Select Object 窗口中搜索 UIcontroller，双击选择 Assets 目录下的 UIcontroller 对象，如图 6-115 所示。

【步骤 9】单击 No Function，打开下拉列表，选择 UIcontroll→onego()，添加函数事件，如图 6-116 所示。

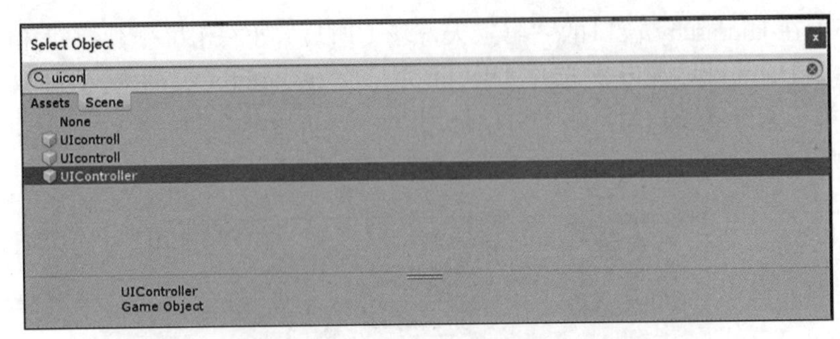

图 6-115　搜索 UIcontroller 脚本

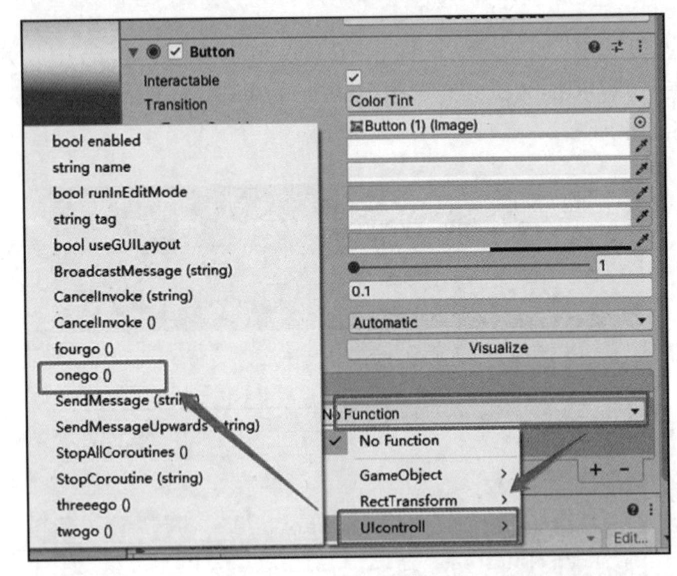

图 6-116　添加函数事件

【步骤 10】为其余按钮添加交互事件的方法同上，如图 6-117～图 6-121 所示。

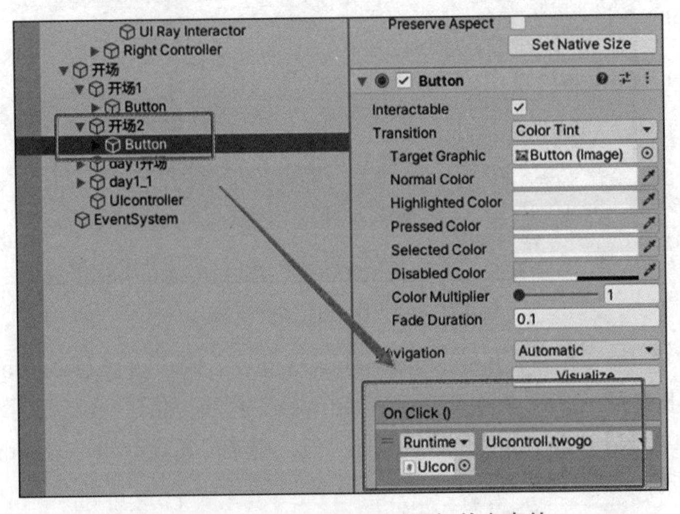

图 6-117　为开场 2-Button 添加单击事件

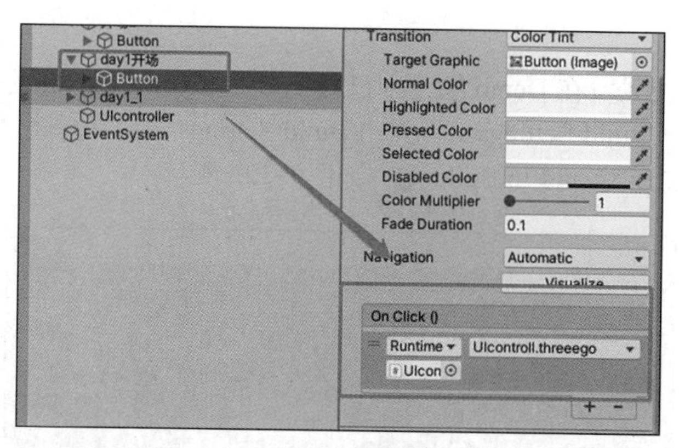

图 6-118　为 day1 开场 -Button 添加单击事件

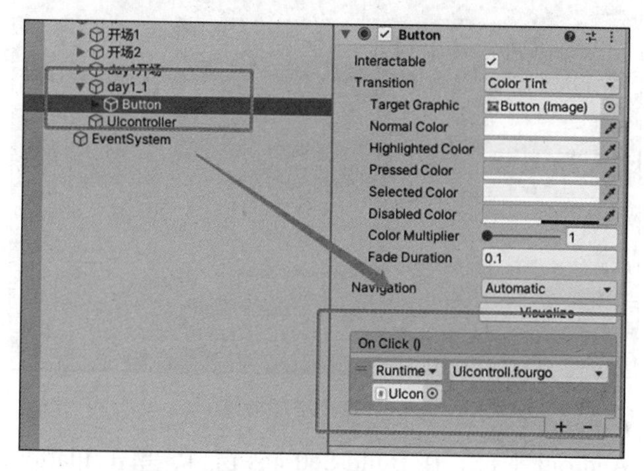

图 6-119　为 day1_1-Button 添加单击事件

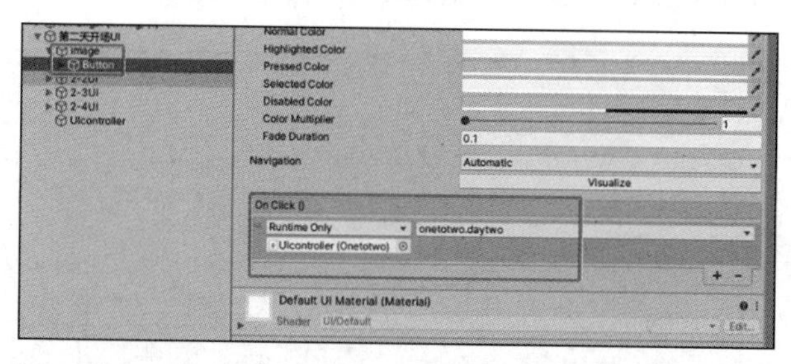
图 6-120　为第二天开场 UI-Button 添加单击事件

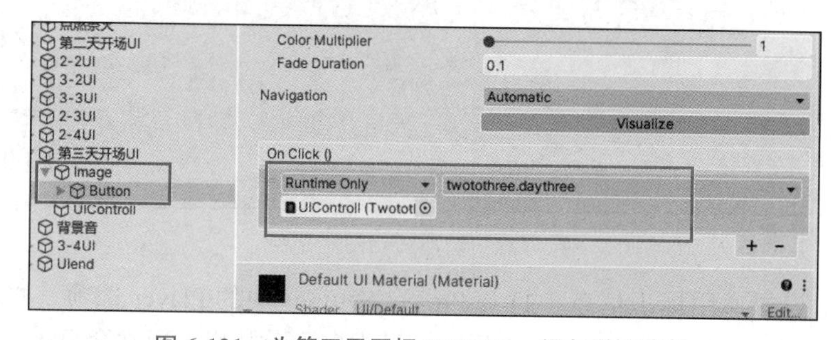

图 6-121　为第三天开场 UI-Button 添加单击事件

4. 文件打包

【步骤 1】添加场景。在 Demo 场景中已经完成了 Torch Festival 的全部模块，首先单击菜单栏中的 File → Build Settings…，弹出 Build Settings 窗口，单击 Add Open Scenes 按钮将 Demo 场景添加到 Scenes In Build 中，如图 6-122 所示。

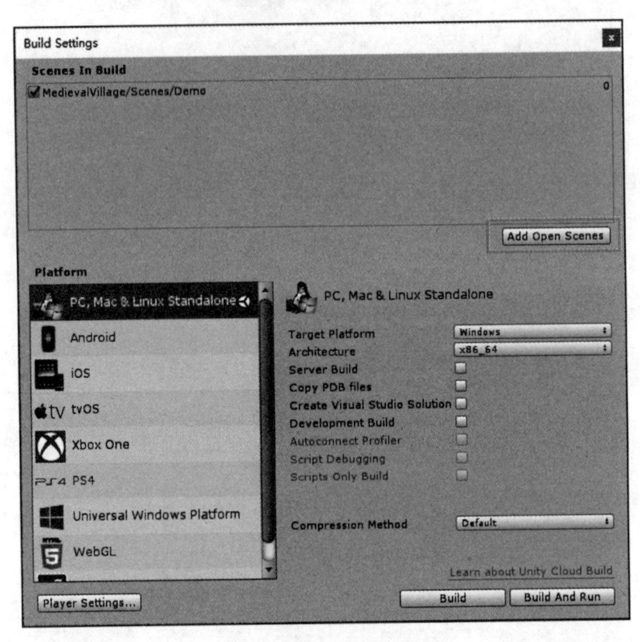

图 6-122　添加场景

【步骤 2】切换 Android 平台。在 Build Settings 窗口，单击 Platform 下的 Android，然后单击 Add Open Scenes 按钮，切换到 Android 平台，如图 6-123 所示。

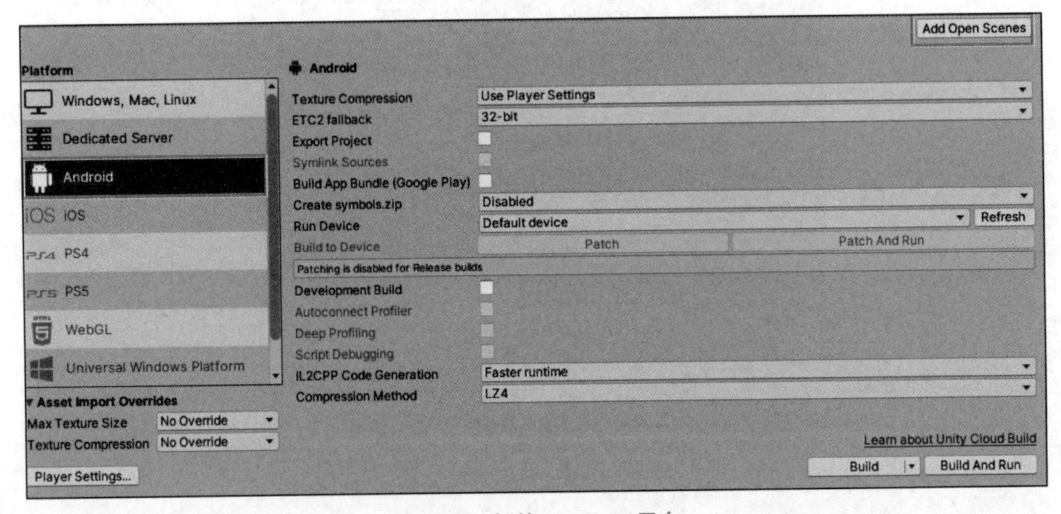

图 6-123　切换 Android 平台

【步骤 3】设置通用标识信息。打开 Project Settings 中的 Player 选项。修改窗口上方的 Company Name 和 Product Name。这里的信息为多平台共用，通常会显示在应用窗口的

标题栏和用于 Android 应用名称。修改 Version，确保每次发布时版本号比上一次大。修改 Resolution and Presentation 的相关配置，如图 6-124 所示。

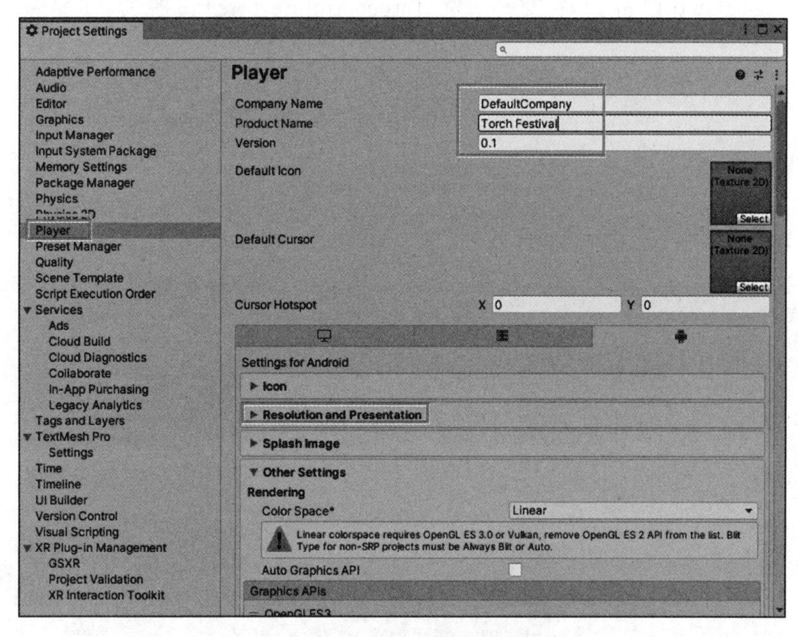

图 6-124　设置通用标识信息

【步骤 4】设置图像 API。在 Other Settings 下取消勾选 Auto Graphics API 选项。在 Graphics APIs 列表中选择其他选项并单击右下角的“–”按钮，将其删除，只保留 OpenGLES3 一项。取消勾选多线程渲染 Multithreaded Rendering 选项，如图 6-125 所示。

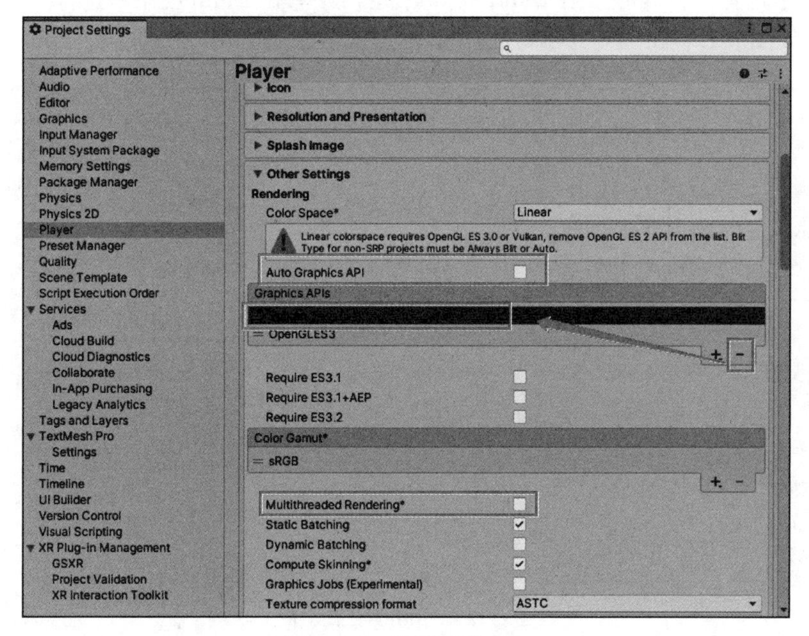

图 6-125　设置图像 API

【步骤 5】Android 设置。在 Identification 中将 Minimum API Level 设置为 Android 8.0 'Oreo' (API level 26)。将 Target API level 设置为 Automatic (highest installed)，在 Configuration 中将 Scripting Backend 设置为 IL2CPP。将 Target Architectures 设置为 ARM64，如图 6-126 所示。

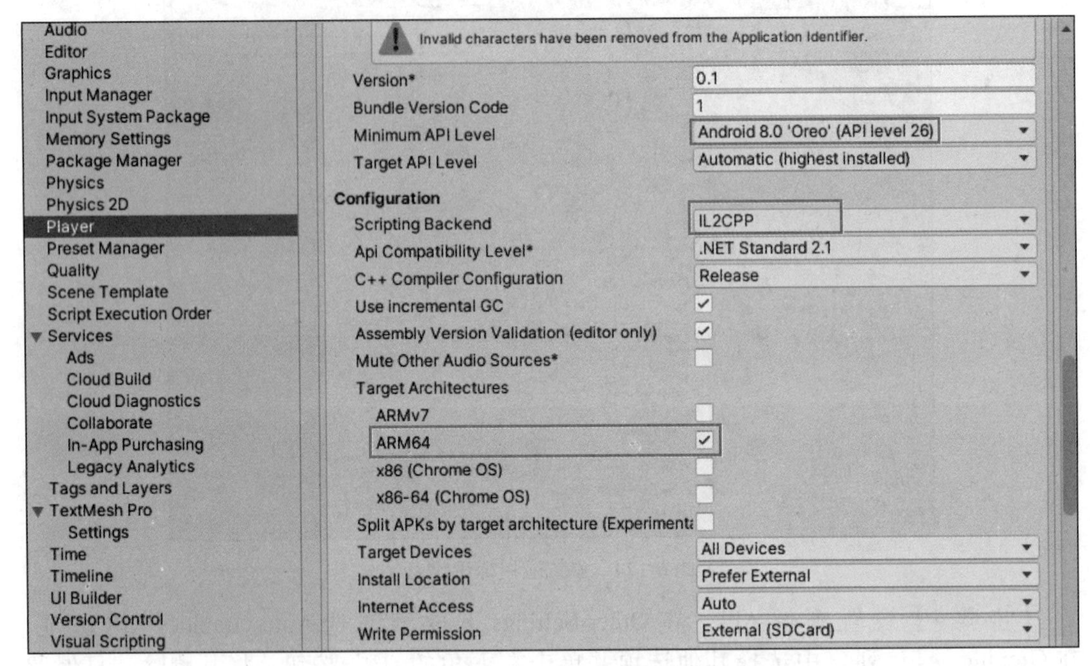

图 6-126　Android 设置

【步骤 6】选择文件路径。在 Build Settings 窗口中单击 Build 按钮，选择文件保存位置，打包文件，如图 6-127 和图 6-128 所示。

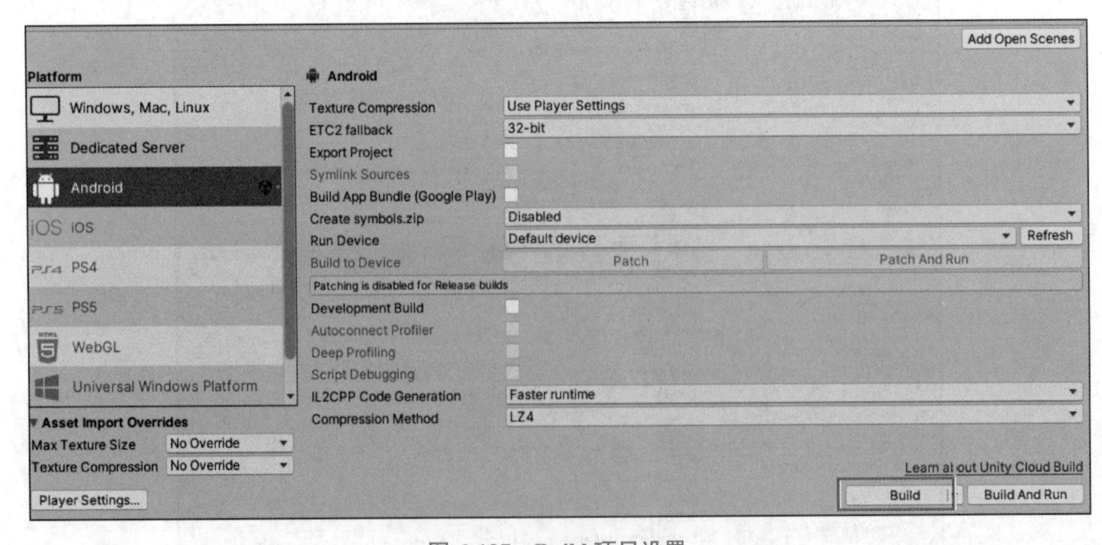

图 6-127　Build 项目设置

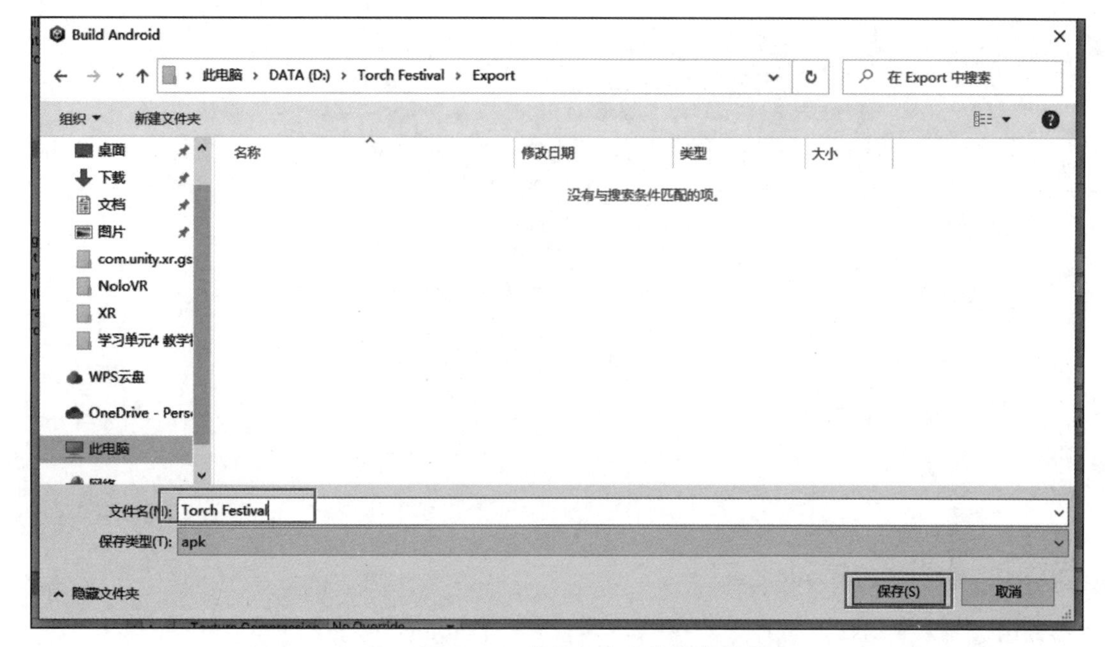

图 6-128　设置打包文件的存储路径

附录 1　脚本序列化

序列化是指将对象转换为字节序列的过程，序列化最主要的用途是传递对象和保存对象。以下是一个简单的 Unity 脚本序列化的例子，在这个例子中，定义一个名为 PlayerData 的数据结构，并使用 Serializable 特性进行序列化。在 Player 脚本中，创建一个 PlayerData 对象，设置其属性。然后，使用 BinaryFormatter 类将 PlayerData 对象序列化并保存到磁盘上。在 LoadData() 方法中，从磁盘上加载 PlayerData 对象，并将其中的数据反序列化到 Player 对象中。最后，将 Player 对象的位置设置为从 PlayerData 中加载的位置。编写完毕后，代码如下所示。

```
using UnityEngine;
using System;
using System.Collections;
using System.IO;
using System.Runtime.Serialization.Formatters.Binary;

public class PlayerData
{
    public int level;
    public int health;
    public float positionX;
    public float positionY;
    public float positionZ;
}
public class Player:MonoBehaviour
{
    private Player Datadata;

    void Start()
    {
```

```
        data=newPlayerData();
        data.level=1;
        data.health=100;
        data.positionX=transform.position.x;
        data.positionY=transform.position.y;
        data.positionZ=transform.position.z;

        SaveData();
    }
    void SaveData()
    {
        BinaryFormatter formatter=new BinaryFormatter();
        FileStreamfile=File.Create(Application.persistentDataPath+"/
player.dat");
        formatter.Serialize(file,data);
        file.Close();
    }

    void LoadData()
    {
        if(File.Exists(Application.persistentDataPath+"/player.dat"))
        {
          BinaryFormatter formatter=new BinaryFormatter();
          FileStreamfile=File.Open(Application.persistentDataPath+"/
player.dat",FileMode.Open);
          data=(PlayerData)formatter.Deserialize(file);
          file.Close();

          transform.position=new Vector3(data.positionX,
data.positionY,data.positionZ);
        }
    }
}
```

附录 2 JSON 读写

Unity 中的 JSON 序列化是指将 Unity 中的对象或数据结构转换为 JSON 格式的字符串，或将 JSON 格式的字符串转换为 Unity 中的对象或数据结构。JSON 格式是一种轻量级数据交换格式，通常用于网络数据传输和存储数据。

Unity 中 JSON 的序列化通常使用 JsonUtility 类进行处理。JsonUtility 是 Unity 自带的 JSON 序列化器，可以将 Unity 对象或数据结构序列化为 JSON 字符串，也可以将 JSON 字符串反序列化为 Unity 对象或数据结构。

以下是一个简单的 UnityJson 序列化的例子，在这个例子中，定义一个名为 PlayerData 的数据结构，并使用 Serializable 特性进行 JSON 序列化。在 Player 脚本中，创建一个 PlayerData 对象，并设置一些属性。然后，使用 JsonUtility 类将 PlayerData 对象序列化为

JSON 字符串，并使用 Debug.Log() 输出序列化后的字符串。接着，使用 JsonUtility 类将 JSON 字符串反序列化为 PlayerData 对象，并使用 Debug.Log() 输出反序列化后的数据。

```
using UnityEngine;
using System;

public class PlayerData
{
    public int level;
    public int health;
    public float positionX;
    public float positionY;
    public float positionZ;
}
public class Player:MonoBehaviour
{
    private PlayerDatadata;

    void Start()
    {
        data=newPlayerData();
        data.level=1;
        data.health=100;
        data.positionX=transform.position.x;
        data.positionY=transform.position.y;
        data.positionZ=transform.position.z;

        string json=JsonUtility.ToJson(data);
        Debug.Log(json);

        PlayerDatanewData=JsonUtility.FromJson<PlayerData>(json);
Debug.Log(newData.level);
        Debug.Log(newData.health);
        Debug.Log(newData.positionX);
        Debug.Log(newData.positionY);
        Debug.Log(newData.positionZ);
    }
}
```

附录 3　PlayerPrefs 本地参数读写

Unity PlayerPrefs 是一种简单的本地持久化方式，可以将 Unity 游戏中的数据保存在用户的本地设备上，用于记录游戏中的用户数据和设置，例如游戏进度、音量、难度等。它是一种非常适合存储少量数据的方式，但不适合存储大量数据或者需要安全保密的数据。

以下是一个简单的 Unity PlayerPrefs 的例子，在这个例子中，使用 PlayerPrefs 存储两个变量，分别是 level 和 health。在 Start() 方法中，使用 PlayerPrefs.GetInt() 方法获取存储的变量，如果该变量不存在，则返回默认值。在 Update() 方法中，按下空格键时，level 的值将加 1，health 的值将减 1，并使用 PlayerPrefs.SetInt() 方法将变量存储到 PlayerPrefs 中。在 OnDestroy() 方法中，使用 PlayerPrefs.Save() 方法保存修改后的数据。

需要注意的是，PlayerPrefs 存储的数据类型只能是整数、浮点数和字符串类型。同时，数据的存储位置在不同平台上可能不同，可以通过 PlayerPrefs.GetSting("PrefsFilePath") 获取存储位置。如果需要存储更复杂的数据，可以使用 JSON 或二进制文件进行序列化后存储。

```
using Unity Engine;

public class Player:MonoBehaviour
{
    private int level;
    private int health;

    void Start()
    {
        level=PlayerPrefs.GetInt("Level",1);
        health=PlayerPrefs.GetInt("Health",100);

        Debug.Log("Level:"+level);
        Debug.Log("Health:"+health);
    }

    void Update()
    {
        if(Input.GetKeyDown(KeyCode.Space))
        {
            level++;
            health--;

            PlayerPrefs.SetInt("Level",level);
            PlayerPrefs.SetInt("Health",health);
        }
    }

    void OnDestroy()
    {
        PlayerPrefs.Save();
    }
}
```

附录 4　CSV 文件读写

逗号分隔值（Comma-Separated Values，CSV）是一种常用的数据交换格式，它将数据以逗号分隔的方式保存在文本文件中，每行表示一条数据记录，用逗号分隔不同字段。

在 Unity 中，CSV 文件常用于保存游戏中的数据配置，例如游戏关卡的信息、武器的属性等。

以下是一个简单的 Unity CSV 的读取和解析的例子，在这个例子中，首先在 Unity 中创建了一个文本文件，将其命名为 data.csv，并在 Inspector 中将其拖放到 csvFile 字段中。在 Start() 方法中，首先调用 LoadCSV() 方法将 CSV 文件中的数据读取出来并保存在 records 数组中，然后调用 ParseCSV() 方法解析 CSV 数据，将每行数据转换为一个 List<string>，再将所有 List<string> 保存在一个 List<List<string>> 中。

需要注意的是，在读取和解析 CSV 文件时，分别使用了 lineSeparator 和 fieldSeparator 来分隔行和列的数据。在这个例子中，使用 \n 作为行分隔符，使用“,”作为列分隔符。如果 CSV 文件中的数据分隔符不同，需要相应地修改代码。具体的代码如下所示。

```
using Unity Engine;
using System.Collections.Generic;
using System.IO;

public class CSVLoader:MonoBehaviour
{
    public Text AssetcsvFile;

    private char lineSeparator='\n';
    private char fieldSeparator=',';
    private string[] records;

    private void Start()
    {
        LoadCSV();
        ParseCSV();
    }

    private void LoadCSV()
    {
        records=csvFile.text.Split(lineSeparator);
    }

    private void ParseCSV()
    {
        List<List<string>> csvData=newList<List<string>>();

        for(inti=0;i<records.Length;i++)
        {
            List<string> rowData=newList<string>();
            string[] fields=records[i].Split(fieldSeparator);

            for(intj=0;j<fields.Length;j++)
            {
                rowData.Add(fields[j]);
            }
```

```
            csvData.Add(rowData);
        }
        Debug.Log(csvData[0][0]);// 输出第一行第一列的数据
    }
}
```

附录 5　Unity 中的预定义

在 Unity 中，可以使用 C# 的预处理指令 #define 来定义符号常量，从而根据条件编译指令 #if、#elif 和 #else 来编写不同的代码。使用这些预处理指令可以在不同的编译配置中编写不同的代码，从而更方便地进行调试和发布。

在 Unity 中，可以通过以下步骤来定义和使用 C# 的符号常量。

（1）在 Visual Studio 或其他代码编辑器中打开 Unity 项目中的脚本文件。

（2）在文件顶部使用 #define 指令定义一个符号常量，例如：

```
#defineDEBUG_MODE
```

（3）在脚本中使用 #if、#elif 和 #else 等条件编译指令，根据符号常量是否已定义来编写不同的代码，例如：

```
#ifDEBUG_MODE
   Debug.Log("Debugmodeisenabled.");
#else
   Debug.Log("Debugmodeisdisabled.");
#endif
```

附录 6　Unity 中的 Mathf

Unity 中的 Mathf 是一个数学函数库，提供了许多常用的数学函数，用于处理三维和二维向量、角度、旋转、插值、几何计算等问题。常用的 Mathf 函数如附表 1 所示。

附表 1　Mathf 函数

函数名称	描　　述
Mathf.Abs	返回一个数的绝对值
Mathf.Clamp	将一个数限制在一个范围内
Mathf.Lerp	在两个数之间进行线性插值
Mathf.LerpUnclamped	在两个数之间进行非限制的线性插值
Mathf.RoundToInt	将一个浮点数四舍五入为最接近的整数
Mathf.Deg2Rad	将角度转换为弧度

续表

函数名称	描　述
Mathf.Rad2Deg	将弧度转换为角度
Mathf.Sin	返回一个角度的正弦值
Mathf.Cos	返回一个角度的余弦值
Mathf.Tan	返回一个角度的正切值

附录 7　Unity 中的 Quaternion

Unity 中的四元数（Quaternion）是一种用于表示旋转的数据类型，通常用于替代欧拉角（Euler angle）进行旋转计算。与欧拉角不同，四元数可以避免万向锁（Gimbal Lock）的问题，同时也更加简洁和高效。

在 Unity 中，Quaternion 类型包含 4 个浮点数，分别表示旋转轴的 *X*、*Y*、*Z* 分量以及旋转的角度。旋转轴的长度不一定为 1，因此可以通过 Quaternion.Normalize() 方法将四元数规范化为单位四元数。常用方法和属性如附表 2 所示。

附表 2　Quaternion 函数

函数名称	描　述
Quaternion.identity	表示一个单位四元数，旋转角度为 0
Quaternion.eulerAngles	表示四元数对应的欧拉角
Quaternion.AngleAxis	表示一个绕着某个轴旋转的四元数
Quaternion.FromToRotation	表示从一个方向旋转到另一个方向的四元数
Quaternion.Lerp	在两个四元数之间进行线性插值
Quaternion.RotateTowards	将一个四元数从当前方向旋转到目标方向
Quaternion.LookRotation	返回一个指向目标方向的四元数

除了上述方法，Quaternion 还可以用于表示物体的旋转、方向和角度等属性。例如，可以使用 Quaternion 来表示物体的旋转，使用 Quaternion 的方法来计算物体的方向、角速度和角加速度等属性。使用 Quaternion 时需要注意旋转的顺序、插值方法的选择以及避免数值溢出和精度丢失的情况。同时，可以结合 Unity 的物理引擎和碰撞检测系统进行更复杂的旋转计算和模拟。

附录 8　Unity 空间向量

在 Unity 中，空间向量是指一个具有大小和方向的量，通常用三维坐标系中的三个数表示。常见的用途包括表示物体的位置、方向、速度等。

（1）向量点乘是一种运算，它将两个向量相乘并将结果相加。具体地，对于两个向

量 ***a*** 和 ***b***，它们的点乘可以表示为 $\boldsymbol{a}\cdot\boldsymbol{b}=a.x\times b.x+a.y\times b.y+a.z\times b.z$。向量点乘的结果是一个标量，表示两个向量之间的相似度。当两个向量的点乘结果为正数时，它们的方向是相似的；当点乘结果为负数时，它们的方向是相反的；当点乘结果为 0 时，它们的方向是垂直的。

（2）向量叉乘也是一种运算，它将两个向量相乘并生成一个新的向量。具体地，对于两个向量 ***a*** 和 ***b***，它们的叉乘可以表示为 $\boldsymbol{a}\times\boldsymbol{b}$，结果是一个新的向量，其大小等于 ***a*** 和 ***b*** 构成的平行四边形的面积，方向垂直于 ***a*** 和 ***b*** 所在的平面，并遵循右手法则。向量叉乘在计算物体的法向量、求解旋转轴等方面有广泛的应用。

在 Unity 中，可以使用 Vector3 结构体来表示三维向量，并使用 Vector3.Dot() 和 Vector3.Cross() 方法进行向量点乘和向量叉乘的计算，例如：

```
Vector3 a=newVector3(1,2,3);
Vector3 b=newVector3(4,5,6);

float dotProduct=Vector3.Dot(a,b);
Vector3 crossProduct=Vector3.Cross(a,b);
```

（3）向量夹角是一种运算，在 Unity 中，可以使用 Vector3.Angle() 方法来计算两个向量之间的夹角。具体地，该方法可以接受两个 Vector3 类型的向量作为参数，并返回它们之间的夹角，单位是度，例如：

```
Vector3a=newVector3(1,2,3);
Vector3b=newVector3(4,5,6);

float angle=Vector3.Angle(a,b);
```

其中，angle 变量的值约为 0.22 度，表示向量 ***a*** 和 ***b*** 之间的夹角。需要注意的是，Vector3.Angle() 方法计算的是两个向量之间夹角的绝对值，因此如果需要获取夹角的符号（即两个向量是朝向相同方向还是相反方向），可以使用 Vector3.SignedAngle() 方法。

此外，可以使用 Vector3.Dot() 和 Vector3.magnitude 属性来计算两个向量之间的夹角。具体地，两个向量的夹角可以表示为 Acos(dotProduct/(magnitude1*magnitude2))。其中，dotProduct 表示两个向量的点乘结果，magnitude1 和 magnitude2 分别表示两个向量的模长，例如：

```
Vector3a=newVector3(1,2,3);
Vector3b=newVector3(4,5,6);
float dotProduct=Vector3.Dot(a,b);
float magnitude1=a.magnitude;
float magnitude2=b.magnitude;

float angle=Mathf.Acos(dotProduct/(magnitude1*magnitude2))*
Mathf.Rad2Deg;
```

（4）向量与平面是一种运算，在 Unity 中，可以使用 Plane 结构体来表示平面，使用

Vector3 结构体来表示向量。可以使用 plane.normal 属性获取平面的法向量，使用 Vector3.Dot() 方法计算向量和平面法向量之间的点乘，从而确定向量在平面上的投影，例如：

```
//定义一个 Y 轴为法向量的平面，位置为 Y=1
Plane plane=newPlane(Vector3.up,newVector3(0,1,0));
Vector3 vector=newVector3(1,2,3);

float dotProduct=Vector3.Dot(vector,plane.normal);
Vector3 projectedVector=vector-plane.normal*dotProduct;

Debug.Log("Projectedvector:"+projectedVector);  //输出投影后的向量
```

在上述示例中，定义了一个以 Y 轴为法向量、位置为 *Y*=1 的平面，以及一个向量 vector。接着使用 Vector3.Dot() 方法计算 vector 和平面法向量之间的点乘，得到其在平面法向量方向上的投影，然后使用向量减法得到其在平面上的投影，最后输出投影后的向量。

此外，可以使用 plane.Raycast() 方法判断一个向量是否与一个平面相交，并获取交点的位置。该方法接受一个 Ray 类型的参数和一个输出参数，表示射线的起点和方向，以及存储交点位置的变量。如果向量与平面相交，该方法会返回 true，否则返回 false，例如：

```
//定义一个 Y 轴为法向量的平面，位置为 Y=1
Plane plane=newPlane(Vector3.up,newVector3(0,1,0));
Vector3 origin=newVector3(1,2,3);
Vector3 direction=Vector3.down;

float distance;

if(plane.Raycast(newRay(origin,direction),outdistance))
{
    Vector3 hitPoint=origin+direction*distance;
    Debug.Log("Hitpoint:"+hitPoint);  //输出交点位置
}
else
{
    Debug.Log("Nointersection");
}
```

在上述示例中，定义了一个以 Y 轴为法向量、位置为 *Y*=1 的平面，以及一个起点为 (1,2,3)、方向为下的射线。使用 plane.Raycast() 方法判断射线是否与平面相交，并获取交点的位置。如果射线与平面相交，该方法会返回 true，否则返回 false。如果返回 true，可以使用射线起点和方向以及交点到起点的距离，计算交点的位置。

（5）Unity 中的 Vector3 是表示三维向量的数据类型，它用于表示在三维空间中的位置、方向和大小等属性。Vector3 由三个浮点数组成，分别表示三个轴向的坐标。常用的 Vector3 属性和方法如附表 3 所示。

附表 3　Vector3 函数

函数名称	描　　述
Vector3.zero	表示一个零向量，所有轴向的坐标都为 0
Vector3.one	表示一个单位向量，所有轴向的坐标都为 1
Vector3.magnitude	返回向量的长度
Vector3.normalized	返回一个向量的单位向量，即长度为 1 的向量
Vector3.sqrMagnitude	返回向量长度的平方
Vector3.Distance	返回两个向量之间的距离
Vector3.Dot	返回两个向量的点积
Vector3.Cross	返回两个向量的叉积
Vector3.Lerp	在两个向量之间进行线性插值
Vector3.RotateTowards	将一个向量从当前方向旋转到目标方向

附录 9　Unity 投影矩阵

在 Unity 中，投影矩阵（Projection Matrix）用于将三维场景投影到二维屏幕上。它是一种 4×4 的矩阵，其中包含一些参数，例如视角、视口、近裁剪面和远裁剪面等信息，用于控制投影效果。

Unity 提供了几种不同的投影矩阵类型，包括正交投影矩阵（Orthographic Projection Matrix）和透视投影矩阵（Perspective Projection Matrix）。这两种投影矩阵的使用方式和参数设置方式都有所不同。正交投影矩阵的主要作用是将场景中的所有物体等比例投影到屏幕上，不会因为物体离观察点的距离不同而产生尺寸的变化。因此，正交投影矩阵适用于需要保持物体大小比例不变的场景，如二维游戏和界面设计。透视投影矩阵则是根据场景中的物体与观察点的距离对其进行投影，离观察点越远的物体会显得越小。透视投影矩阵适用于需要模拟真实场景的场景，如三维游戏和虚拟现实。

在 Unity 中，可以使用 Camera 组件来设置和控制投影矩阵的参数，例如视角、视口、近裁剪面和远裁剪面等。同时，可以使用矩阵变换函数和 Shader 编程等技术对投影矩阵进行自定义控制和修改。VR 投影矩阵通常由 VRSDK 提供，例如 GSXR、OpenVR、Oculus 和 Windows Mixed Reality 等 SDK。这些 SDK 通常包含计算 VR 投影矩阵所需的参数和函数，并提供了一些 API 和接口供 Unity 开发者使用。VR 投影矩阵的计算涉及很多复杂的数学计算和几何转换，通常需要使用专业的数学库和算法进行处理。在 Unity 中，可以使用内置的数学库（如 Matrix 4×4 类）或第三方数学库（如 MathNet.Numerics、glm 等）进行计算。另外，VR 投影矩阵的计算也受硬件设备和驱动程序的限制和影响。不同的 VR 设备和平台可能需要不同的投影矩阵参数和计算方式。因此，在使用 VR 投影矩阵时，需要仔细查阅 SDK 和文档，了解具体的使用方法和注意事项，以确保应用程序的正确性和兼容性。

附录 10　Unity 文件操作

在 Unity 中，可以使用 System.IO 命名空间中的类和方法进行文件和文件夹的读取和删除等操作。以下是一些常用的操作。

1. 创建文件夹

```
using System.IO;
//创建文件夹
Directory.CreateDirectory("FolderPath");
```

2. 判断文件夹是否存在

```
using System.IO;
//判断文件夹是否存在
if(Directory.Exists("FolderPath"))
{
    //dosomething
}
```

3. 获取文件夹中的文件

```
using System.IO;
//获取文件夹中的所有文件
string[] files=Directory.GetFiles("FolderPath");
foreach(stringfileinfiles)
{
    //dosomething
}
```

4. 将文本写入文件

```
using System.IO;
//将文本写入文件
string text="Hello,world!";
File.WriteAllText("FilePath",text);
```

5. 读取文件中的文本

```
using System.IO;
//读取文件中的文本
string text=File.ReadAllText("FilePath");
```

6. 判断文件是否存在

```
using System.IO;
//判断文件是否存在
if(File.Exists("FilePath"))
{
    //dosomething
}
```

7. 删除文件

```
using System.IO;
//删除文件
File.Delete("FilePath");
```

8. 清空文件夹中的文件

```
using System.IO;
//清空文件夹中的所有文件
string[] files=Directory.GetFiles("FolderPath");
foreach(string fileinfiles)
{
    File.Delete(file);
}
```

9. 清空文件夹中的文件和文件夹

```
using System.IO;
//清空文件夹中的所有文件和文件夹
foreach(string fileinDirectory.GetFiles("FolderPath"))
{
    File.Delete(file);
}

foreach(string dirinDirectory.GetDirectories("FolderPath"))
{
    Directory.Delete(dir,true);
}
```

10. 删除空文件夹

```
using System.IO;
//删除空文件夹
Directory.Delete("FolderPath");
```

11. 删除非空文件夹

```
using System.IO;
//删除非空文件夹
Directory.Delete("FolderPath",true);
```

附录 11　Unity 中的特殊文件路径

（1）Application.dataPath：这个路径指向项目的 Assets 文件夹，它是 Unity 项目中所有资源文件的主要文件夹。使用 Application.dataPath 加载资源：

```
string filePath=Application.dataPath+
```

```
"/Resources/mytexture.png";
Texture2D texture=Resources.Load<Texture2D>("mytexture");
```

（2）Application.persistentDataPath：这个路径指向应用程序的持久化数据文件夹，它是在运行时创建和修改的文件夹，可以用于存储应用程序生成的数据，如玩家的游戏进度和设置等。使用 Application.persistentDataPath 存储数据：

```
string filePath=Application.persistentDataPath+"/savedata.json";
string jsonData=JsonUtility.ToJson(myDataObject);
File.WriteAllText(filePath,jsonData);
```

（3）Application.streamingAssetsPath：这个路径指向项目的 StreamingAssets 文件夹，它是存放流式资源的文件夹，可以在运行时访问它们。例如，可以在 StreamingAssets 文件夹中放置音频、视频和配置文件等。使用 Application.streamingAssetsPath 加载流式资源：

```
string filePath=Application.streamingAssetsPath+"/config.txt";
stringtext="";
#ifUNITY_ANDROID
//Android 平台需要使用 WWW 加载流式资源
WWW www=newWWW(filePath);
yield return www;
text=www.text;
#else
text=File.ReadAllText(filePath);
#endif
```

（4）Application.temporaryCachePath：这个路径指向应用程序的临时缓存文件夹，它是在运行时创建和修改的文件夹，可以用于存储临时文件和数据，如下载的文件、缓存的数据等。这个文件夹会在应用程序退出时自动清空。使用 Application.temporaryCachePath 存储临时文件：

```
stringfilePath=Application.temporaryCachePath+"/tempfile.tmp";
byte[]data=newbyte[1024];
File.WriteAllBytes(filePath,data);
```

（5）EditorUtility.OpenFilePanel：这个路径是用于打开文件、选择对话框的函数，从而让用户选择文件，并返回文件的绝对路径。这个函数只在编辑器模式下可用，不能在运行时使用。使用 EditorUtility.OpenFilePanel 打开文件选择对话框：

```
#ifUNITY_EDITOR
string filePath=EditorUtility.OpenFilePanel("OpenFile","","");
#endif
```

（6）EditorUtility.SaveFilePanel：这个路径是用于打开保存文件对话框的函数，从而让用户选择保存文件的位置，并返回文件的绝对路径。这个函数只在编辑器模式下可用，不能在运行时使用。使用 EditorUtility.SaveFilePanel 打开保存文件对话框：

```
#ifUNITY_EDITOR
string filePath=EditorUtility.SaveFilePanel("SaveFile","",
"newfile.txt","txt");
#endif
```

附录 12　Unity 中的 Layer

在 Unity 中，Layer 可用于对游戏对象进行分类和管理，例如将地形、玩家、NPC 等不同类型的游戏对象分别放在不同的 Layer 中。Layer 还可以用于实现一些特殊的功能，如碰撞检测、光照和渲染等。

在进行 Layer 计算时，可以使用 Unity 内置的 LayerMask 类。LayerMask 类提供了一些常用的 Layer 操作方法，例如添加 Layer、删除 Layer、判断是否包含 Layer 等。

以下是一个简单的 Layer 计算示例，假设需要对 Player 和 Enemy 两个 Layer 中的所有游戏对象进行碰撞检测，首先使用 LayerMask.GetMask() 方法创建一个包含 Player 和 Enemy 两个 Layer 的 LayerMask 对象。在碰撞检测逻辑中，通过 LayerMask.Contains 方法判断碰撞的游戏对象是否在该 LayerMask 中，如果是，则执行碰撞逻辑。具体的代码如下所示。

```
//定义一个包含 Player 和 Enemy 两个 Layer 的 LayerMask

LayerMask playerAndEnemyMask=LayerMask.GetMask("Player","Enemy");

//在碰撞检测中使用该 LayerMask
void OnCollisionEnter(Collisioncollision)
{
    //判断碰撞的物体是否在 Player 和 Enemy 两个 Layer 中
    if(playerAndEnemyMask.Contains(collision.gameObject.layer)){
        //处理碰撞逻辑
    }
}
```

在 Unity 中，可以通过以下步骤增加一个新的层：

（1）打开 Unity 编辑器，并选中任意一个游戏对象。

（2）在 Inspector 窗口中，找到游戏对象的 Layer 属性，并单击倒三角形按钮。

（3）在 Layer 列表的最下方，找到 AddLayer 按钮并单击。

（4）在弹出的 Layer 设置窗口中，可以输入新的 Layer 的名称，也可以修改其他 Layer 的名称。

（5）单击 Save 按钮保存修改。

完成以上步骤后，新的 Layer 就会被添加到 Layer 列表中。在代码中可以使用 LayerMask.NameToLayer 方法获取新的 Layer 的编号，然后将其赋予游戏对象的 Layer 属性即可。以下是一个简单的示例，假设需要将一个游戏对象的 Layer 设置为新添加的 Layer，首先定义一个 AddNewLayer() 方法，用于向 Layer 列表中添加一个名为 "MyLayer"

的新 Layer。在 Start() 方法中，调用 AddNewLayer() 方法添加新的 Layer，然后使用 LayerMask.NameToLayer() 方法获取 "MyLayer" 的 Layer 编号，并将其设置为游戏对象的 Layer 属性。具体的代码如下所示。

```
//添加一个名为 "MyLayer" 的新 Layer
void AddNewLayer()
{
    SerializedObject tagManager=new SerializedObject(AssetDatabase.LoadA
    llAssetsAtPath("ProjectSetting s/
    TagManager.asset")[0]);
    SerializedProperty layersProp=tagManager.FindProperty("layers");
    //查找第一个未使用的 Layer 编号
    int layerIndex=-1;
    for(inti=8;i<layersProp.arraySize;i++){
        SerializedProperty layerProp=layersProp.GetArrayElementAtIndex(i);
        if(layerProp.stringValue==""){
            layerIndex=i;
            break;
        }
    }

    //添加新的 Layer 并保存修改
    if(layerIndex>=0){
        SerializedProperty layerProp=layersProp.GetArrayElementAtIndex(
        layerIndex);
        layerProp.stringValue="MyLayer";
        tagManager.ApplyModifiedProperties();
    }
}

//在 Start() 方法中将游戏对象的 Layer 设置为 "MyLayer"
void Start()
{
    //添加新的 Layer
    Add NewLayer();
    //获取 "MyLayer" 的 Layer 编号
    int myLayer Index=LayerMask.NameToLayer("MyLayer");
    //将游戏对象的 Layer 设置为 "MyLayer"
    gameObject.layer=myLayerIndex;
}
```

附录 13　Unity 中的 Tag

在 Unity 中，Tag 是一种用于标识游戏对象的字符串。每个游戏对象都可以设置一个或多个 Tag，用于快速识别和区分不同的游戏对象。在开发过程中，Tag 通常用于进行游戏对象的识别和分类，以便在代码中对其进行操作。

Unity 内置了一些默认的 Tag，如 Untagged、MainCamera、Player 等，同时支持自定义 Tag。可以通过以下步骤添加自定义 Tag：

（1）打开 Unity 编辑器，并选中任意一个游戏对象。

（2）在 Inspector 窗口中，找到游戏对象的 Tag 属性，并单击倒三角形。

（3）在 Tag 下拉列表的最下方，找到 AddTag 按钮并单击。

（4）在弹出的 TagManager 窗口中，可以输入新的 Tag 的名称，也可以修改其他 Tag 的名称。

（5）单击 Save 按钮保存修改。

完成以上步骤后，新的 Tag 就会被添加到 Tag 列表中。在代码中可以使用 GameObject.FindWithTag 方法获取指定 Tag 的游戏对象。

以下是一个简单的示例，假设需要查找所有 Tag 为 "MyTag" 的游戏对象，首先在 Start() 方法中使用 GameObject.FindGameObjectsWithTag() 方法获取所有 Tag 为 "MyTag" 的游戏对象，并将其保存在 myObjects 数组中。然后使用 Debug.Log() 方法输出找到的游戏对象数量，具体的代码如下所示。

```
//在 Start 方法中查找所有 Tag 为 MyTag 的游戏对象
void Start()
{
    //获取 Tag 为 "MyTag" 的游戏对象
    GameObject[] myObjects=GameObject.FindGameObjectsWithTag("MyTag");

    //输出找到的游戏对象数量
    Debug.Log("Found"+myObjects.Length+"objectswithtag 'MyTag'");
}
```

附录 14　Unity 中的协程

Unity 中的协程（coroutine）是一种特殊的函数，它可以暂停其执行并在稍后的时间点恢复执行。协程通常用于处理需要一定延迟的任务，例如等待一定时间后执行某些操作，或者在多帧中逐步执行某些操作。

协程的定义与普通函数类似，但使用 yield 语句暂停协程的执行，并在稍后的时间点恢复执行。Unity 支持多种类型的 yield 语句，包括等待一定时间的 WaitForSeconds、等待异步操作完成的 WaitUntil 和 WaitWhile，以及等待下一帧的 YieldInstruction 等。

下面是一个简单的协程例子，在该协程中等待 5 秒后打印一条消息如下。

```
using UnityEngine;
using System.Collections;

public class CoroutineExample:MonoBehaviour
{
    IEnumeratorStart()
    {
```

```
            Debug.Log("Coroutinestarted");
            yield return new WaitForSeconds(5);
            Debug.Log("5secondshavepassed");
        }
    }
```

在这个例子中，协程函数 Start() 通过 yield return new WaitForSeconds(5) 语句等待 5 秒后才执行下一条语句。在使用协程时，需要将协程函数作为 IEnumerator 类型的返回值，通过 StartCoroutine 函数来启动协程的执行。

```
Coroutine Example example=newCoroutineExample();
StartCoroutine(example.Start());
```

在实际开发中，协程常用于处理需要延迟的任务、动画效果、异步操作等场景，使得代码结构更清晰易读，也能避免因为大量使用线程导致的性能问题。

附录 15　Unity 中的多线程

Unity 中的多线程可以通过 C# 提供的 Thread 类来实现。不过需要注意的是，在 Unity 中不允许在非主线程中直接访问 Unity 的组件或资源，因为这些组件或资源都是在主线程中初始化和管理的。因此，在使用多线程时需要使用 Unity 提供的线程安全的 API 进行操作。

Unity 提供了以下几种线程安全的 API。

（1）Unity 主线程调用：可以通过 Unity 的主线程调用接口将需要在主线程中执行的操作加入主线程的执行队列。这样，在子线程中需要访问 Unity 组件或资源时，可以通过该接口将结果回传到主线程中进行处理。

（2）Unity 的协程：协程本质上也是一种线程，但是可以在 Unity 的主线程中运行，避免了直接访问 Unity 组件或资源的问题。

（3）Unity 的 JobSystem：Unity 的 JobSystem 是 Unity 官方推荐的一种多线程解决方案，它基于 Job 的概念，将需要在多线程中执行的操作打包成 Job，交由 Unity 的 JobScheduler 进行调度。

（4）C# 的 Task 和 async/await：C# 的 Task 和 async/await 是 C# 自身提供的多线程解决方案，可以用来在 Unity 中进行多线程编程。

下面是一个使用 Unity 主线程调用的例子，在 Start 函数中创建了一个新的线程，通过 Calculate 函数在子线程中计算结果，然后通过 UnityMainThreadDispatcher 将结果回传到主线程中，更新 UI。需要注意的是，需要使用 UnityMainThreadDispatcher 提供的 Enqueue 函数将回传的操作加入主线程的执行队列。

```
using Unity Engine;
using System.Threading;

public class ThreadExample:MonoBehaviour
```

```
{
    private int result=0;

    void Start()
    {
        Thread thread=new Thread(new ThreadStart(Calculate));
        thread.Start();
    }

    void Calculate()
    {
        int sum=0;
        for(inti=0;i<1000;i++)
        {
            sum+=i;
        }
        UnityMainThreadDispatcher.Instance().Enqueue(()=>{result=sum;});
    }

    void Update()
    {
        Debug.Log("Result:"+result);
    }
}
```

附录 16 UnityResources

UnityResources 是 Unity 引擎中的一个 API，用于访问和加载游戏资源，如预制件、纹理、音频和其他二进制文件。

使用 UnityResources API，可以轻松地在脚本中加载和使用资源。以下是使用 UnityResources 加载和实例化预制件的例子，首先在 Unity 的 Resources 文件夹中创建一个名为 Prefabs 的子文件夹，并将一个名为 ExamplePrefab 的预制件放入其中。在脚本中，我们使用 Resources.Load() 方法加载了预制件，并使用 Instantiate() 方法实例化了它，具体代码如下所示。

```
using UnityEngine;

public class Example:MonoBehaviour
{
    public GameObjectprefab;
    void Start()
    {
        //从 Resources 文件夹加载预制件
        GameObjectobj=Instantiate(Resources.Load<GameObject>("Prefabs/
"+prefab.name));//实例化预制件
```

```
            Instantiate(obj);
        }
    }
```

需要注意的是，Resources 文件夹中的所有文件都会打包到应用程序的可执行文件中。增加，如果有很多大文件需要加载，这种方法可能会导致应用程序的启动时间和内存占用增加。为了避免这种情况，可以考虑使用 AssetBundle 来管理资源，这样可以动态加载和卸载资源，从而减少内存占用和启动时间。

附录 17　Unity 中的 ScriptableObject

Unity 中的 ScriptableObject 是一种用于存储和管理数据的特殊类型。它们可以被认为是 Unity 中的可编程 Asset，可以存储数据、状态和设置，而不需要实例化游戏对象。使用 ScriptableObject 可以有效地组织、管理和重用数据，而不必每次创建实例时都重新编写相同的代码。

以下是一个简单的 ScriptableObject 的例子，定义一个名为 MyData 的 ScriptableObject，并且使用 CreateAssetMenu 特性使其可以通过 Unity 编辑器的菜单创建。这个 ScriptableObject 有两个公共字段：一个整数值和一个颜色值。

```
using UnityEngine;

[CreateAssetMenu(fileName="NewData",menuName="MyGame/Data")]
public class MyData:ScriptableObject
{
    public int myValue;
    public Color myColor;
}
```

在 Unity 编辑器中，用户可以创建 MyData 实例，设置它们的值，并将它们分配给需要使用这些值的组件或脚本。以下是在脚本中使用 MyData 的例子，在脚本中将 MyData 实例分配给 public 字段 myData，然后在 Start( ) 方法中使用它的值来设置渲染器的材质颜色。

```
using UnityEngine;

public class Example:MonoBehaviour
{
    public MyDatamyData;

    void Start()
    {
        Debug.Log("Myvalueis"+myData.myValue);
        GetComponent<Renderer>().material.color=myData.myColor;
    }
}
```

附录 18 Unity 中的场景异步加载

在 Unity 中可以使用异步场景加载来避免在加载大型场景时出现卡顿的情况。异步场景加载的基本思路是将场景分成若干个小块，每次只加载其中的一部分，这样就可以在不中断游戏的情况下逐步加载整个场景。

以下是一个简单的异步场景加载的示例，定义了一个名为 LoadSceneAsync() 的协程方法，它接受一个场景名称作为参数。在这个方法中，使用 SceneManager.LoadSceneAsync() 方法异步加载指定的场景，并在加载过程中使用 while 循环来获取加载进度。在加载完成后，输出一条日志来表示场景已经加载完成。需要注意的是，在使用异步场景加载时，必须使用 SceneManager.LoadSceneAsync() 方法而不是 SceneManager.LoadScene() 方法来加载场景。此外，加载完成后，必须使用 SceneManager.UnloadSceneAsync() 方法卸载场景，以确保场景资源被正确释放，具体代码如下所示。

```
using UnityEngine;
using UnityEngine.SceneManagement;

public class Example:MonoBehaviour
{
    public string sceneName;

    void Start()
    {
        StartCoroutine(LoadSceneAsync(sceneName));
    }
    IEnumerator LoadSceneAsync(string sceneName)
    {
        AsyncOperation operation=SceneManager.LoadSceneAsync(sceneName,
        LoadSceneMode.Additive);

        while(!operation.isDone)
        {
            float progress=Mathf.Clamp01(operation.progress/0.9f);
            Debug.Log("Loadingprogress:"+progress);
            yield return null;
        }
        Debug.Log("Sceneloaded.");
    }
}
```

附录 19 Unity 中的协程下载 JSON

以下是一个使用协程下载 JSON 文件的示例代码，使用 UnityWebRequest 类来异步下载 JSON 文件。首先，在 Start() 方法中启动一个协程 DownloadJson。在这个协程中，使用

UnityWebRequest.Get() 方法创建一个 GET 请求，指定要下载的 JSON 文件的 URL。然后，使用 yieldreturn 语句等待请求完成。请求完成后，使用 www.downloadHandler.text 获取下载的 JSON 数据。需要注意的是，在使用 UnityWebRequest 下载 JSON 文件时，需要使用 using 语句将 UnityWebRequest 对象包装在一个 using 语句块中，以确保它在使用完毕后被正确释放。另外，还可以使用 www.downloadHandler.data 获取下载的二进制数据。在实际开发中，通常会将下载的 JSON 数据反序列化成一个 C# 对象，以方便使用，具体代码如下所示。

```
using System.Collections;
using UnityEngine;
using UnityEngine.Networking;

public class Example:MonoBehaviour
{
    private string jsonUrl="https://jsonplaceholder.typicode.com/
    todos/1";

    private void Start()
    {
        Start Coroutine(DownloadJson());
    }
    private IEnumerator DownloadJson()
    {
        using(UnityWebRequest www=UnityWebRequest.Get(jsonUrl))
        {
            yield return www.SendWebRequest();

            if(www.result!=UnityWebRequest.Result.Success)
            {
                Debug.Log(www.error);
            }
            else
            {
                string json=www.downloadHandler.text;
                Debug.Log(json);
            }
        }
    }
}
```

附录 20　Unity 中的协程下载 Texture

以下是一个使用协程下载并显示 Texture 的示例代码，使用 UnityWebRequestTexture 类异步下载 Texture。在 Start() 方法中启动一个协程 DownloadTexture。在这个协程中，使用 UnityWebRequestTexture.GetTexture() 方法创建一个 GET 请求，指定要下载的

Texture 的 URL。然后，使用 yield 语句等待请求完成，等到请求完成后，使用 Download HandlerTexture.GetContent(www) 获取下载的 Texture2D 对象，并将其赋值给 RawImage 组件的 texture 属性。需要注意的是，在使用 UnityWebRequestTexture 下载 Texture 时，需要使用 using 语句将 UnityWebRequest 对象包装在一个 using 语句块中，以确保它在使用完毕后被正确释放，具体代码如下所示。

```
using System.Collections;
using UnityEngine;
using UnityEngine.Networking;
using UnityEngine.UI;

public class Example:MonoBehaviour
{
    private string textureUrl="https://www.example.com/image.png";
    public RawImageimage;

    private void Start()
    {
        StartCoroutine(DownloadTexture());
    }

    private IEnumerator DownloadTexture()
    {
        using(UnityWebRequest www=UnityWebRequestTexture.GetTexture
        (textureUrl))
        {
            yield return www.SendWebRequest();

            if(www.result!=UnityWebRequest.Result.Success)
            {
                Debug.Log(www.error);
            }
            else
            {
                Texture2D texture=DownloadHandlerTexture.GetContent
                (www);
                image.texture=texture;
            }
        }
    }
}
```

附录 21　UnityWebRequest 提交 JSON 数据

以下是一个使用 UnityWebRequest 提交 JSON 数据的示例代码，首先使用 UnityWeb Request. Post() 方法创建一个 POST 请求，并将要提交的 JSON 数据作为第二个参数传递。然后，使用 request.SetRequestHeader() 方法设置请求头的 Content-Type 为 application/json，以便服务器正确解析 JSON 数据。最后，使用 yield 语句等待请求完成，等到请求完成后，检查请求的结果是否成功，如果失败，则输出错误信息，如果成功，则输出 Datasentsuccessfully。

需要注意的是，在使用 UnityWebRequest 发送数据时，需要使用 yield 语句等待请求完成，而不是在请求完成前立即继续执行下一条语句。此外，还需要在使用完 UnityWebRequest 对象后及时将其释放，以避免内存泄漏，具体代码如下所示。

```
using System.Collections;
using UnityEngine;
using UnityEngine.Networking;

public class Example:MonoBehaviour
{
    private string url="https://www.example.com/api/post";
    private string jsonData="{\"name\":\"John\",\"age\":30}";

    private void Start()
    {
        StartCoroutine(PostJsonData());
    }

    private IEnumerator PostJsonData()
    {
        UnityWebRequest request=UnityWebRequest.Post(url,jsonData);
        request.SetRequestHeader("Content-Type",
        "application/json");
        yield return request.SendWebRequest();

        if(request.result!=UnityWebRequest.Result.Success)
        {
            Debug.Log(request.error);
        }
        else
        {
            Debug.Log("Datasentsuccessfully");
        }
    }
}
```

附录 22　Unity 中的 AssetBundle

AssetBundle 是 Unity 中一种用于打包和管理资源的方式，可以将资源打包成一个二进制文件，然后在需要时读取其中的资源。AssetBundle 通常用于优化游戏的加载时间和内存使用，以及实现游戏的热更新等功能。

下面通过简单的示例，展示如何创建和使用 AssetBundle。

1. 创建 AssetBundle

首先，将需要打包的资源放到一个文件夹中，并在 UnityEditor 中选择该文件夹，然后右击并选择 BuildAssetBundle 选项。

在弹出的 BuildAssetBundle 窗口中，可以设置 AssetBundle 的名称、版本、压缩方式等属性。设置好之后，单击 Build 按钮即可生成 AssetBundle 文件。

2. 加载 AssetBundle

加载 AssetBundle 通常可以使用 UnityWebRequest 或 AssetBundle.LoadFromFile 等方法。下面是一个使用 AssetBundle.LoadFromFile() 方法加载 AssetBundle 的示例，在这个示例中，首先使用 AssetBundle.LoadFromFile() 方法加载 AssetBundle 文件。然后，使用 assetBundle.LoadAsset() 方法加载指定名称的资源。最后，实例化资源并显示。

需要注意的是，加载 AssetBundle 后需要及时卸载 AssetBundle 和资源，避免占用过多内存。可以使用 AssetBundle.Unload() 方法卸载 AssetBundle，使用 Destroy() 方法销毁资源。

```
using UnityEngine;
using System.Collections;

public class LoadAssetBundleExample:MonoBehaviour
{
    public string assetBundlePath;
    public string assetName;

    void Start()
    {
        //加载 AssetBundle
        AssetBundle assetBundle=AssetBundle.LoadFromFile(assetBund lePath);

        //加载指定名称的资源
        GameObjectasset=assetBundle.LoadAsset<GameObject>(assetName);

        //实例化资源并显示
        Instantiate(asset);
    }
}
```

附录 23　Unity 中的 DLC

Unity 中的 DLC（Downloadable Content）是一种将游戏内容分包下载的技术。使用 DLC，开发者可以将游戏的内容划分为不同的部分，玩家可以按需下载所需的内容，这样可以减少游戏初始包的大小，降低玩家的下载门槛，提高游戏的用户留存率。

在 Unity 中，可以通过 Addressables 实现 DLC 的功能。开发者将游戏的部分内容打包成 AssetBundle，然后将 AssetBundle 上传到服务器，玩家可在游戏中需要时再下载相应的 AssetBundle，从而可实现 DLC 的效果。

使用 Unity 的 AssetBundle 实现 DLC 需要注意以下几点。

（1）打包 AssetBundle 时需要指定对应的资源类型，如场景、预制件、纹理等，以便于游戏在运行时按需加载。

（2）在游戏中需要有相应的下载管理系统，以便玩家按需下载需要的 AssetBundle。

（3）需要考虑下载过程中的网络问题和用户体验，如下载进度的显示、下载失败的处理等。

（4）需要考虑 AssetBundle 的版本控制问题，以保证游戏的运行稳定性。

总之，使用 Unity 的 AssetBundle 来实现 DLC，可以有效降低游戏初始包的大小，提高游戏的用户留存率，但是需要开发者具备一定的打包、上传、下载、版本控制等方面的技能和经验。

参 考 文 献

[1] Unity Technologies. Unity5.x 从入门到精通 [M]. 北京：中国铁道出版社，2016.

[2] Jonathan Linowes. Unity 虚拟现实开发实战 [M]. 易宗超，林薇，苏晓航，等译 . 2 版 . 北京：机械工业出版社，2020.

[3] Jeff W. Murray. 基于 Unity 与 SteamVR 构建虚拟世界 [M]. 吴彬，陈寿，张雅玲，等译 . 北京：机械工业出版社，2019.

[4] 李婷婷 . Unity 3D 虚拟现实游戏开发 [M]. 北京：清华大学出版社，2018.

[5] 程明智，陈春铁 . Unity 应用开发实战案例 [M]. 北京：电子工业出版社，2019.

[6] 吕云，王海泉，孙伟 . 虚拟现实：理论、技术、开发与应用 [M]. 北京：清华大学出版社，2019.

[7] Unity 公司，邵伟 . Unity 2017 虚拟现实开发标准教程 [M]. 北京：人民邮电出版社，2019.